城市规划读本

中国城市规划学会
全国市长培训中心 编著

中国建筑工业出版社

图书在版编目（CIP）数据

城市规划读本/中国城市规划学会，全国市长培训中心编著．—北京：中国建筑工业出版社，2002
ISBN 978-7-112-05154-0

Ⅰ．城… Ⅱ．①中…②全… Ⅲ．城市规划-中国-干部培训-教材 Ⅳ．TU984.2

中国版本图书馆 CIP 数据核字（2002）第 040101 号

城市规划读本
中国城市规划学会
全国市长培训中心 编著

*

中国建筑工业出版社出版、发行（北京西郊百万庄）
各地新华书店、建筑书店经销
北京云浩印刷有限责任公司印刷

*

开本：850×1168 毫米 1/32 印张：16⅜ 字数：440 千字
2002 年 7 月第一版 2008 年 6 月第七次印刷
印数：15501—17000 册 定价：**46.00** 元
ISBN 978-7-112-05154-0
（10768）

我国的城市（包括建制镇）是国家现代化的核心之所在，它在国家发展、改革开放中发挥着主导的作用。而城市规划对于城市经济社会发展、土地利用、空间布局以及各项建设的综合部署、具体安排又起着不可替代的指导性作用。改革开放以来，中央领导多次强调对各级干部、尤其是领导干部进行城市规划知识教育。本书即为贯彻中央领导的这一要求而编写的。书中既有相当的理论性和学术性，更注重体现国家的法律法规和方针政策；既有对成绩的肯定和经验的总结，又有对问题的思考和时弊的剖析。特别是书中对城市规划的综合性这一特征进行了全面的阐述，很有特色，对于读者了解城市规划的本质很有帮助。

* * *

责任编辑　王伯扬

《城市规划读本》

中国城市规划学会　全国市长培训中心　编著

名誉主编　吴良镛　周干峙　赵宝江

主　　编　陈为邦

编　　委（按姓氏笔画为序）

王静霞　石　楠　朱　华　任致远　李兵弟
陈为邦　邹德慈　赵士修　唐　凯　夏宗玕
耿毓修

章节执笔　周一星　董鉴泓　崔功豪　胡序威　邹德慈
陈为邦　汪德华　王　凯　徐巨洲　赵士修
汪志明　宋启林　靳东晓　朱锡金　邓述平
谢映霞　徐循初　黄光宇　王景慧　金　磊
李兵弟　沈　迟　戴　月　杨保军　朱自煊
边兰春　任致远　吴建平　张启成　孙栋家
张蕴华　耿毓修

序

赵宝江

世纪之交，党中央作出了在我国积极稳妥地推进城镇化的决策。这是一个对我国发展全局意义非常重大而深远的决策。今天，城市化、城市现代化这些议题已为全国各方面和广大干部群众所共同关心。正因为如此，城市规划作为城市发展和建设的“龙头”，作为国家调控和管理城市发展的基本手段，在今天也受到了前所未有的重视。

城市规划是“对一定时期内城市的经济和社会发展、土地利用、空间布局以及各项建设的综合部署、具体安排和实施管理”。(见中华人民共和国国家标准 GB/T50280—98 城市规划基本术语标准)。新中国建立 50 多年来，我们创建和发展了中国的社会主义城市规划。前 30 年，是计划经济；后 20 年，改革开放，实行社会主义市场经济，我们又开始探索和创建社会主义市场经济条件下的新的城市规划体系，这些是前无古人的开创性工作。新中国成立以来，特别是改革开放以来，我国城市面貌发生了翻天覆地的变化，今天，我国城市（660 多个市和 19000 多个建制镇）已成为国家现代化的核心之所在，城市在发展、改革和开放中发挥着主导的作用，城市发展所必需的投资环境（硬环境部分）和城市人民生活所必需的人居环境都不断改善和提高，二者不断协调，这其中，城市规划发挥了不可替代的历史性的作用。在各级党政领导关怀重视之下，城市规划界做出了重大的贡献，在大规模建设、高速度发展、又同时进行体制改革和对外开放的形势下，能取得城市发展的如此成就，实属不易。人们对广大城市规划工作者充满感激之情。诚然，问题和困难不少，但这都是前进中的问题和困难。我们对未来满怀信心！

中国现代化的过程，也是城市化的过程，同时也是思想观念转化的过程。马克思主义哲学认为，感觉到的东西，人们不一定理解它；而只有理解了的东西，人们才能更深刻地感觉它。今天，在我们许多干部中，对城市、对城市化、对城市规划，都有一个继续深化认识、不断提高自觉性的迫切需要。

50多年前，新中国建立前夕，毛泽东在党的七届二中全会上讲过，“必须用极大的努力去学会建设城市和管理城市”。半个世纪过去了，我们对城市、城市化和城市规划的认识还远不能适应现实的需要，在全球经济一体化、科技高速发展的今天，在我国已加入WTO的今天，这种认识的差距就更明显。比如，我们还有不少干部，包括一些领导干部，城市的领导干部，对城市规划知之甚少，但他们天天又要领导城市的发展，这种状况亟待改变。

正因为如此，改革开放以来，中央领导多次强调对各级干部、尤其是领导干部进行城市规划的知识教育，这方面的培训工作也不断开展。2000年3月，国务院在《关于加强和改进城乡规划工作的通知》中又强调指出："要加强教育、培训和宣传工作，大力普及城乡规划知识。各级领导要带头学习城乡规划知识。国家行政学院、地方行政学院要把城乡规划列为国家公务员必修课。要加强对市长、分管副市长、县长、分管副县长和乡镇长的培训，并对其掌握城乡规划知识的情况进行严格考核。建设部要进一步办好市长培训班。要向社会各界普及城乡规划知识，电视、广播、报刊等新闻媒体要加强宣传，提高全民的规划意识。"为了贯彻国务院的这一要求，中国城市规划学会组织编写了这本《城市规划读本》。可以说，是时代的需要，应运而生。

《城市规划读本》的编写、编辑和出版，是中国城市规划学会的一项重要成就，它凝聚了学会众多专家学者和实际工作者的才智和心血。作者中既有多年理论修养的老教授，又有长期从事城市规划工作的实际工作者；既有对历史有较深了解的老同志，又有改革开放以来奋斗在规划战线第一线的中青年。此书编作者们精心创作，几易其稿，反复推敲，精雕细刻，最后，俞正声(原建设部部长)、郑一军（建设部副部长）等同志还提出了宝贵意见。此书既有相当的理论性和学术性，更注重体现国家的法律法规和方针政策；既有对成绩的肯定和经验的总结，又有对问题的思考和时弊的剖析。特别要强调的是，书中对城市规划的综合性这一特征进行了全面的阐述，很有特色，对于大家了解城市规划的本质，是很有帮助的（见第三章)。城市规划的评价，也颇有创意，对我们分析和评价规划的思路和方法是很有用的（见第四章）。总之，《城市规划读本》这部著作是一部佳作。

我相信，《城市规划读本》的出版，对干部的规划培训、对在全社会普及城市规划知识，对有关大专院校的城市规划教育，都会产生积极的作用。在这里，我还殷切希望各行各业的同志们都能看看这本书，城市的发展是一项极综合的事，与各行各业密切不可分割，城市规划的制定和实施，也离不开各行各业的支持和帮助。

希望有更多的城市规划科普著作问世。

2002年3月北京

注：作者为原建设部副部长。

目　录

第一章　城市与城市化

第一节　城市的概念

一、城市

城市是一定数量的非农人口和非农产业的集聚地，是一种有别于乡村的居住和社会组织形式。现在，全世界有一半左右的人口居住在城市。2000年我国住在城镇的人口约45594万人，占总人口的36.09%[①]，城镇人口数量为世界第一位。我国的城乡居民点系列为：村—乡镇—建制镇—市。村和乡镇是乡村型居民点，统称乡村；建制镇和市是城市型居民点，统称城镇或城市。

由于城镇人口和乡村人口的经济条件和生活方式都不同，政府的有关工作应当针对城镇和乡村各自的特点，有所区别，有所侧重。城乡人口也需要分别计算。出于管理和统计的目的，就需要划分城镇和乡村，按一定的标准在行政上分别设置市、镇和乡、行政村等建制，并划定它们的行政管理边界。这样，又有了第二种城镇的概念，即城镇的行政地域概念。

我国行政上的城镇有两点区别于大多数的其他国家：一是我国的城镇有严格的行政等级。从低到高分别是建制镇、县级市、地级市、副省级市和直辖市。有的省还有事实上的副地级市和副县级镇。建制镇又有县辖、市辖、区辖之分。县城是县政府所在地的建制镇。县级市在行政上不设区，其他的市都是设区的市，并且一般领导数量不等的县或代管数量不等的县级市。二是我国城镇的行政管辖范围一般都远远大于城镇居民点的实体地域范围，也就是说我国行政概念上的市和镇是城乡的混合体，既包括城镇型的居民点也包括了大面积的乡村，既有街道办事处和居民委员会，也有乡政府和村民委员会。

《中华人民共和国城市规划法》中所称的“城市”是指“按国家行政建制设立的直辖市、市、镇”。在这里，市和镇（建制镇）统称为城市，而没有统称为城镇，建制镇被归入了城市范畴。但是在不少场合下，镇却常常被误认为乡村范畴。地级市、副省级市和直辖市等设区市的行政管辖范围和它们不包括辖县的市区范围，二者在性质上是不同的，不应混淆。

另一种城市概念是城市的功能地域概念，在国外大多称为都市区，指的是一个大的人口核心（中心城市）以及与这个核心具有密切社会经济联系的、基本上非农化的邻接社区的组合。人们的居住、工作、购物、医疗、游憩等基本需要可在都市区内得到满足。在西方国家，这是普遍使用的城市地域概念和统计概念。它主要用于协调不同市县基础设施的规划和建设。

二、城市的基本特征

城市是地球表面相当特殊的一种空间。

1. 它占据整个地球的表面积很小，但高度集聚了大量的人口和社会经济活动，它是人类物质财富和精神财富生产、积聚、传播、扩散的中心。在我国城市化水平还比较低的今天，全部设市城市的建成区大约只占国土面积的0.2%，却容纳了人口总量的16%左右、运输和零售商业的50%左右、用电量的60%左右、工业产值的70%左右、利税的80%左右，几乎100%的高等教育发生在城市市区②。因此，城市是最集约利用土地的一种组织形式。

2. 城市是人类对自然环境干预最强烈的地方，是以人文要素为主的一种地理环境。城市已经改变了所在地域原来的地形、地貌和气候，城市中的动植物也不是纯自然的，它受城市人的强烈控制和影响。人类对这一部分自然地域的改造影响深远，被改造了的自然环境又反过来影响到人类自身的生存。接近和回归自然是城市人的基本需求。

3. 城市是一种不完全的、脆弱的生态环境系统，是人类受自然环境的反馈作用最敏感的地方。城市的复杂功能注定了它要与外界发生密切的联系，包括维持城市生态系统的能量如粮食、副食品、煤、电，甚至清洁的水也要靠从外界输入，城市的废弃物也必须输送到系统之外。无论人为的或自然的灾害一旦发生，受害最严重的一定是城市。这就要求城市中的各个环节都需要协调发展。

4. 城市是一个极为复杂而且处于动态变化之中的巨系统。推动城市发展变化的因素实在太多，有来自自然界的和社会、政治、经济、文化、工程技术等非自然界的，有来自城市内部的和城市外部的。每个城市在共性之下又有各自的个性。因此，城市的发展具有很大的不确定性。

5. 城市的发展有其自身的客观规律，但是人们对于城市发展的过程也并不是无能为力的，城市政府对于城市发展过程进行调控的重要手段之一就是城市规划。探索城市发展的客观规律，妥善运用城市规划等政府调控手段，引导城市合理发展，是领导干部和城市政府的重要职责。

由于城市的上述特征，领导和城市政府在研究、规划、管理、决策城市发展时，需要有更多的理性，尽量减少主观性和盲目性。

第二节 城市的简史

一、古代城市

(一) 居民点的形成

在原始社会漫长的岁月中，人类过着依附于自然的采集经济生活。当时的原始人过着穴居、树居等群居形式，没有固定的居民点。在与自然的长期斗争中，人类创造了工具，提高了自身的生存能力，开始有了捕鱼、狩猎，形成了比较稳定的劳动集体——母系社会的原始群落。随着生产能力的提高，从采集果实中发现了一些更适宜人们食用的植物予以集中栽植，出现了农业；从狩猎中发现一些较温顺的动物可以集中牧养，出现了畜牧业，于是原始群落中就产生了从事农业与畜牧业的分工。

这是人类历史的第一次劳动大分工。到新石器时代的后期，农业成为主要的生产方式，逐渐产生了固定的居民点。

人类的生存与农业生产都离不开水，而又都不能受洪涝灾害的侵袭，所以原始的居民点大都是靠近河流、湖泊，而且大多位于向阳的河岸台地上。

为了防御野兽的侵袭和其他部落的侵袭，往往在原始居民点外围挖筑壕沟，或用石、土、木等材料筑成墙及栅栏。这些沟、墙是一种防御性构筑物，也是城池的雏形。

我国的黄河中下游、埃及的尼罗河下游、西亚的两河流域都是农业发达较早的地区，在这些地区的农业居民点以及在居民点的基础上发展起来的城镇型居民点也出现得最早。

（二）城市的形成

随着人类对生产方式的改进，生产力不断提高，生产品有了剩余，就产生了交换的条件。这种交换形式是从以物易物开始的，也就是我国古代《易经》所说的“日中为市，致天下之民，聚天下之货，交易而退，各得其所”。随着交换量的增加及交换次数的频繁，就逐渐出现了专门从事交易的商人，交换的场所也由临时的改为固定的市。由于原始部落中生产水平的提高，生活需求的多样化，劳动分工的加强，逐渐出现了一些专门的手工业者。商业与手工业从农业中分离出来，这就是第二次劳动大分工。原来的居民点也发生了分化，其中以农业为主的就是农村，以商业及手工业职能为主的就是城市。所以，可以说城市是生产发展和人类的第二次劳动大分工的产物。

有了剩余产品就产生私有制，原始社会的生产关系

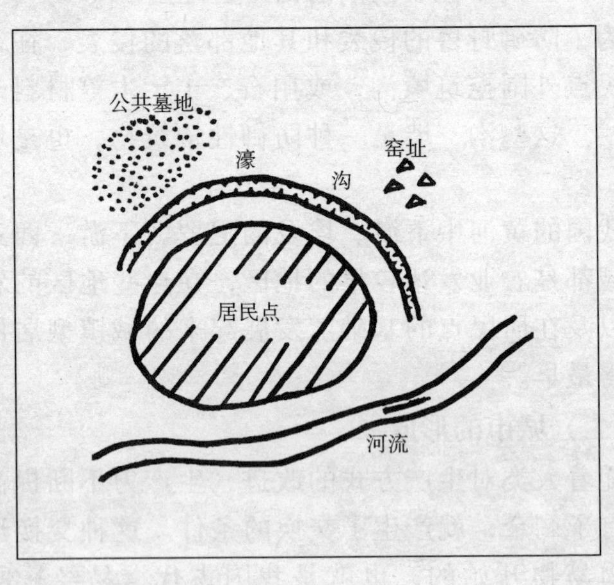

图 1　半坡原始村落平面示意

也就逐渐解体，出现了阶级分化，人类开始进入奴隶社会。所以也可以说，城市是伴随着私有制和阶级分化，在原始社会向奴隶制社会过渡时期出现的。世界上几个古代文明的地区，城市产生的时期有先有后，但都是这个社会发展阶段中产生的。

从我国文字的字义来看，城是以武器守卫土地的意义，是一种防御性的构筑物。市是一种交易的场所，即“日中为市”、“五十里有市”的市。但是有防御墙垣的居民点并不都是城市，有的村寨也有设防的城墙。城市是有着商业交换职能的居民点。

城市与农村的区别，主要在于产业结构，也就是城乡居民所从事的职业不同，还有居民的人数、居民点的聚集密度。

（三）防御功能与城市发展

人类最初的固定居民点就具备防御的功能。先是防止野兽的侵袭，后来由于原始部落之间的战争进而加强了防御的功能。陕西半坡、姜寨等原始居民点外围的深沟就是防御设施，其他原始居民点也有石头垒成的墙或木栅栏等防御设施。

早在春秋战国时期，《墨子》中就记载了有关城市建设与攻防战术的内容，提出了城市规模大小要与城廓、农田和粮食储备保持相应关系，利于城市的防守。春秋战国时期，各国间攻伐频繁，兴起过一个筑城的高潮。

我国古代一些城市平面布局有一套方城的，还有二套城墙的，都城则有三套城墙，城墙外面有深而宽的城壕，称护城河，这些都是从防御要求出发的。

西亚的巴比伦城的平面布局呈矩形，筑有两重城墙，间隔 12 米，四周城墙又高又厚，城墙外有很深的壕沟环绕，有明显的防御的目的。

在罗马帝国的军事统治下，罗马人在其统辖的地区大量建造驻兵的营寨城，其平面相当规范，位于阿尔及利亚的提姆加得城至今保存最完整。不少罗马营寨城成为欧洲城市发展的基础，一些位于良好交通条件的营寨城后来发展成为欧洲的一些大城市，如伦敦、巴黎等都可以在其古城部位找到罗马营寨的遗迹。

欧洲中世纪时期，主要从防御要求出发，将封建主的城堡选在山上或湖边、河边，或在其外围开凿人工水沟、架设吊桥。从防守要求出发，在城市的平面布置中，考虑了多层次、多方位的射击等问题。当时还出现一些完全从防御要求出发的城市平面模式，如斯卡莫奇的“理想城市”方案。

我国在宋代以后，火药已大量用于战争，直接影响到城市建设，使一些城墙加厚，或在土墙外包砖。火药传入欧洲后，对欧洲的城市建设也有很大的影响。

（四）社会形态与城市布局

社会的阶级分化与对立在城镇建设中也有明显的反映。在我国的古代都城中，统治阶级专用地区宫城居中心位置并占据很大的面积。商都“殷”城以宫廷区为中心，近宫外围是若干居住聚落（邑），居民多为奴隶主和部分自由民，各邑之间空隙地段大多为农业用地，外圈为散布的手工业作坊。曹魏邺城以一条东西干道将城市划为两部分：北半部为贵族专用，其西为铜雀园，正中为举行典礼的宫殿，其东为帝王居住和办公的宫廷，再向东为贵族专用居住地——戚里，南半部为一般居住区。隋唐长安城中间靠北为统治阶级专用的宫城，其南为集中设置中央办公机构及驻卫军的皇城，均有城墙与其他东南西三面的一般居住坊里严格分开。坊里有坊墙坊门，早启晚闭实行宵禁，以便于管制。

埃及于公元前2500年为修建金字塔而建造的卡洪城是奴隶制的典型城市。城为长方形，用墙分为两部分，墙西为贫民居住区，挤满250多个小屋；墙东路北为贵族居住区，面积与贫民区相同，有10到11个大的宅院，墙东路南为中等阶层的居住区。

罗马帝国时期，奴隶主依靠掠夺殖民地大量的财富，驱使奴隶无偿地为他们建造罗马城及豪华的宫殿、寺庙、浴池、斗兽场等，过着奢侈的生活。保存至今的斗兽场、宫殿广场遗址及多层输水渠等，都可作为当时城市建设高水平的见证。如公元69年维苏威火山爆发时所淹没的庞贝城，在18世纪开始被发现并陆续发掘，其中整齐的列柱大街、石板铺砌的街道、贵族宅第中用大理石拼花装饰的浴室等，也都是由奴隶建造的。

欧洲中世纪时期，在封建主的城堡外围发展起来的城市很多，如德国的吕贝克等。随着生产的发展，市民阶层的人数不断增加，市区也不断扩大。通过市民阶层与封建主的斗争，市民阶层摆脱了封建主的政治统治，代表市民力量的市政厅逐渐成为城市的政治和生活的中心。有的城市完全摆脱封建主，如波兰的格但斯克和德国的汉堡等。

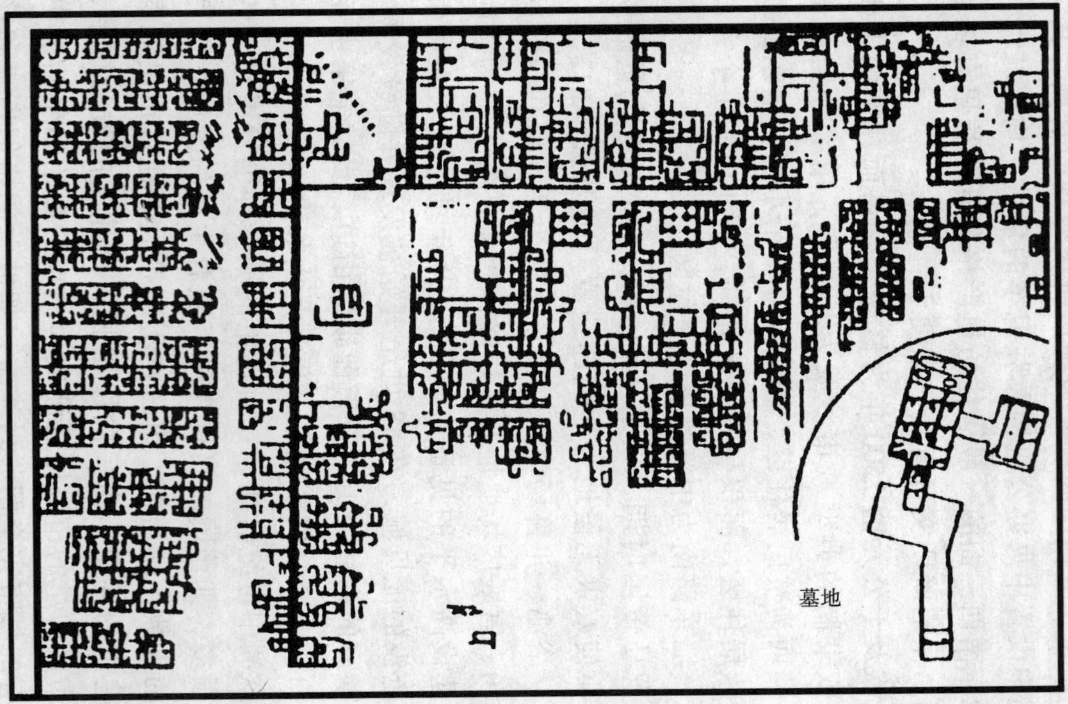

墓地

图2 西方古代城市图（卡洪）

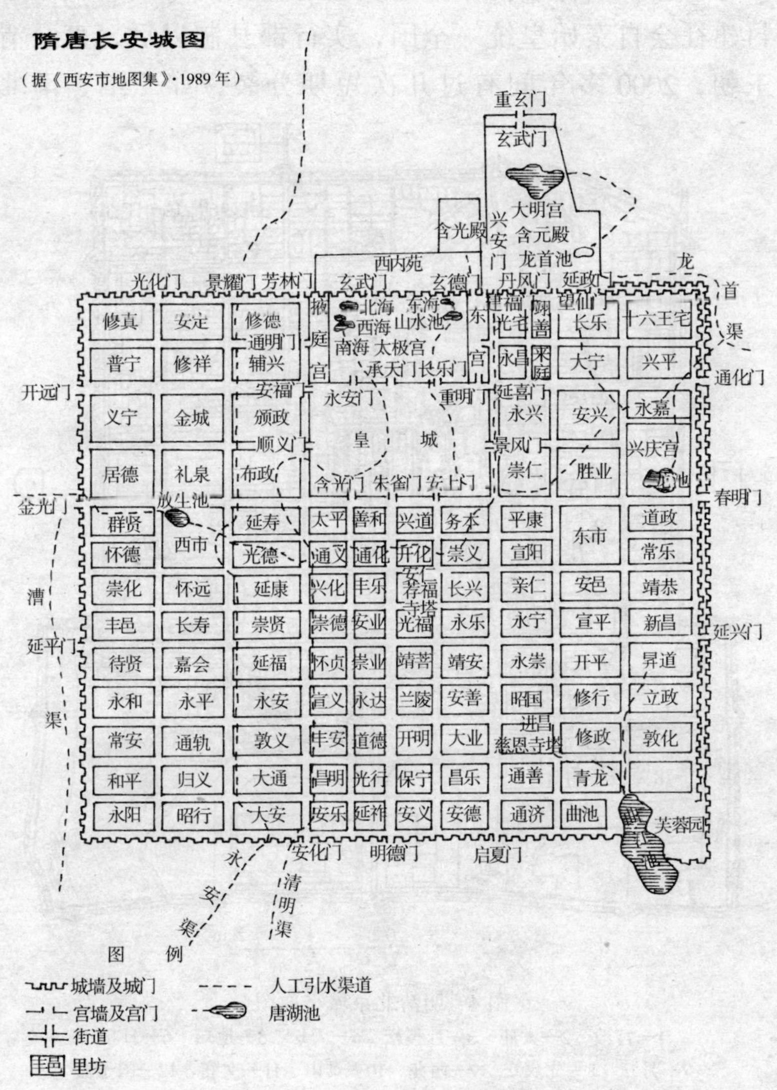

隋唐长安城图
（据《西安市地图集》·1989年）
重玄门
玄武门
大明宫
含光殿
兴安门
含元殿
龙首池
西内苑
光化门
景耀门
芳林门
玄武门
玄德门
丹凤门
延政门
龙首渠
修真
安定
修德
掖庭宫
北海
东海
西海
山水池
南海
太极宫
东宫
建福
光宅
翊善
望仙
长乐
十六王宅
通明门
普宁
修祥
辅兴
承天门
长乐门
永昌
来庭
大宁
兴平
通化门
开远门
安福门
永安门
重明门
延喜门
义宁
金城
颁政
永兴
安兴
永嘉
皇城
顺义门
景风门
兴庆宫
居德
礼泉
布政
含光门
朱雀门
安上门
崇仁
胜业
龙池
春明门
金光门
放生池
群贤
西市
延寿
太平
善和
兴道
务本
平康
东市
道政
怀德
光德
通义
通化
开化
崇义
宣阳
常乐
崇化
怀远
延康
兴化
丰乐
安仁
荐福寺塔
长兴
亲仁
安邑
靖恭
漕渠
丰邑
长寿
崇贤
崇德
安业
光福
永乐
永宁
宣平
新昌
延兴门
延平门
待贤
嘉会
延福
怀贞
崇业
靖善
靖安
永崇
开平
昇道
永和
永平
永安
宣义
永达
兰陵
安善
昭国
修行
立政
进昌
常安
通轨
敦义
丰安
道德
开明
大业
慈恩寺塔
修政
敦化
和平
归义
大通
昌明
光行
保宁
昌乐
通善
青龙
永阳
昭行
大安
安乐
延祚
安义
安德
通济
曲池
芙蓉园
安化门
明德门
启夏门
永安渠
清明渠
图例
城墙及城门
人工引水渠道
宫墙及宫门
唐湖池
街道
里坊

图3　隋唐长安城平面图

（五）政治体制对城市的影响

社会政治体制对城市建设也有直接的影响。我国的封建社会自秦始皇统一全国，实行郡县制以后，直至清王朝，2000 多年间有过几次短期分裂，如三国、南北

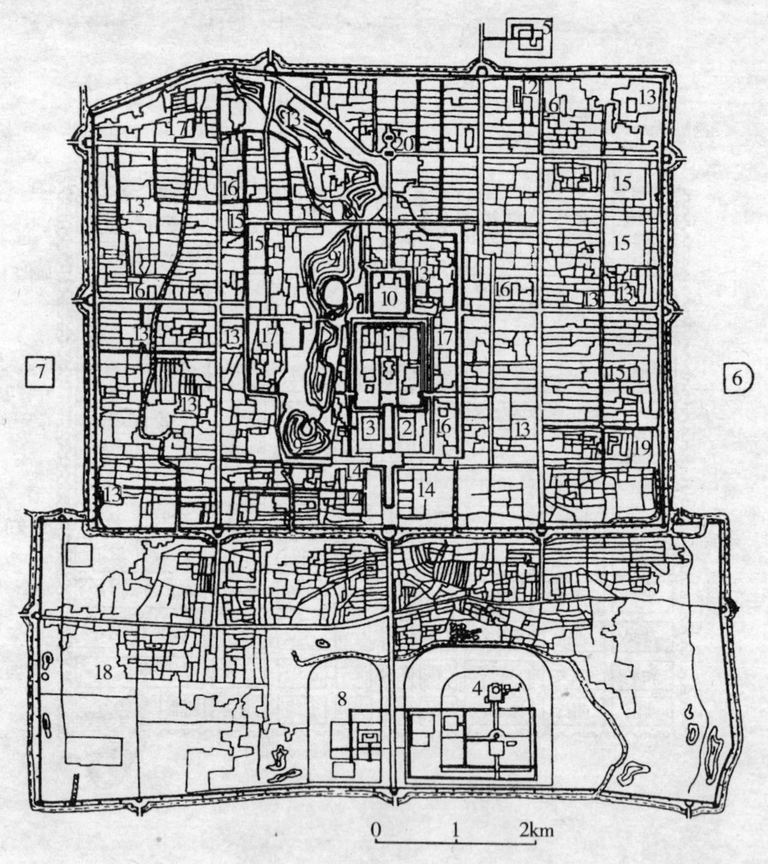

图 4　明清北京城平面图

1—宫殿　2—太庙　3—社稷坛　4—天坛　5—地坛　6—日坛　7—月坛　8—先农坛　9—西苑　10—景山　11—文庙　12—国子监　13—诸王府公主府　14—衙门　15—仓库　16—佛寺　17—道观　18—伊斯兰礼拜寺　19—贡院　20—钟鼓楼

朝、五代十国，但大多数朝代是统一的中央集权的国家。郡县制的都、府、州县成为不同地域范围的政治军事中心。郡县制也形成一个完整的垂直管辖的城镇体系。各朝代的都城规模都很大。有几个朝代还在新王朝建立之际制定规划，并完全按照规划新建都城，如隋文帝结束了 300 多年的分裂局面统一中国，即命宇文恺制定长安城的规划，并利用两个冬闲，由京兆数十万农民按规划建成，面积达 80 多平方公里。宫城南侧为集中中央机构的皇城，还有 108 个居住坊里和集中管理的东西市。又如忽必烈命汉人刘秉忠按汉制规划建设元大都。明初在元大都基础上，改建成为今日的北京古城。

欧洲在封建社会的很长时期内分裂成许多小国，城市规模小。直至 17 世纪，英、法、德建立君权专制的国家，伦敦、巴黎、柏林才有了较大的发展。我国封建城市的中心是政权统治的中心，如宫殿、官府衙门；而欧洲封建城市的中心往往还有神权的象征——教堂。

（六）经济发展对城市的影响

经济制度也直接影响着城镇的发展形态。在漫长的农业社会中，城市发展相当缓慢，中世纪后随着手工业及商业的发展，特别是 16 世纪新航路和新大陆的发现，刺激了商品经济和海上贸易，城市发展加快，城市数目也有增加，但规模仍不大。

在整个封建社会，小农经济是社会的经济基础。然而欧洲与我国在土地所有制上有很大的差别，我国是地主所有制，地主可以通过其代理人向农民征收实物或货币地租，地主阶级，尤其是大中地主可以离开农村集中居住在城市，而封建统治的官僚阶级本身即是地主阶级或他们的代表人物。欧洲是封建领主制，封建主大多住在自己的城堡或领地的庄园中。我国的城市是政治、经济生活的中心，而欧洲往往政治中心在城堡，经济中心在城市。

商品经济的发展是促进城市发展的重要因素。我国的封建社会中，商品经济发展虽然缓慢，在一些商路交通要地、河流交会点等，商业发达、手工业集中，往往形成一些商业都会。这些都会很长时期内兴盛不衰，虽屡受战火毁坏，仍在原地恢复重建，如苏州、扬州、广州、成都等。南北朝以后，政治军事中心仍在关中地区，而经济中心已转至江淮。隋代大运河修通后，在运河沿线，发展起繁荣的商业都会，如汴州（开封）、泗州、淮阴、扬州、苏州、杭州等。元代后，建都北京，南北大运河仍为经济命脉。天津、沧州、德州、临清、济宁等地也相继繁荣起来，与原来已有的一些商业城市形成一个沿运河的城市带，并与长江中下游的一些商业城市如汉口、九江、芜湖、安庆、南京、镇江联系起来，成为我国经济发达的地带。

商业、手工业是农业社会中城市的主要产业职能。我国有一些由手工业发展起来的著名的镇，如瓷器业的江西景德镇、陶瓷业的广东佛山镇、盐业的四川自流井等，在一个县域内也在适当距离内，由集市发展成一些镇，它们是城乡间物资交流的中心。

欧洲罗马帝国盛期，地中海沿岸尽为罗马帝国统辖地区，很早时期这些地区发展了海上交通，一些港口城市成为商旅交通繁荣的中心。中世纪时期，一些海港城市，通航河流的重要渡口和交汇点的城市也成为商业都会，如意大利的威尼斯、那不勒斯，法国的马赛，德国的汉堡、莱比锡等。14.15世纪开辟印度和美洲新航路后，这些航路成为一些殖民国家称霸海上和掠夺殖民地的交通命脉，沿海一些港口城市成为他们所统治的商业中心。城市发展往往由沿海城市带动内陆城市，如北美洲是先发展东海岸的一些城市，然后逐步发展中西部城市。

我国虽有很长的海岸线，航海技术也较为发达，但始终未把海上贸易作为发展经济的重要手段。沿海城市如泉州、广州、明州（宁波），在宋元时期，由于海外贸易的发展，曾一度繁荣；但明中叶后，为防御海寇侵扰，沿海修筑大量防卫的卫所，并实行闭关政策，所以未能作为发展的重点。而发展的重点却是内地沿江河的城市或地区性的中心城市，这一点与欧洲和美洲有很大的差异。

就商市本身而言，也经历了由小到大，由不固定到固定的演变过程。我国在西周奴隶社会，大规模的交换活动被奴隶主贵族所控制，宫城以北的市是专为他们服务的。汉唐时期，为适应封建经济要求，在都城出现了各阶层享用的市。这种集中的市规模大、管理严，却不便于居民。北宋以后，随着城市商品经济的进一步发展，汴梁出现了店铺密集的商业街，城市的集中市制也逐渐废弃。这一改变给城市的结构布局带来了变革。到封建社会后期，在江南地区一些城市出现拥有大量雇工的带有资本主义生产关系萌芽的大型作坊。

二、近代城市

近代的工业革命使城市产生了巨大的变化。

（一）城市工业的发展与人口的集聚

一般把英国人瓦特在1784年发明蒸汽机作为工业革命的标志。实际上这是个能源和动力的革命，它使人们开始摆脱依赖风力、水力等天然能源的局面。有了人工的能源就有可能把生产集中于城市，从而使加工工业迅速地在城市发展，并随之带动了商业和贸易的发展，城市人口迅速膨胀，就如马克思所说，“人口也像资本一样集中起来”。

工业化吸收了大量的农业人口，使之转化为城市人口。城市扩展也使城市周围的农业用地转化为非农业用地，失去土地的农民流入城市，成为非农业人口，这种过程就是城市化，是伴随着工业化出现的重要社会现象。

（二）城市布局的变化

工业化初期，在工厂的外围修建了简陋的工人居住区，也相应地聚集了为他们生活服务的面包房、裁缝铺等，以后又在外面修建工厂及工人住宅区，这样圈层式的向外扩张，成为工业化初期城市发展的典型形态。

随着工业的发展，产业的部类增多，工业需要大量的原材料，产品要运输至外地，原材料及产品均需要储运，就出现了城市仓储用地。

城市人口的聚集，生活水平的提高和需求的多样化，应运而产生许多新类型的商业、公共活动的建筑。经济活动的增加，金融机构的产生，城市中就出现商务贸易活动的地区。

火车轮船的出现，并成为城市对外交通运输的主要工具，铁路、车站、码头均有着自己的用地选址要求。对外交通的发展大大地改变了城市结构布局。20世纪初汽车逐渐成为城市主要交通工具，对原来马车时代的道路系统带来很大冲击，城市的道路系统布局和整个城市的结构都发生重大变化。

城市的类型也有增加，出现了港口贸易城市、矿业城市、交通枢纽城市，或以某种产业为主的城市等。原来的一些大城市则发展成为工业、商业、金融、贸易等综合功能的经济中心。

（三）科学技术发展促进了城市聚集效益和城市生活质量的提高

生产和人口的聚集，促使城市发展。城市带来了前所未有的生产力的聚集，创造了巨大的物质财富，工业的发展，工业门类的增加，科技的进步，多种产业的协作，科技的交流，使城市产生前所未有的巨大的聚集效益和规模效益。

商品的交流和集散，人口的集中和流动使城市成为流通的中心。

科技的发展，促进了市政工程及城市公用设施的发展，自来水、电灯、电话、煤气、公共汽车、电车、地下铁道、污水处理系统等技术上的不断改进，使城市的物质生活达到了一个新的高水平。学校、剧院、图书馆、博物馆、娱乐设施的集中也使城市的文化生活水平不断提高。

工业社会使城市高度发展，是社会经济发展的必然结果，是社会进步的表现，但同时由于工业化及城市人口增加，也出现了一些新的问题，如土地问题、住房问题、交通问题、环境问题及一些社会问题等。

（四）城市与环境

在城市中的工业发展必然排放废气、污水、废弃物，城市人口的增加，居民生活水平的提高也会产生大量的生活污水及垃圾，可见，在城市物质生活水平提高的同时，也伴生了对环境的负面效应。

城市面积的扩展，市民与城郊田野的距离增加，城市愈大，市民接触自然环境的距离愈远。城市扩展的过程就是自然环境变为人工环境的过程，也使城市居民减少或丧失了原有的与自然密切接触的种种优点和乐趣。如何在城市化、城市发展过程中处理好与自然环境的关系，就成为近现代城市规划的重要课题。

（五）地区与城市发展的不平衡

无论是世界范围内，还是就中国而言，都存在城市发展的不平衡。

我国进入农业社会比西方早，而进入工业社会比西方晚，直至 1840 年的鸦片战争后，才在香港、上海、大连、青岛、汉口、唐山等地出现了近代工业、港口及一些现代的城市市政工程及公用设施。这些城市发展的某些基本特征与西方近代城市相近，不同的是具有明显的半殖民地特征，而我国大部分地区的城市还处在农业社会阶段中，这种发展的不平衡也是近代我国社会及城市的特征。

三、现代城市

第二次世界大战结束后，城市进入新的发展阶段。

（一）城市重建与经济恢复和发展

在第二次世界大战中，欧亚许多城市受到战火的破坏，战后不少城市面临着恢复重建的问题。一些城市为保持城市历史文化的传统，坚持在原地恢复城市传统面貌，如波兰华沙及德国一些城市；也有一些城市制定重建及发展的城市规划，其中不乏创新的思路。至50年代中期，大部分城市已经过了经济恢复并进入发展时期。

（二）城市化加快，城市规模扩大

经济的恢复，二、三产业的发展，加快了城市化的进程，至1997年，世界城市人口已达到总人口的46%。一些发达国家的城市化水平达到80%以上。

二、三产业在城市中的集中，尤其是第三产业的发展，产业门类的增加与分工协作，使城市强大的聚集效益得以充分显现，城市的规模不断增大，大城市及特大城市的数目不断增加，城市成为物质、文化、资本、信息的中心。城市与城市、城市与周围地区之间产生了巨大的物流、人流、信息流。

（三）城市与环境及可持续发展

城市集中发展虽然创造了较高的经济效益及较高水平的物质文化生活质量，但同时也出现城市中心区远离自然，带来一系列生态环境问题，如大气及水质的恶化、垃圾污染、人口拥挤及热岛效应等。所以在城市集中发展、规模扩大的同时，也出现了城市分散发展的理论和实践，如在郊区建卫星城市、英国的新城运动等。

随着经济发展、科技进步，人类改造自然的能力不断提高，对地球资源的开发利用逐渐演变成对环境的破坏，也危及到人类自身的生存环境，人们从严酷的现实中逐渐认识到“只有一个地球”。1996年，在巴西首都里约热内卢世界政府首脑会议上发表宣言，提出了关于可持续发展的原则。城市规划工作者也认识到，应将可持续发展的思想体现在城市与区域的发展规划中。

（四）城市的发展形态与结构布局的变化

城市的对外交通模式发生很大变化，在许多国家，航空和汽车在很大程度上取代了火车及轮船的远程及市际客运交通的地位，机场取代了火车站的城市大门地位。航空货运及加工业、保税仓库等的发展使大型机场成为城市经济的新的生长极。国际经济的一体化、船体的大型化、集装箱化，使城市的工业布置及港口城市的布局结构发生变化。

当城市规模迅速扩展时，许多城市呈现出不同的发展形态，尤其是一些大城市，它们有的自中心向外围圈层式扩展；有的是单中心沿交通干线放射发展；还有一些采用了在中心城周边建设卫星城镇、多中心开放组合式等发展形态。

（五）城市发展的郊区化及老城中心区“复苏”

第二次世界大战后，在一些发达国家，由于城市中心区环境恶化，也由于汽车交通的发达，出现了居住及企业大批迁往郊区的现象，使原来城市中心区出现衰退。

为了防止和改变这种市中心区衰退，在欧美一些发达国家，对城市产业结构进行调整，由政府及企业采取土地置换、产业更新等手段，并在财政与税收政策方面予以倾斜，努力使老城中心地区复苏，如伦敦将市区内原来的码头、仓储用地再开发为商贸及居住用地。

（六）城镇密集地区的发展

战后世界经济的发展与全球经济一体化趋势，以及跨国公司大企业集团的发展等，在世界范围内形成了一些城镇密集地区，如美国东北部、五大湖地区、西海岸城市带，日本的阪神地区，英国的东南部地区、欧洲的中部地区（德、法、比、荷）等等。随着我国经济的发展，也出现了一些城镇密集地区，如以上海为中心的长江三角洲地区、以广州为中心的珠江三角洲地区、京津唐地区、辽中南地区等。

（七）城市历史文化特色的多样化

科学技术和生产力的高度发达带来人们物质生活水平的提高，同时也引发人们对精神文明的重视，对不可再生产的历史文化遗产的重视，对城市是人类历史文化的积淀成果这一特征的认同：城市越是现代化，就越重视历史文化的保存，要使高度发达的生产技术与传统的历史文化相和谐。交通和通信技术的发展，促进了各国之间经济、文化的交流，全球经济一体化的趋势造成世界范围内的某种趋同倾向，保持各民族及地区特色文化的多样性，建设多姿多彩的城市，已经成为世界各国关注的问题。

（八）信息化带来城市发展的新趋势

随着科学技术的发展，特别是以计算机技术为代表的信息产业的发展，一些发达国家已进入信息社会。计算机进入社会的各个方面，城市中办公、教育、医疗、购物等方面信息化、远程化，居住建筑功能扩大，生产分散化、小型化，这种种因素将促使城市发展形态、发展模式的变化。这种趋势在一些发达国家已经出现，影响着未来城市的发展。

第三节　城市的职能、规模、结构与形态

一、城市的职能

城市职能指的是城市在国家或区域中所起的作用，所承担的分工。

任何城市的经济活动可以分为第一、第二、第三产业等大的产业部门，在产业部门下又可以分成若干行业，行业又分成若干个门类，门类下又可以分为若干个大类、中类和小类。城市中任何经济部门按它们服务的对象来分都由两部分组成，一部分是为本城市的需要服务的，另一部分是为本城市以外的需要服务的。为外地服务的部分，是城市得以存在和发展的经济基础，这一部分活动称为城市经济的基本活动部分，它是导致城市发展的主要动力。基本部分的服务可以

是离心的，如工业产品或书刊报纸销售到城市以外；也可以是向心的，如外地人到这个城市来旅游、购物或接受医疗、教育。满足城市内部需求的经济活动，随着基本部分的发展而发展，被称为城市经济的非基本活动部分，细分也有两类，一种是为了满足本市基本部分的生产所派生的需要，另一种是为了满足本市居民正常生活所派生的需要。

城市各部门为外地服务的强度各不相同，有的经济部门是以基本部分为主的，即具有超越本地以外的区域意义，而另一些经济部门是以非基本部分为主的，即主要为本城市服务的。要强调的是，城市职能概念的着眼点是城市的基本活动部分。

举例来说，北京市有相当发达的中小学教育，基本上为北京本市的青少年儿童服务，主要属于非基本活动部分。而北京市的大学除了为北京市服务外，主要是为全国服务的，甚至还吸收了数量可观的外国留学生，主要属于基本活动部分。是北京成为全国文化中心的基础之一。

单一职能的城市是很少的，大多数的城市都会有几个职能。不同城市的不同职能，其影响范围不同，有的是国际意义的或全国意义的、区域意义的；城市职能的专门化强度也不同，例如东营市石油工业的职能强度很高，几乎是城市惟一重要的职能，而南京石油工业的职能强度就较低；城市职能的规模也是不同的，东营和玉门都是高度专门化的石油工业城市，但东营供给外地消费的石油比玉门要多许多倍。专业化部门、职能强度、职能规模是构成城市职能的三个要素。分析某个城市的主要职能实际上就是确定为外地服务的影响范围广、强度高、规模大的专业化经济部门。这些部门如果有城市的资源、技术、资金、区位、市场等优势条件为依托，就可以作为城市的主导产业来发展。

按照城市最重要的某一个职能进行粗略的分类，可以把城市分为工业城市（多种工业或单一工业为主的工业城市）、交通港口城市（铁路枢纽、海港或内河港埠城市）、特殊职能城市（革命纪念性城市、风景旅游城市、边防城市、经济特区城市等）、综合性职能城市（全国性的、大区级的、省区级的、地区级的政治、经济、文化中心）等等。当然实际的城市职能类别比这要复杂得多。不同职能类型的城市有不同的人口构成、用地构成和规划布局结构。

高效率的城市经济应该是专业化和综合发展良好结合的经济。建立在本地区优势条件基础上的专业化分工，有利于取得集聚效益和规模效益；一定程度的综合发展有利于在城市内部组织产前、产中、产后的协作，并有助于解决就业、婚配等社会问题。另一方面，专业化又要避免长期狭隘地专业化于一、二种重工业，特别是资源开采型工业。综合发展又要避免追求产业门类的“大而全”或“小而全”。

二、城市的规模

城市规模主要指人口规模和用地规模。

城市人口规模是城市极重要的综合性指标。但是，什么地域范围的人口是城市人口，这是需要明确界定的问题。对于城市规划来说，需要了解城市行政区的人口，但是更加关注的是城市建成区的人口和城市规划区的人口。这属于城市规划的基本内容。城市行政区域里的人口有镇域人口、市区人口、市域（包括辖县）人口之分。实际上现行行政区划下我国城市行政区域里的人口并不都是城市人口，而是包括了一部分乡村人口。

什么户口类型的人口属于城市人口是另一个重要问题。我国的人口统计传统上分为农业人口和非农业人口。过去，只有吃商品粮，入了本地城市户口的非农业人口才算城市人口。现在情况发生了很大的变化，大量的农业人口已经在城镇或乡村从事非农业活动，再称他们为农业人口已经名不副实。从 2000 年 5 月 1 日起，粮油关系已不再跟着户口走，今天，人口流动已经非常频繁，城镇中都存在着不同数量的外来流动人口，他们有从其他城镇来的，更有从乡村流入的；有长年居留或短期居留在城镇的，也有仅仅过往中转的；有的在当地公安机关登记办了暂住证，有的登记而没有办证或根本没有登记。不管哪一种情况，他们都要使用城市土地和基础设施，对城市经济社会的发展也都有或多或少的影响。

不同的城市规模，在城市的经济结构、空间结构、基础设施的配置等方面都有所不同。按照我国《城市规划法》对城市规模的分类，市区非农业人口大于 50 万的城市称为大城市，市区非农业人口 20 ~ 50 万的城市为中等城市，市区非农业人口 20 万以下的城市为小城市。为了弥补其粗略，习惯上把市区非农业人口超过100万的城市称作特大城市。以市区非农业人口作为城市规模分类的指标往往不能很好反映实际情况。今后，以城市地域的普查人口作为城市人口规模分类的基础是比较合适的。普查人口基本上以人口的居住地为准，包括了离开户籍所在地半年以上的外来人口，减去了离开户籍所在地半年以上的本地人口。缺点是除了普查年以外，没有历年的统计资料，只有估计数。

2000年11月1日我国进行的第五次人口普查对城镇地域和城镇人口试行了新的统计标准。大意是：设区市的统计市区指（1）人口密度在每平方公里1500人以上的区辖全部行政地域；（2）市辖区人口密度不足1500人的区政府驻地和区辖其他街道办事处地域，和驻地的城市建设已延伸到的周边乡镇的全部行政地域。不设区市的统计市区指（1）市人民政府驻地和市辖其他街道办事处地域；（2）驻地的城市建设已延伸到的乡镇的全部行政地域。建制镇的统计镇区指（1）镇人民政府驻地和镇辖其他居委会地域；（2）镇政府驻地的城市建设已延伸到的周边村民委员会驻地的村委会的全部地域。以上城镇地区以外的地域为乡村。凡在城镇地区以外的常住人口3000人以上的工矿区、开发区、旅游区、科研单位、大专院校等特殊地区按镇划定。城镇地区范围内的人口为城镇人口，其余为乡村人口。用这一标准界定的城市规模一定程度上克服了第四次人口普查对设区市城镇人口的偏大统计和对不设区市和建制镇城镇人口的偏小统计。

城市人口规模的增长是由人口的自然增长和机械增长两部分组成的。目前我国人口的自然增长率已经比较低而稳定，机械增长成为城市人口增长的主要因素。而城市机械增长率的高低又主要取决于城市经济和就业岗位的增长状况。城市人口机械增长的速度高低反映了城市的经济活力。

城市的用地规模是城市规模在空间上的反映。城市规划用地规模直接由规划期城市人口规模和人均用地指标两个变量所控制。一般来说，我国城市的人口规模与城市的人均用地量之间呈负相关关系，即人口规模越大的城市，一般用地越是集约，而人口规模越小的城镇，一般人均用地量越大，乡村人口占地更大于城镇人口。城市的人口规模是由城市的职能决定的，城市的人均用地大小受城市性质、城市用地及布局条件、历史因素和政策因素等的影响。

我国是人口多、耕地少的国家，城市发展要节约用地、合理用地、少占耕地。另一方面必须要看到，城市是最集约利用土地的一种组织结构，随着我国城市化水平的提高，越来越多的乡村人口变为城镇人口，城市用地的绝对量是肯定要增加的。从总体上看，城市发展增加的用地量只会少于乡村人口进入城市前在乡村的占地量，城市发展从根本上说只会节约土地而不是浪费土地。

三、城市的结构与形态

城市结构是一个十分宽泛的概念。这里主要讲的是城市的土地利用结构。城市有居住、工作、交通、游憩等基本功能，城市的土地利用结构就是城市内部功能在地域上分异的反映。

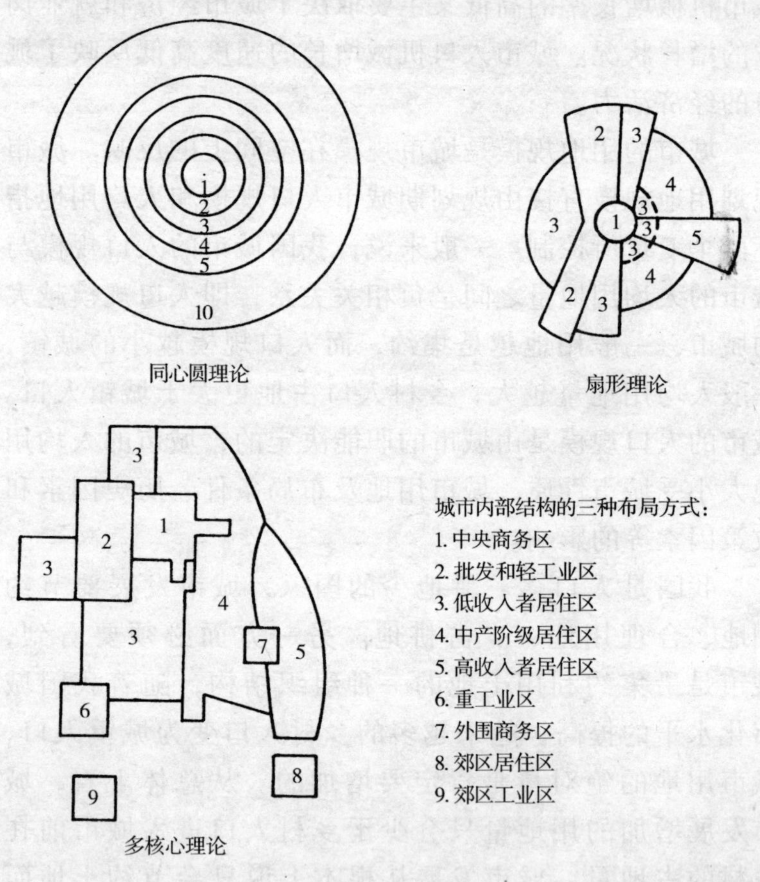

图 5　城市结构模式

城市一般都有一个核心，这里是城市社会经济活动最密集的中枢，往往集中了政权机关、商业、金融、服务业，和各种为全市服务的文化娱乐设施，是交通最便利、人流最集中、建筑物最密集、地价最昂贵的部分。在少数特大城市，这个核心在一定条件下可以形成中央商务区，简称CBD。从核心向外，城市的地价一般由高到低变化，在市场经济条件下，导致土地利用的差异呈一种圈层结构。美国学者在1923年提出了最早的城市土地利用的“同心圆模式”。

其次，城市从核心由内向外的发展一般又沿着交通线放射状扩展。不同交通线两侧的环境条件不同，会有不同的土地利用功能。所以又有学者在同心圆模式的基础上，于1939年提出了城市土地利用的“扇形模式”。

虽然同心圆结构和扇形结构在许多城市都有所体现，但是，随着城市的发展，城市的内部结构日趋复杂。市中心不一定在城市的几何中心，在核心以外又可能发展形成城市的副中心和其他的中心；在城市的主体外面，也可能发展形成飞地式的卫星城，等等。根据这种情况，又有学者在1945年提炼出城市土地利用的“多核心模式”。

上述模式是对城市土地利用结构形式的理论概括，每一个城市都可以从这些模式中找到自己的影子，又不和任何一种图式一模一样。但是形成城市土地利用结构的道理是一样的，不同部位城市土地因所处条件不同，具有不同的使用价值，表现为不同的开发代价，包括地价；城市内不同类型的商业区、不同等级的居住区、不同种类的工业区和交通仓储区等都有各自的布局要求，能承受不同的开发代价。如果城市能因地制宜地布置各个功能区，就会有一个合理的城市结构。城市土地利用结构的另一表现形式是城市各种不同功能用地之间的数量关系，一般以主要类别区分，表现为用地平衡表。城市结构一般处在不断的变动和调整之中，有一定的演替规律，我们要认识规律，因势利导。

城市内部结构的外在表象就是各个城市之间千姿百态，无一类同的城市形态。城市形态既有二维的平面形态，也有三维的空间形态。如果按城市伸展轴的组合关系、用地聚散状况和平面几何形状三个要素对城市的平面形态进行分类，我国城市可以分为集中型和组群型两大类。集中型城市又可分为块状、带状、指状几种形态；组群型城市也可分为双城、带状组群和散点状组群三种形态。不同的城市形态影响城市内部各部分间联系的便捷程度和社会、经济以至生态环境的效果。造成城市形态差异的主要原因是城市形成发展的自然条件、经济社会条件和历史文化背景，城市的对外交通干线和主要经济联系方向则是引导城市形态演变的基础。三维的城市空间形态是构成视觉环境的基础，是由城市的自然要素和人工建造物所组成。城市规划的重要任务之一就是要创造一个优美的城市三维空间形态。

第四节　城　镇　体　系

城镇体系是一定区域内在经济、社会和空间发展上具有有机联系的城市群体。

城镇体系是区域内城镇发展到一定阶段的产物。认识和了解城镇体系的基本内容及其形成和发展的规律，对于推动区域经济社会发展，加强城市化进程，构筑以城市为中心的经济社会网络，进而参与国际竞争都是十分必要的。

一、区域与城市发展

城市和区域是相互依存的统一体。任何城市的产生都具有区域基础，都是区域发展的需要。农业时代的集市是因周边区域物资交易需要而出现的，“日中为市”也正反映了“市”所依托的是以人们半日步行距离为半径的物资集散区域。同样，各级行政首府有其行政管辖的范围；军事城堡有其直接的防卫地区，等等。总之城市生存于区域之中，以区域为基础。区域从资源供给、环境容量、经济基础、市场需求、社会发展等方面对城市功能、规模、形态、结构产生直接的影响。城市是区域自然和人文特征的集中反映。

城市是区域内二、三产业和非农人口的集中地，集聚了先进的生产力和高水平的服务设施，是区域发展的中心和依托。城市正是凭借着这些经济优势、文化优势、人才优势和设施的优势，成为区域内最具发展实力和活力的增长中心和服务中心，成为组织和带动区域发展、满足区域多类需要的核心。可以说，城市发展的程度也反映区域发展的水平，综合反映城市发展程度的城市化水平的高低，是区域发展水平的标志。当前全球的竞争实质上是区域间的竞争，而区域又是以城市为代表参与竞争。因此，协调区域与城市发展的关系，构筑一个合理的城镇体系是区域发展战略的重要内容。

关于区域和城市发展的关系还可以作以下进一步的分析。

（一）城市所依存的区域是动态变化的

在交通不发达的农业社会，城市所依存和服务的区域是封闭的、狭小的、孤立的，各城镇之间缺乏联系，城镇完全依随本区域而发展。工业社会以后特别到了现代社会，城市已经是一个开放的系统。城市的发展不仅依赖本区域而且也和其他区域发生各种各样不同程度的联系，城市是在本区域和周边相关区域的共同影响作用下发展的。例如一个县城的发展，不仅依赖本县域的支持和服务本县，也受到上一级城市的影响，在不同程度上承接和服务于上级城市的各种需要；同时还和周边的县发生各种诸如集贸交易、消费服务等经济社会关系。比如，位于京津中部的廊坊的发展既考虑本市又服务京津；苏州的发展，既与所辖县市有关，又与上海和无锡密不可分。这是对城市与区域关系认识的一个方面。

另一方面，在经济全球化的时代，城市与区域，特别是与所在区域的依存关系也发生了新的变化。在全球经济时代城市借以发展成长的资源、劳力、资金等生产要素已不依赖于本区域而可以是其他区域乃至全世界。同样，城市的服务对象也不仅是本区域而是更大区域与世界。可以说，在经济全球化的今天，城市的发展都或多或少地与世界发生多种关系，城市的发展区域已空前扩大。因此城市的发展研究和规划不能就区域（所在区域）论区域，而要跳出行政区域，从更大范围、从城市的经济社会影响范围来研究。

（二）从城市规划的角度，城市与区域关系分析可以有几个不同的层面

1. 宏观层面，从城市与各不同区域层次直到世界的经济社会关系中，研究城市的定位和发展方向。

2. 中观层面，从城市与其一定空间距离范围内（以所在行政区为主，包括跨行政区域）的经济社会关系中，研究包括城乡人口迁移、基础设施的共建共享以及某些企业的协作等问题。

3. 微观层面，以一日内的通勤、通学和消费服务为范围研究区域与城市商贸、交通及公共服务设施建设的关系。不同的区域层面，城市规划和建设应有不同要求。

还应该看到随着科学技术的发展、交通和信息业的进步以及城市自身的变化，城市与区域的关系还会有新的发展。

二、城镇体系构成

工业社会以来，区域内的城镇开始摆脱了孤立分散、各自为政的封闭状态。由于在生产的协作和分工中的地位不同，以及各城镇发展条件的差异，区域内的城镇出现了规模、功能及空间位置上的差别，形成了相互之间不同的关系。于是，在城市与区域的关系中，呈现出一种新的变化，即区域基础和城市中心的关系不限于一个城市，而是指区域内的城市群体。它们以区域为共同的基础，同时又在带动和服务于区域中承担不同的作用，并由此形成相互的关系，于是城镇体系的概念就产生了。

德国城市地理学家克里斯泰勒通过对德国南部各城镇关系的研究，于1933年出版了《德国南部的中心地》一书，提出了著名的中心地理论，系统地阐明了中心地（城镇）的数量、规模和分布的模式，首次把一个区域内的城镇系统化。此后，各国的学者对城镇体系作出了多方面的系统研究，提出了一系列理论和方法。

总结归纳区域城镇体系中各城镇之间的关系．可以用几种体系结构或构成来说明：

（一）城镇体系的规模结构

区域内各个城镇的人口规模是各不相同的，城镇之间规模结构反映了城镇发展与区域之间的不同关系。

对体系内城镇间规模结构关系有几种衡量或评价的理论与方法：

1. 首位分布律

这是对一个国家和地区内，城镇规模分布规律的一种概括，由杰弗逊于1939年提出的。杰氏分析了51个国家各国前三位城市的规模比例关系，发现首位城市规模往往比其他城市的规模大得多，均在二倍以上。他认为，这是一个国家在它城市发展的早期，由于多种原因而在一个城市集中大量的产业和人口使其成为首位城市。为了评价城市规模之间的关系，他提出了首位度的指标，即首位城市规模和第二位城市规模之比。首位度大于2的城市规模分布关系，就称首位分布，首位度越大，表明首位分布程度越高。而一般而言，首位度高，反映区域处在经济发展的初期阶段，城市不够发育，缺乏更多的强有力的城市来带动全区域的发展，也造成人口过多集中于首位城市，使之超负荷运行。如按 1999 年城市非农业人口统计，我国东部沿海各省的首位度较低（江苏 2.3、浙江 1.9、辽宁 1.9），而西部省份偏高（甘肃 4.7、青海 8.3、云南 6.8、贵州 2.8），这大致与经济发展程度相似。杰弗逊提出的首位分布律和首位度指标，提供了分析评价城市与区域关系的理论方法。

2. 金字塔分布

区域内城镇按规模大小分成等级，就可以发现存在一种规律性的现象，即城市规模越大的等级，城市数量越少，而规模越小的城市等级，城市数量越多。把这种城市数量随规模等级而变动的关系用图表示，形成城镇等级规模的金字塔。这种城镇金字塔分布反映了区域内各级城镇发展之间的协调程度，也反映了城镇对区域发展不同需求的适应程度，总体上，也即城镇发展的程度。在我国各省区的城镇等级规模排列中不少省区均有不同程度的等级规模城镇缺失或不相称现象。如湖北省首位城市武汉为 434 万人口规模的特大城市，但第二位仅为 60 万人口的襄樊市，缺少中间的过渡城市；四川省成都市是人口 220 万的特大城市，下一级只有不到 50 万人的中等城市攀枝花市，缺少大城市等级；云南、贵州、甘肃、陕西的规模等级均是特大城市下即为中等城市排列，反映了这些省份城镇发展的不协调性。德国克里斯泰勒在中心地理论中曾研究过中心地的等级体系，并从市场、交通和行政管理三原则出发，分别提出了中心地数量自上而下按 3、4、7 的级数递增关系。上述研究主要是提供了一种分析区域内城镇发展关系的思路，而不在于具体的数量关系的搬用。

3. 位序—规模分布，或称位序—规模法则

这种法则主要是从城市规模和城市位序的关系来考察城镇体系的规模分布的规律。一些学者通过研究认为，理想的这种规模分布是各个等级的城镇规模是该城镇在体系中的排序与体系最大城市规模之比。即第二级城市的规模为最大城市规模的 1/2，第三级为 1/3，依次类推。

以公式表示为 Pr = P1/R，Pr 为 r 位城镇的人口，P1 为最大城市规模，R 为 Pr 城市的位序。

这个法则同样反映了区域内各级城镇协调发展程度以及与区域的关系。例如，第二级城市规模正是最大城市的 1/2，则按首位度计算，即为 2，是一个合理的关系。反之，如果第二级城市规模过小，则既是首位度过高，也是等级序列的缺失。实际上三种理论都是互相关联的，只是从不同角度对城镇体系规模结构的一种分析和评论。

（二）城镇体系的职能结构

城镇职能是指城镇在一定地域内的经济、社会发展中所发挥的作用和承担的分工。区域内的城镇由于历史和经济基础，以及发展条件的不同，存在着不同的发展优势和劣势，因而其发展方向和职能是不同的。例如有的以工业为主导，有的以交通为重点，有的以商贸流通为中心，有的以文化旅游见长，有的具有独特的政治地

位，等等。区域的城镇体系正是由这些不同职能的城镇组成的。

组织区域城镇体系职能结构的重要作用是力求避免各城镇的职能雷同，形成重复投资，盲目竞争；是为了充分发挥各城镇的优势，扬长避短，分工协作，形成区域整体的力量。

应当指出：

1. 城镇的职能分工是动态的。

在科技日新月异发展和市场需求迅速变化的情况下，新行业、新部门不断涌现，旧行业、旧产品逐步淘汰。因此，优势、劣势可能转化，发展条件也会改变，对城镇体系职能结构的组织和研究要注意宏观背景和市场的变化，要重视科技进步和新行业的出现，及时加以调整。

2. 要重视城镇区域职能的研究。

城镇的区域职能指的是城镇在不同区域中的作用，也即城镇的区域地位。在城镇体系职能结构中，由于经济（产业）职能的动态性从而影响对城镇职能的把握和组织。为此，相对稳定的城镇区域职能就值得研究。

（三）城镇体系的空间结构

城镇在区域空间分布的形态主要是：点、线（带）、面（网络）。三种形态反映了区域城镇体系发育的程度。

1. 点状形态或点状发展时期，是城镇体系发育的初级阶段。区域的发展主要运用增长极理论，通过重点发展首位城市、中心城市这个增长极来加快发展、增强其实力，以带动区域的发展，进而通过扩散产业和人口带动区域内其他城镇的发展。这种形态多数为经济不太发达的区域所采取。重要的是选择好增长极。

2. 轴状发展形态是城镇体系发育的第二阶段。在增长极发展的基础上，选择交通条件好的沿线地段作为发展轴线，将点和轴相结合，扩大区域的发展地区，加快对周边地区的影响和辐射。这种形态多数是区域经济发展已达一定阶段（工业化中期）所采取的。这里重要的是选择好发展轴线，同时注意轴线的数量，轴线不宜太多，以免分散力量。

3. 面状或网络状分布。一般属于城镇体系发育的后期阶段。区域经济和各级城镇已得到较为全面的发展。城镇体系发展的重点是各条轴线与各节点结合，形成较为均衡分布的网络，以促使区域经济的发展和提高。我国长江三角洲和珠江三角洲已经具备城镇密集分布的基础和较为完善的规模和职能结构，将通过交通等基础设施建设，进一步加密发展轴线，以逐步向网络阶段迈进。

(四) 城镇体系的经济组织结构

除了上述的三类体系结构以外，国外部分学者还根据经济全球化的背景，根据城镇之间的经济关系和职能分工由过去的生产协作、部门分工转化为经济活动组织体系的特点，依照跨国公司和企业集团的总部、分部、子公司等组织关系来确定城镇之间的联系状况和等级位序。跨国公司和企业集团总部的集中地即为一级城市(首位城市)，其余的即按企业和公司的组织系列排列。这种新的城镇体系结构提供了一种适用当前区域化、集团化趋势的思路和做法，对于我国城市走向国际化，对于改善城市投资环境以增强对大企业、大公司的吸引力都是很有借鉴意义的。

从区域和城市的开放性和系统性的特征来看，区域城镇体系还存在一种层次的结构。任何区域都是上一层次区域的组成部分，同时又划分为若干下一层次区域，城镇体系也是这样。省一级的城镇体系要符合国家城镇体系的要求，又是下一级市域城镇体系的指导。因此，城镇体系研究首先要明确所处层次以及与上下层次的关系。例如，南京市既是江苏省的首位城市，又是南京都市圈（南京、镇江、扬州）的核心，也是长江下游包括安徽、江西部分地区的经济中心，更是长江三角洲城镇体系的副中心。南京的城镇体系需要协调多层的关系。

三、中心城市

构筑一个合理的城镇体系关键是培育中心城市。中心城市一般是指城市整体实力具有区域影响力的城市，对区域有明显的辐射、带动、服务和示范作用。中心城市是城镇体系的核心，中心城市的发育程度是区域城镇体系的标志。

（一）关于中心城市的基本认识：

1. 中心城市不等于区域的中心。如同前述，城市都可以认为是一定区域的中心，但中心的功能是不同的，可以有经济中心、政治中心、文化中心，也可以有交通中心、科研中心等等，可以有一种功能的中心，也可以有两个、三个功能的中心。它们都具有各自的功能服务区域，但是中心城市则不同，它不是一般意义上的中心，而是多功能的综合性的中心，是一个全面带动和服务于整个区域的中心，也是区域内城镇群体的中心城市。

2. 中心城市具有较强的实力。中心城市作为具有综合功能并能带动区域的城市是应当有一定规模和区域影响的。就目前配置有现代化基础设施和公共服务设施，有较强经济实力和较多就业岗位的城市，在我国一般应在20~30万人口以上，即进入中等城市的行列；具有较强的竞争力发挥跨区域作用的中心城市，一般人口规模宜更大一些。

3. 中心城市是分等级的。中心城市按其影响与服务区域的大小和层次分为不同等级。如纽约、伦敦和东京是国际中心城市，其影响遍及全世界；上海是全国性的经济中心城市，也将成为国际级的中心城市；南京是江苏省级中心城市，也是长江下游的区域性中心城市；淮安则是苏北腹地的地区性城市。

4. 区域的中心城市是动态变化的。在区域发展的历史过程中，区域的中心城市是会发生变化的，如江苏苏南地区历史时期的中心城市是苏州，近代则是无锡，以后是苏州、无锡、常州并列，而90年代后，苏州又迅速崛起。因此，在对中心城市的研究中，既要重视现有的中心城市，更应注意未来可能涌现的中心城市。

5. 中心城市的主导功能是可以转化的。中心城市虽然具有综合功能，但其主导功能却随时代而不同。在工业时代，城市发展的主要动力是工业，中心城市的主导功能是生产，尤其是制造业，中心城市也常成为以工业为主的城市。在后工业时代、信息时代，城市发展的主要动力将可能是第三产业，城市的主导功能将可能是服务，城市将由生产型转化为经营服务型。中心城市主导功能的不同使城市的产业结构、用地比例、空间布局都出现很大改变，这将对城市发展带来新的机遇。

（二）中心城市要有一个培育和逐步成长的过程

1. 建立中心城市为核心，中心城市影响覆盖全区域的城市发展战略思想。

中心城市是经济、文化中心，更是科技创新基地和现代服务业的中心，是全区域加快城市化、实现现代化的主要推动力。中心城市的推动有一个由近及远的过程。一般而言，50万人口以上的大城市，其直接影响辐射半径约为50公里，则其影响覆盖范围约为8000平方公里。换言之，大致每万平方公里至少应有一个大城市。同样，20万~30万人口以上的中等城市其直接影响范围约为1500~2000平方公里。当然，中心城市的数量还与服务人口的多少有关。

2. 根据区域经济和城市化发展阶段，按照增长极原理，加快中心城市的发展和建设。

我国目前经济发展基本上还处于工业化的中期，对应的城市化应是集中阶段，采取集中发展的城市化战略，即相对集中生产要素加快首位中心城市的建设，合理扩大城市规模，增强实力，以尽快形成强有力的、与区域发展相匹配的中心城市。对于那些经济和城镇发展水平较高的地区，如长江三角洲、珠江三角洲，应在发展首位中心城市的同时，培育二级中心城市，并注意城市现代化水平的提高。

3. 加快体制改革和制度创新、为中心城市发展创造条件、开拓空间。

目前，各级中心城市的发展存在着多种矛盾。除了人口、土地、资金、体制等方面需要改革和建立创新机制以外，一个较为普遍的问题是发展空间不足，尤其是受到周边县市行政区划的限制，造成中心城市空间形态结构、城市扩展方向和功能布局不尽合理。因此需要建立都市区的概念，统一规划中心城市及其相关的周边地区，合理调整行政区划，为中心城市的有序发展提供空间。广东省的番禺、花都两市均已撤市建区，成为广州市区的一部分，为广州的发展提供了空间；上海将 10 个郊区县中的 7 个县改区，江苏省的江宁县、吴县市、锡山市、浙江省的萧山市、余杭市等也相继撤销县级市而建区，这都为加快、加强所在中心城市的发展建设创造了条件。

第五节　城　市　化

一、对城市化的基本认识

（一）城市化的含义

城市化与城镇化为同义语。城市化（Urbanization）是“人类生产和生活方式由乡村型向城市型转化的历史过程，表现为乡村人口向城市人口转化以及城市不断发展和完善的过程。又称城镇化、都市化”[3]。具体内涵应包括以下几个方面：

1. 依附于农村土地的农业劳动力越来越多地向城镇非农产业转移

在农业社会，农村劳动力主要从事农、林、牧、渔等第一产业，离不开农村土地。在由农业社会向工业社会过渡期间，必然有越来越多的农村富余劳动力离开农村土地，由第一产业转向工业、服务业等第二、三产业。而第二、三产业的发展，主要向城镇地域集聚。城镇成为吸引农村富余劳动力，实现就业转移的主要场所。

2. 分散的农村人口逐步向各种类型的城镇地域空间集聚

地域产业结构的转换，农村富余劳动力向城镇第二、三产业的就业转移，必然导致原先分散居住在广大农村的人口逐步向不同规模的既有城市、新兴城市、小城镇和中心城市外围都市区空间集聚。正式办理进城户籍迁移的常住人口和各种长期进城暂住的人口，形成由农村进城聚居的人口不断增多，使城镇居住人口占总人口的比重不断上升。

3. 城镇建设促进城镇物质环境的改善和城镇景观地域的拓展或更新

产业和人口向城镇的集聚推动城镇的发展，原有城镇的扩大和新城镇的涌现都要求不断加大城镇建设的投入。通过对城镇基础设施建设，以及对城镇住房、市政服务设施和生态环境建设等各方面的投入，不断改善城镇的投资环境和生活环境，可促进企业和人口进一步向城镇集聚，并使无论从建筑水平和建筑密度来看均不同于农村的城镇建筑景观在地域上不断有所拓展或更新。

4. 城市文明与城市生活方式的传播和扩散

由城镇人口组成的城市社会在其历史进程中发展了包括城市生活方式和城市文化在内的城市文明。在城市社会，人口的就业结构、经济收入、消费需求、文化素养、受教育水平，以及人口的出生率、流动性、开放意识、价值观念等方面，均与农村社会存在着明显的差别。在城市化进程中，随着城镇人口的增长和城镇地域的扩展，城镇的文化教育水平和城镇人口的素质不断提高，城市文明也得以传播，向城镇周围的广大农村扩散和渗透，为农村地域向城市化地域过渡和演进开辟道路。

有关城市化含义的以上四个方面的主要内容是相互联系、不可分割的。由工业化引起的大量农村富余劳动力由第一产业向城镇第二、三产业转移是城市化的前提，在广大地域分散居住的农村人口逐步向不同类型的城镇地域集聚而变为城镇人口，是城市化的核心。城镇建设的不断投入为城镇居民的工作和生活提供较好的物质环境，是对城市化的重要保证。城镇居民物质与文化水平的提高，城市文明的发展与传播，及其对周围农村辐射影响的扩大，促使城乡差别的缩小，是城市化的主要目标和社会进步的重要标志。如果说，由农村向城镇的劳动力就业转移和人口的空间转移是城市化的量的标志，那么城镇建设和城市文明的发展就是城市化的质的标志。量与质必须统一，没有城市化的量的增长，难以反映城市化的进展，没有城市化的质的提高，也体现不了社会的进步。城镇人口比重越高，对城镇建设和城市文明的发展会提出更高的要求；城市化质量越高，城镇对农村人口的吸引力也越大，可加速农村人口向城镇地域的转移。

（二）城市化的动力

城市化的进程首先受社会生产力发展的推动，同时也受人们向往城市文明生活的驱使。

1. 社会生产力发展的推动

城市的起源是在手工业开始从农业分离出来以后，由原始社会向奴隶社会过渡的时期。在农业、手工业和商业之间社会大分工的形成和发展，成为古代城市生长的社会物质基础。尽管在漫长的奴隶社会和封建社会的历史过程中，也曾出现过某些百万人口以上的辉煌一时的大城市，但就总体而言，在主要依靠人力、畜力操作简单工具从事社会生产的情况下，生产力水平还很低，城市的发展缓慢，世界城市人口在总人口中所占比重始终很低。直到 18 世纪后半期出现工业革命以后，人类开始逐步学会利用能源，以机械动力代替人力，使社会生产力有明显提高。近代资本主义大工业的兴起，开辟了由农业社会向工业社会演变的工业化进程，并由工业化推动了城市化。

工业化的进程是随着生产力的发展和产业结构的转换而变化的。在工业化的早期，以发展资源密集型和劳动密集型的纺织、食品、煤炭、钢铁和一般机械加工业等为主，要求将工业企业建在交通位置较好的农产品集散中心、港口城市或重要矿区，从农村吸纳大量劳动力进入城市或工矿区。在工业化中期，以发展资本密集型和技术密集型的机械电子、家用电器、汽车、石油化工、电力、金属材料等工业为主。其中仍有不少工业兼具劳动密集型的特点，而且由于工业门类的增多和工业产品的多样化，使工业发展对劳动力的总需求仍呈迅速增长的趋势。工业向深加工发展，使工业区位对自然资源的依赖性相对减弱，却使工业向城市的集聚力进一步增强。这种集聚效益推动着工业向城市尤其是大中城市的集聚。当由于集聚规模过大而引起地价猛涨、交通阻塞、环境恶化等负面效应已超越集聚的正面效应时，将会迫使工业向外扩散。但在工业从大城市外迁或在城市外围扩散新建过程中，多数仍要求在小城镇或新开发区有一定程度的集聚，并有可能在此基础上形成新的城镇。

自20世纪中期以来，随着科学技术的突飞猛进而加速了工农业生产的现代化步伐。工业化与现代化的结合，更加有力地推动着城市化的进程。农业的走向现代化，促使更多的劳动者由农业转向非农产业，并向城市提出更多、更高的社会化服务需求。第三产业的比重越来越高。在一些发达国家的大城市就业结构中，第三产业比重已高达70%~80%以上。

进入工业化晚期，城市化的速度将随着工业向城市集聚动力的减弱而下降。现代化交通运输和通讯的发展，为城市的地域扩展创造了条件。城市产业结构的调整，城市级差地租的影响，人类环境意识的增强，均促使过于拥挤在大城市中心区的部分城市人口和某些企事业单位向周围郊区迁移扩散，以寻求更大的发展空间。这种城市人口和城市功能由市中心区向周围郊区扩散的郊区化现象，在实质上是城市化的地域扩大，是由中心城市向都市区发展。

工业化在不同发展阶段的进程，对城市化的速度、水平及其空间结构演变趋向有决定性影响。反之，城市化的进程也会在一定程度上对工业化起着促进或延缓的作用。二者需要相互适应，协调发展。过多的农民进城，远远超过城镇第二、三产业的发展所能提供的就业岗位。反之，城镇人口占总人口的比重远低于就业结构中非农产业所占的比重，也是一种不正常现象。城市化的过于超前或过于滞后均不利于社会经济的健康发展。

新世纪面临着信息化和知识经济时代的到来。以知识和信息技术为基础的智能工具的不断创新，信息技术在经济和社会领域的广泛应用，在强有力地推动着社会生产力由工业社会向信息社会过渡，发达国家和发达地区已相继率先进入后工业社会或信息社会。在已实现高度城市化的国家和地区，城乡之间的界线，都市区与非都市区之间的界线越来越模糊。然而经济全球化将使国家间、地区间和城市间的竞争更加剧烈。社会的不平等和贫富差别的悬殊在不同的国家、地区和城市间，甚至在城市内部的不同阶层间依然严重存在。人口的迁移以及与人们居住、工作、休闲等场所有关的空间结构的演变永远不会终止。作为发展中国家和地区，多数尚处于工业化与城市化方兴未艾的发展时期，因而不能无视自己所处的历史发展阶段而盲目模仿少数发达国家的发展模式。

2. 人们对城市富裕文明生活的向往与追求

城市化是一种人类活动变化的反映，要全面了解城市化的动力机制，还需要具体分析人们由乡村向城镇转移的行为主要受哪些动机驱使。城乡之间一般在就业门类、经济收入、生活设施、交通、购物、教育、医疗卫生、文化娱乐、社会保障等各个方面都有较大的差距。正是这种差距的存在，使农村居民对城市富裕文明生活的向往和追求，成为由农村向城镇转移的主要驱动力。城乡之间的差距愈大，这种驱动力也愈大。不发达地区的农村与发达地区的城市之间的差距比同为发达地区的城乡之间的差距更大，这是形成大范围跨区性民工潮的重要原因。农民进城的首要目标是解决就业和增加收入。只有工作较稳定，收入有保障，有能力租用或购买城镇住房的，才有可能由进城暂住的流动人口转为城镇常住人口。有些较富裕的乡村人口进城落户主要是考虑子女求学，老人就医，年轻人喜爱城市文化生活等因素。随着社会的进步，人们对城市文明生活追求的内容也在不断发生变化。例如对城市居住环境的选择越来越受到人们的重视。有不少原先居住在人口密集的大城市中心区的居民开始往环境较好的郊区迁移。有些较富裕的郊区农村，随着城市基础设施向郊区的拓展外延，城乡之间的差别已越来越小。有不少农村家庭成员在城区工作，与城区保持早出晚归的通勤联系，多不愿将家庭迁进城区，因在当地同样可以基本满足对城市文明的需求。国家针对城乡之间的人口迁移和流动，就户籍、土地、就业、社会保障等各个方面所制订出来的鼓励或限制的政策，对促进或延缓城市化的进程也有重大影响。

（三）城市化水平的测度

根据对城市化定义的正确理解，衡量城市化水平应当包括数量和质量两大方面，但至今尚无公认的能全面反映城市化水平的复合指标和测度方法，因而一般仍多采用城镇人口占总人口比重这个单一指标来测度城市化水平。有人将这一指标改称为城市化率，以示与真实涵义的城市化水平有所区别。而在实际应用中却经常将二者等同起来，习惯于以城镇人口比重的大小来说明城市化水平的高低。但应用此指标应该注意以下四个问题：

1. 城镇人口统计口径应按第五次全国人口普查的口径。

2. 按城镇人口占总人口的比重进行国家之间和地区之间城市化水平的横向比较，其可比性相对较差。首先，各国对城镇的界定指标存在着很大差别。其次，即使在同一国家内采取统一的城镇人口界定标准，也往往由于地区之间具体条件的差别显著而在一定程度上影响其可比性。

3. 由城市化进程所反映的地域和人口的变化，是一个逐渐过渡的连续性过程。现今的城镇地域概念已不限于市镇中心的建成区，而是包括其周围郊区已半城市化的地域。问题是对中心城市外围这部分地域的界定尚未有统一标准。但是，不能忽视这部分半城市化地域和人口的客观存在，因为它孕育着进一步城市化的巨大潜力。

4. 城市化不仅是一个城镇人口占多大比重的“量”的问题，还有“质”的问题。“质”是指城市的物质基础、文化教育水平以及城镇人口的素质等方面。

二、世界城市化的发展概况

(一) 世界城市化进程的主要特征

自工业革命以来，世界城市化的进程具有以下几个主要特征。

1. 世界城市化进程在总体上呈持续增速趋势。

工业革命后，尤其是进入19世纪后，世界总人口和城镇人口均有较大幅度的增长。在整个19世纪的100年间，世界总人口数由9.8亿增到16.5亿，年均递增0.5%，其中城镇人口由0.5亿增到2.2亿，年均递增1.5%，城镇人口占总人口的比重由5.1%增到13.3%。进入20世纪后，尤其是第二次世界大战以后，世界城市化的进程进一步加快，无论是世界总人口和城镇人口均有更大幅度的增长。在20世纪的前50年，世界总人口增加了8.51亿，年均递增0.8%，城镇人口增加了5.04亿，年均递增2.4%，城镇人口比重上升到29.0%。以世界银行公布的1997年数据与1950年作比较，47年内新增世界总人口33.28亿，年均递增1.8%，新增城镇人口19.57亿，年均递增2.8%，城镇人口比重跃升到46%。以上表明，近200年来世界城市化进程在整体上呈现出不断加速的发展势头。

2. 城市发展的主流已由发达国家转移到发展中国家。

从总体上看，发展中国家的城市化进程落后于发达国家约 75 年。在 19 世纪和 20 世纪的前半期世界城市化进程的主流为现今的发达国家。其城镇人口占世界城镇人口的比重由 1800 年的 40%，上升到 1925 年的 71%，到 1950 年仍保持 62%，远高于发展中国家。反映城市化水平和速度的发达国家城镇人口占总人口的比重由 1800 年的 7.3%提高到 1925 年的 39.9%和 1950 年的 52.5%。而同期发展中国家的城市化进程却相当缓慢。其城镇人口占总人口的比重 1800 年为 4.3%，1925 年还只有 9.3%，1950 年才升到 16.7%。50 年代以后，情况才开始逐渐逆转。发展中国家的城镇人口数已在 1975 年超过了发达国家。到 1997 年，发展中国家的城镇人口猛增到 18 亿，已为发达国家城镇人口的 2 倍，城镇人口占总人口的比重也提升到 38.4%，城市化的后劲很大。

3. 各国在城市化进程中一般都将经历一个中期加速发展的阶段。

虽然世界各国、各地区的城市化进程，在开始时间、发展速度和已达到的水平方面存在着很大差别，但一般都需经历一个大致与工业化初、中、晚期相适应的三个发展阶段。在城市化初期，城镇人口占总人口比重由百分之几提高到 20%以上，需经过一个较长的缓慢发展时期；到了城市化中期，当城镇人口的比重超过 30%～40%后，会出现一个在短短几十年内以较快的速度逼近 70%的加速发展时期；进入城市化晚期，城市化水平已高于70%～80%，城市化进程又明显趋缓，直到处于徘徊不前状态。迄今已经历过城市化加速发展阶段的国家均属中等收入以上的相对较发达的国家。各国所经历的城市化加速发展阶段在时间和速度方面存在着较大差别，主要受所处时代不同和各国经济与社会发展情况不同的影响，跨过这一阶段所需的时间有缩短的趋势。例如，英国早在19世纪中期至19世纪末就经历了40～50年的城市化加速阶段。日本在战前城市化已开始加速，经战后50年代到60年代的迅猛发展，约用35年跨越了这个阶段。战后经济发展较快的韩国，已基本走完城市化加速发展阶段，仅用了25年。总的趋势是，在当前经济迅速增长的发展中国家，其城市化速度在大大加快。

4. 大城市和大都市区的人口比重在增大。

世界大城市多数是在长期历史发展过程中形成的，并在城市化进程中继续发挥着重要作用。如在1990年世界百万人口以上的城市中有2/3早在200年以前就是重要城市，而其中约有1/4至少在500年前即已是重要城市。大城市的人口规模在不断膨胀。以世界100个最大城市的平均人口规模计，1800年还不到20万人，1950年增到210万人，1990年则已超过500万人。大城市人口占城镇总人口的比重也在不断提高。全世界50万人口规模以上的大城市人口占城镇人口的比重由1960年的35%提高到1980年的46%，100万人口规模以上的大城市人口占城镇人口的比重由1980年的15%提高到1996年的18%，尤以亚非拉的发展中国家大城市比重提高最快。大城市由中心市区向周围辐射逐步形成大都市区的趋势也较为普遍。

（二）世界城市化进程的不同类型

1. 按不同经济发展水平和城市化水平的分类

世界各国处于不同的经济发展水平和不同的城市化发展阶段，经济增长活力和已达到的城市化水平也相差悬殊，可大致归纳为以下几种类型：

（1）高收入、高城市化类型，包括西欧、北美、日本、澳大利亚等主要发达国家，已较早实现了工业化和城市化，人均 GDP 已超过 1 万美元，其城市化水平一般多高达 70%以上，城乡界线已趋模糊。发展较迅速的新型工业化国家和地区亦开始进入这一行列。

（2）中等收入、高城市化类型，是指人均 GDP 在 1000～10000 美元之间，而城镇人口占总人口比重已超过 70%的国家。包括已经过工业化和城市化快速发展阶段的原苏联的俄罗斯、乌克兰、白俄罗斯等国和拉美的一些相对较发达的国家，如阿根廷、巴西、墨西哥等国，其中有不少国家自 20 世纪 80 年代以来长期处于经济低增长或负增长状态，城市中贫困人口比重较大，城市化水平质量不高。

（3）中等收入、中等城市化类型，指进入中等收入水平的多数发展中国家，处于工业化和城市化的中期阶段，其城市化水平大多数在 40%～60%之间，少数东欧、中东、拉美国家高于 60%，印尼、泰国、阿曼等少数亚洲国家则在 30%～40%以下。

（4）低收入、低城市化类型，主要指人均 GDP 尚在 1000 美元以下，城市化水平多在 30%～40%以下的发展中国家，以非洲和某些亚洲国家为主。除少数经济增长相对较快的中国、印度、巴基斯坦、埃及等国已陆续进入工业化的中期发展阶段外，多数国家尚处在工业化和城市化的初期发展阶段，有些人均GDP还不到300美元的十分贫穷的国家，基本上仍处于较落后的农业社会。

2. 按城市化进程的不同空间演变模式分类

城市化必然会引起城镇地域空间分布的变化，按其空间结构演变的不同模式，可大致分为以下几种类型：

(1) 以大中城市为主，向都市区或都市连绵区发展。多数国家在城市化的初期和中期，大量乡村人口向大中城市集聚，使城市规模不断膨胀，然后又向周围地区扩散，形成都市区和大都市区，在大中城市较密集的地区还进一步发展成为以大都市区为核心的都市连绵区。这几乎已成为城市化空间结构演变中一种占主导地位的模式。许多国家百万人以上的大都市区人口占全国城镇总人口的比重在30%以上，美国、日本约在50%左右，韩国、南非等则高达60%以上。

(2) 以中小城市为主，向多中心组合型城市集聚区发展。在欧洲的多数发达国家中小城市的比重相对较高，尤其是瑞士、瑞典、挪威、芬兰等国，境内均未形成特大中心城市，几万到几十万人口的中小城市较多。如瑞士的国际名城日内瓦、首都伯尔尼和金融中心苏黎世等均只有20~50万人。荷兰由阿姆斯特丹（首都、金融与文化中心）、鹿特丹（港口、贸易和重工业中心）、海牙（政府、议会所在地）及其他相邻城镇组成的兰斯塔德地区，德国由波恩、科隆、杜伊斯堡、埃森、波鸿、多特蒙德等20多个城市组成的鲁尔—莱茵地区，均是在众多中小城市的基础上发展起来的多中心组合型的城市集聚区。

(3) 以发展小城镇为主，推进乡村地区城市化。为防止农村经济衰落和减轻大量农民涌向大中城市的压力，鼓励农村发展非农产业，并在广大乡村地区积极发展小城镇以便于就近吸纳农村富余劳动力，少数条件较优越的小城镇则逐步发展成为中小城市。这种自下而上的乡村地区城市化，由高度分散转向逐步集聚的空间结构演变模式，我国也有类似情况。在我国不少乡村地区所出现的城不像城，乡不像乡的景观，在东南亚的泰国、印尼等地亦有类似情况。然而这种以小城镇为主的乡村地区的城市化，仍然离不开中心城市和大都市区的辐射和带动作用。离开各级城市的发展而孤立地发展小城镇，城市化的进程也将难以健康地推进。

三、我国的城市化进程与发展趋势

(一) 我国城市化的历史进程

我国近代的工业化和城市化始于鸦片战争以后。据1843年不完全的统计估算，当时全国的城镇人口约占总人口的5.1%。到1949年新中国成立时，全国城镇人口为5765万，占总人口的10.6%。建国后50年来的城市化进程，可以1978年开始的改革开放为界，划分为明显不同的两个时期。

1. 改革开放前的曲折历程

改革开放前我国实行严格的计划经济体制，工业的发展和布局，城乡户籍管理、人口迁移和就业安排，均受国家计划的支配，因而城市化的进程深受国家计划决策变化的影响，曾经历了以下几个较曲折的阶段。

(1) 初期发展阶段（1950—1957年）

经过三年经济恢复期后，完成了第一个五年计划，开展了以156项重点工程为主的大规模工业建设，从乡村调入城镇的人口达1500万，加上较快的城镇人口自然增长，使全国城镇人口比重由1950年的11.2%提高到1957年的15.4%，平均每年提高0.6个百分点。

(2) 波动阶段（1958—1965年）

从1958年开始的三年盲目大跃进，导致全国职工猛增2860万人，并使1960年的全国城镇人口比重跃升到19.7%，平均每年增加1.4个百分点。过多的农民涌进城市形成过度的城市化，出现了商品粮和物资供应的全面紧张，紧接着在三年困难时期进行了全面的国民经济调整，精简职工1800万人，撤销某些市镇的建制，并将2000多万进城的原农村人口压缩回乡，使城镇人口比重急剧下降，至经济又趋好转的1965年城镇人口比重才回升到17.9%，仅比1957年高出2.5个百分点。

(3) 基本停滞阶段（1966—1978年）

文革时期政治动荡，经济濒临崩溃边缘，加以文革前期动员大批知识青年和干部下乡，对当时从沿海城市抽调很多职工支援的三线工业建设的迁址，又过于强调靠山、分散、隐蔽，难以形成城市。因此这一阶段的前半期城镇人口比重又曾一度下降，后半期略有回升，从总体看，城市化基本上处于停滞阶段。1978年的城镇人口比重完全等同于1965年的水平，即在13年内没有任何进展。

2. 改革开放后的迅速发展

文革后全国的工作重点已转移到以经济建设为中心的社会主义现代化建设上来，自70年代末开始从农村到城市实行了一系列改革开放政策，有效地促进了国民经济的迅速发展。在1979—1998年的20年间，国民生产总值增长6.3倍，年均递增率达9.6%，其增长速度居世界前列。在经济快速增长的影响下，再加上随计划经济向社会主义市场经济体制的转轨，城市劳动市场和城乡之间人口迁移逐步放开，有力地加速了城市化的进程。城镇人口的比重已由1978年的17.9%，提高到1998年的30.4%，每年平均提高0.63个百分点。除了原有城市的扩大外，还涌现出大批新城镇。全国设市的城市已由1978年的193个增加到1999年的667个，建制镇已由1978年的2173个增加到1999年的19244个。根据2000年第五次全国人口普查的资料，祖国大陆31个省、自治区、直辖市的人口中，居住在城镇的人口45594万人，占总人口的36.09%。

（二）我国城市化的主要特点和问题

1. 城市化滞后于工业化

虽然改革开放以来我国的城市化已有较大进展，但与世界发展的总趋势比较，与我国工业化发展实际相比较，当前全国的城市化水平仍然滞后于经济发展和工业化进程。据统计，我国目前在非农产业就业的劳动力占全部就业总人口的比重约为53%，而城市人口占全国总人口的比重只有36%，工业化水平明显高于城市化。

据世界银行《1998世界发展指标》提供的资料计算，低收入偏上的国家（我国除外）平均城市化水平为42%，低中等收入国家平均城市化水平为56%。我国的人均GDP水平1998年为790美元，已开始由低收入偏上的国家迈向下中等收入国家的行列，而城市化却只达到30%（1998年）的水平，明显滞后。

城市化滞后的主要原因是由于以往长期实行限制农民进城和提倡农民“离土不离乡”、“进厂不进城”的农村工业化政策。改革开放后，乡镇企业的蓬勃兴起和发展，对加速我国的工业化进程和推动乡村地区的城市化，有其历史性重大贡献。然而，乡镇企业的发展过于分散，大量乡镇企业不是主要集中在小城镇而是分散在广大农村，不利于小城镇的健康发展。分散办厂难以形成规模经济和集聚效益，影响企业的竞争力。众多不进城的乡镇企业职工仍与农村土地割不断联系，从而影响农业规模经营和现代化进程。村村点火、处处冒烟、分散排污，占用了大量耕地，增大了区域环境治理的难度，不利于可持续发展。这种过于分散的农村工业化，严重影响农村人口向城镇的集聚，而没有人口的集聚就很难促进第三产业的发展，从而导致相对地减少就业岗位和城乡人民的收入。工业化水平低于我国的印度，在其1998年的产业结构中第一产业占25%，第二产业占30%，第三产业占45%；而同期在我国的产业结构中第一产业占18%，第二产业占49%，第三产业占33%。我国第三产业的比重过小，也是城市化滞后于工业化的一个明显例证。

2. 城市化的地区差异显著

我国地域辽阔，地理条件复杂多样，经济发展水平和城市化水平的地区差异很大。首先反映在东、中、西之间三大地带的差别。按1998年统计匡算，在西部地区的全部从业人员中从事农业的比重仍高达63.7%，高出中部地区8.9个百分点，高出东部地区22.3个百分点，基本上尚处于工业化的初期阶段。城镇人口比重西部地区平均只有23.4%，低于中部地区5.8个百分点，低于东部地区12个百分点。西部地区的工业化和城市化水平大致滞后于东部地区约20年。在东部沿海经济较发达的珠江三角洲、长江三角洲和环渤海等地区，已形成大中小城市均较发育的城镇密集地带，乡镇企业较发达的半城市化地域也主要分布在这些地带。西部各省区除了少数省会城市外，大中城市甚少。

此外，南北各省区之间也存在着明显差异。东北地区资源丰富，人口密度相对较低，是我国最早建设的重工业基地，处于东部沿海北端的辽宁省至今仍为全国城市化水平最高的省区。黑龙江和吉林二省的城镇人口比重亦位居我国中部地带的前列。内蒙、新疆等北方少数民族地区，地广人稀，农业人口的基数很低，国家为开发这些地区已建设了一批工矿、交通企业，使城镇人口的比重高于全国平均水平，更高于中西部农业人口密集的河南、湖南、四川等大省。显然对城镇人口的比重需作具体分析，不能简单地以城镇人口比重来衡量经济与社会的真实发展水平。以上说明，考虑全国城市化的发展问题必须因地制宜。

3.政策和体制对城市发展也有较大影响

长期以来，在我国城乡二元结构的体制下，很多政策，如城镇户籍管理制度、社会保障制度、城镇就业制度、土地制度、住房制度等，都直接影响了城乡之间的人口迁移，限制了城市的发展。

（三）积极稳妥地推进我国城市化

2000年10月11日，中共十五届五中全会通过了《中共中央关于制定国民经济和社会发展第十个五年计划的建议》，这个建议提出“积极稳妥地推进城镇化”。2001年3月，第九届全国人大第四次会议上，通过了《中华人民共和国国民经济和社会发展第十个五年计划纲要》。《纲要》中明确提出要“实施城镇化战略，促进城乡共同进步”。中央的建议和“十五”纲要对我国城市化发展具有重要的指导意义。

1.充分认识实施城市化战略是国家发展的需要

提高城市化水平，转移农村剩余劳动力，有利于农民增加收入，可以为经济发展提供广阔的市场，是优化我国城乡经济结构，促进国民经济良性循环和社会协调发展的重大战略措施。随着我国农业生产力水平的提高和工业化进程的加快，我国推进城市化的条件已渐成熟。我们要不失时机地实施城市化战略。

2.走大中小城市和小城镇协调发展的城市化道路

城市化的推进，要从实际出发，遵循客观规律，要与经济发展水平和市场发育的程度相适应。要走符合我国国情、大中小城市和小城镇协调发展的城市化道路。

要有重点地发展小城镇，积极发展中小城市，完善区域性中心城市功能，发挥大城市的辐射带动作用，引导城镇密集区有序发展，逐步形成合理的城镇体系。在积极推进城市化的进程中，也要防止盲目扩大城市规模。

3. 加强城市规划、建设和管理

城市化不仅有量的要求，更有质的要求。要加强城市基础设施建设，健全城镇居住、公共服务和社区服务等功能。以创造良好的人居环境为中心，加强城市生态建设和污染综合治理，改善城市环境。要切实加强城市规划、建设及综合管理，全面提高城市管理水平。

4. 有重点地发展小城镇

发展小城镇的关键在于繁荣小城镇的经济。小城镇的发展是经济发展的产物而不是人为的产物。要引导农村各类企业向小城镇合理集聚，要把完善农村的市场体系与发展小城镇结合起来。小城镇的发展要有重点，不能一哄而上。要把发展的重点放到县城和部分基础条件好、发展潜力大的建制镇，以便尽快完善功能、集聚人口，发挥农村地域性经济、文化中心的作用。

要认真搞好小城镇的规划，并以此指导小城镇的建设和发展，努力做到科学规划、合理布局、规模适度、注重实效、体现特色。规划中要注重紧凑合理布局，节约用地、保护环境，有利于乡镇企业的集中，有利于人民的生活。

5. 消除城市化的体制和政策障碍

要改革城镇户籍制度，形成城乡人口有序流动的机制。要取消对农村劳动力进入城镇就业的不合理限制。根据中央关于进一步改革小城镇户籍制度的要求，最近国务院批转了公安部制定的《关于推进小城镇户籍管理制度改革的意见》，明确提出在小城镇有合法固定的住所、稳定的职业或生活来源的人员及其直系亲属，可以根据本人意愿办理城镇常住户口。这是一个良好的开端。

为积极推进城市化，要认真改革城市（镇）用地制度。要调整土地利用结构，妥善解决城市（镇）发展对建设用地的合理需求。

要广辟投融资渠道，建立城市（镇）建设投融资的新体制，形成投资主体多元化的格局。

要科学制定设市、设镇的标准，使行政管理体制适应我国城市化加快发展的新形势。

（四）充分认识加强城市规划工作对推进我国城市化的重要意义

城市化的推进，在区域上，需要建立合理的城镇体系；在城市，要有合理的城市规划安排各项用地和建设，不断提高城市现代化的水平。原有城市要进一步发展，新的城市要不断产生，一批小城镇将要发展成为小城市，一些城市将上升为地区的中心城市。总之，随着我国城市化的推进，城市数量的发展和质量的提高是必然趋势，而这一切都离不开城市规划的指导和安排。因此，在当前和今后相当长时期，在广大干部中，尤其在各级领导干部中，建立和强化城市化的观念、建立和强化城市规划的意识，进一步加强和改进政府对城市规划工作的领导，就成为一项紧迫的任务。

第六节 现代化城市目标与可持续发展

一、现代化城市目标

（一）建设现代化城市是我国现阶段的基本任务

1. 现代化

现代化是指现代人类文明发展的先进水平和程度，也指全面实现具有现代科学技术水平的各项目标。现代化也是实现这些目标的过程。我国现阶段的基本任务就是在本世纪中期，基本实现现代化，建成一个富强、民主、文明的社会主义现代化国家。

2. 城市的现代化

城市是经济、社会发展和人们进行生产、生活与各种文化、教育和科学技术活动的载体。建设现代化的国家，必须要建设一大批现代化的城市。可以说，城市的现代化，是国家实现现代化的一项重要条件。通过现代化城市的辐射与扩散，可以带动和影响区域的发展，以实现国家整体的现代化。

3. 城市现代化的阶段性和动态性

现代社会的经济发展和科学技术的进步是很快的，因此现代化城市的标准（或目标）不可能是固定不变的。它必然随着科学技术水平的提高和人们认识能力的发展而变化，从而表现出两个特点：一是标准的阶段性，即可以分为由低级到高级的若干阶段。这种阶段性不仅体现在“时间轴”上，也体现在国家或地区内各个城市不同的发展基础、程度和条件上；二是标准的动态性，即随着情况的发展变化，应适时地调整某些标准，以满足新的、更高的要求。

（二）现阶段我国现代化城市的基本目标

一般认为，现代化城市是伴随国家工业化、现代化的过程而出现的。它不同于古代城市和近代城市。经过世界各国工业化时期以来的历史积累，包括我国近五十年的经济建设过程，现阶段对我国现代化城市应具有的一般特征（或目标）的认识，大致可以归纳如下：

1. 现代化的城市产业

在多数情况下，现代化的城市必须拥有现代化的产业，作为城市的经济基础。现代化城市的产业并不只包括现代化的制造业，而是包括近几十年日益发展的第三产业和具有先进科技水平的第一和第二产业。城市产业将越来越具有先进的生产技术，包括一部分高新技术，而且有较高的产出和提供城市人口增长所需的就业岗位。

2. 现代化的住房和市政公用设施

现代化城市必须拥有具备良好设施的现代住房，为广大居民提供舒适、方便、安全、卫生（包括日照、通风、绿化等条件）的居住环境。还要有现代化的市政公用设施作为支撑。例如，经过处理并符合卫生标准的用水输送到每个用户；经过处理并符合排放标准的污水和经过收集的雨水，通过管网系统进行排放，一部分进行回收利用；使用气体燃料代替煤的直接燃烧；铺装现代路面材料的道路系统；现代化的通信网络；充足、安全的电力供应；无害化的垃圾处理；综合性防灾减灾系统等。总之，现代化的基础设施是现代化城市的物质基础和重要支撑。在公平的原则下，要使各种人群都享有适当的生活居住条件。

3. 现代化的城市交通

人、货的流动是维系现代化城市生存和发展活力的重要条件。这种流动分为市际和市内两大类。各种现代化交通运输方式和交通工具，是人、货流动的载体。现代化城市必须通过完善的（特大城市往往还须要多层次、立体化的）道路系统、各种具有先进水平的站场（港口、码头、车站、机场等）以及各种交通枢纽来承担城市的全部交通流量，大城市还须考虑大运量的轨道交通（包括地下铁道等），以达到通畅、快速、安全的目的。现代化城市还应利用先进的技术手段，对全市的交通运输系统，实施科学的管理。由于机动化交通的发达，现代化城市还须要设置与机动交通相分离的步行道和非机动车道系统。

4. 现代化的城市生态系统

现代化的城市必须具有优化的生态环境，为人们提供优质的生存空间。城市生态系统内容广泛，重点在绿化系统。城市中设置为公众使用的公园始于约 150 年前，此后发展为城市整体性的公共绿地系统，成为现代化城市有利于生态环境，提供新鲜空气和休憩场所的重要保证。现代化城市必须是一个具有足够绿化空间，并在整个城市形成综合性的绿化系统，除了必须有充足的公园、绿化带、林荫道、滨水绿地、道路绿化等公共绿地外，城市外围和片区之间应该有各种绿地（包括防护绿地、林地、耕地、湿地等）所包围。

5. 现代化的商业服务和休闲娱乐设施

现代化城市应该拥有适合现代生活需要的商业、服务设施。随着居民生活水平的提高和全球化的影响，现代生活方式和需求的变化是很快的。商业、服务业以及服务方式的革新充分体现出城市的现代气息。生活水平的提高也带来公众休闲娱乐方面需求的增长，现代化城市要不断满足这方面的需要，特别是大城市，由于土地紧缺，往往还需要开发利用地下空间。

6. 现代化的信息系统

这是现阶段的现代化城市不同于甚至20年前现代化城市的一个重要特点。信息网络化（包括宽带化）已经不仅是一项城市基础设施，而且越来越成为现代化城市的重要“经络”系统。电子商务、通信、网上教育、网上购物、网上娱乐等正在逐步构成一个“虚拟”的“网上城市”，将会深刻影响城市居民的工作、生活、居住、出行等方面的方式和特点。

7. 现代化的城市文化

现代化城市比古代和近代城市具有更丰富、更新型的文化、教育、艺术、科学技术等设施，城市的物质形体（包括建筑、园林、雕塑和城市设计艺术等各个方面）具有现代的风格和气息，表现时代精神。但是，现代风格并不意味着到处都是“国际式”、“欧陆式”，而是要更多体现民族性和地方性，更重视保护历史文化的遗存，追求较高的文化和艺术品位。

8. 现代化的城市管理体系

现代化城市由于它的人口和用地规模较大，功能复杂，发展的要素和动力多元化，因此必须建构一套完整的科学管理体系才能有效地进行管理和运作。现代化的管理体系首先应建立在法制的基础上，运用行政、经济、法律、技术、社会等各种手段来引导和调控城市的发展，实现决策的科学化和民主化，例如采用群众参与和社会自治等方法，也包括运用先进的科学技术，如遥感技术、地理信息系统、数字化技术、智能化技术等作为辅助管理的工具。

现代化城市应该运用现代的、先进的规划理论和方法来进行城市规划。现代城市规划要依靠一个完善的城市规划体系（包括规划机构、专业人才、法制管理和各个层次、各种专项的规划设计等），以正确指导城市的发展和建设。

（三）对“现代化城市”的某些误识

一种误识以为现代化城市就是“高楼林立、道路宽广、立交巨大、气派豪华”。这是一种只重表面的片面看法。现代化城市应该首先重在实质，或者说重在功能，如合理的布局，高效的道路交通网络，现代化的基础设施，优化的生态环境等，当然也包括美观宜人的城市面貌。世界上很多优美的现代化城市并不以“高层建筑”取胜；高架道路、立交桥这类投资巨大（立交桥还占地多）的工程，在市区内只有万不得已的情况下才慎重采用。

还有一种误识表现在如何对待旧城区的改建上，以为既然要建设现代化的城市，就得全盘按照所谓现代标准进行新建，误认为历史上遗存下来的旧城区都是落后的，应该“彻底改造”，全部拆除。实际上，旧城区那些不适应现代生活需要的设施应该加以改建或改善（方法不同于新建），但其体现历史积淀的特色、风貌、文化内涵、以至某些“外壳”都是值得保护或保存的，而且多数情况下可以重新利用。一个现代化城市必须要保护和继承它自己的历史遗存和文脉。

二、城市的可持续发展

（一）城市发展的战略方针

1. 可持续发展思想提出的背景

20世纪是全球城市化加速发展的世纪。发达国家完成了工业化，进入所谓“后工业时期”，城市的人口增长到了相对停滞的阶段；大多数发展中国家的城市则处于持续增长的时期。全球工业化和城市化进程为城市的发展建设带来很大的成就，但也伴随着大量的城市问题。例如，50年代以后，全球大城市规模不断扩大，有的人口达到了800万甚至1000多万，产生了许多前所未有的新问题；世界很多地区由于人口、产业过分集中而引起水资源短缺；发达国家城市的能源过耗与浪费；全球普遍性的环境质量下降；大城市的交通污染和堵塞；发展中国家的城市贫困化等。这些问题非但没有得到很好解决，有的还在不断恶化，达到非常严重的程度。

70年代以后，人们对这些问题严重性的认识日益加深，“环境意识”不断觉醒。1989年在联合国的专门会议上首次提出“可持续发展”的思想，并在1992年环境首脑会议上为多数国家（包括我国）所接受，作为国家发展的指导方针和战略思想。1996年，我国国家主席江泽民庄严宣告：我国把“可持续发展”作为国家的发展战略。同年，联合国“人类住区第二次大会”把“城市化进程中人类住区[4]的可持续发展”作为全球21世纪住区发展的两大主要目标之一。

2. 可持续发展的定义

根据1996年6月国家计委、国家科委文件[5]的表述：可持续发展就是既要考虑当前的需要，又要考虑未来发展的需要，不以牺牲后代人的利益为代价来满足当代人利益的发展；可持续发展就是人口、经济、社会、资源和环境的协调发展，既要达到发展经济的目的，又要保护人类赖以生存的自然资源与环境，使我们的子孙后代能够永续发展和安居乐业。

3. 可持续发展的要素

上述定义中提到的人口、经济、社会、资源和环境是可持续发展的5个主要协调要素。城市是人口、经济高度集聚的场所，又是物质文明和精神文明高度发达的社会。城市消耗大量资源，又对环境污染和环境治理承担着重要的职责。因此，协调这些要素，使城市可持续发展，就成为新时期我国城市规划的一项基本任务。

可持续发展作为我国城市发展的一项重要战略方针，与建设现代化城市的基本任务和目标是统一的。它可以在某些方面弥补和克服“现代化城市”的缺点和不足，使我国城市的发展更加完善和美好。

（二）城市可持续发展的主要目标选择

1. 适当的人口增长和健康的经济发展

21世纪前半期，我国面临城市化的加速发展时期，各级城市的人口总体上处于增长的态势。但是具体说，每个城市的人口规模又都有一定的合理限度，其增长一般受制于以下几个约束条件：（1）城市的适当规模（包括人口和用地）应从区域经济的发展和要求来研究确定；（2）城市环境的合理容量和建设条件（如可供建设的土地、水资源等）是制约城市人口发展的重要因素；（3）人口增长与城市经济发展的规模、速度、结构等有一定的相关性。如果人口的增长严重地超过了这些条件，其结果往往带来经济、社会、环境效益的下降，不利于城市的可持续发展。

人口和经济的可持续发展还有各自的特有问题，如人口的计划生育和调控增长；人口素质的提高和结构的合理。经济方面包括发展水平、速度和结构的调整，特别要指出的是，应考虑如何适应国内以至全球市场的变化等。

2. 合理的土地利用

城市是一种集约型的居住方式，就人均占有的建设总用地而言，城市低于村镇，大中城市低于小城市。合理利用城市土地，首先要依靠合理的城市规划，制订科学合理的开发强度和建筑密度，而不仅是追求土地的“级差地租”效应，更不应片面牵就不合理的开发利润。否则容易损害整体利益和长远利益。“合理利用”的标准应该是社会、经济、环境三个效益的统一，最终目的是创造优化的生活和工作环境，这才是真正的“地尽其用”。合理利用土地的正确方法是进行土地适用性的全面分析，以代替那种仅以地租的经济效益作为惟一评价标准的片面做法。为了有利于可持续发展，每个城市都应该留有余地，切不可把可建设的用地被一、二代人开发完。

3. 健康的社会发展

可持续城市的社会发展应该是稳定的、公平的、和谐的，总起来说是健康的。如果没有一个健康的、可持续发展的城市社会，也就谈不上城市物质基础和人的可持续发展。健康的社会发展涉及到治安、就业、文化、教育、卫生等诸多方面，也包括对残疾人群、老龄人群和儿童的关心，为这部分人提供足够的设施和服务。健康的社会发展要特别重视教育，以提高全民的文化素质。

4. 节俭的资源消耗

就我国城市而言，城市的主要资源是土地、水源、能源。我国多数城市面临土地资源的紧缺，因此在城市用地的发展形态上只能走合理紧凑的路子。但应该有别于所谓“立体型”城市，不应该走向极端的“高层高密度”。就水源、能源而言，我国城市应主要选择节水型产业，提倡使用可再生能源（如水能、太阳能、风能等）和回水再用（如中水系统等），应建设节水型、节能型城市。同时还应注意所有资源（包括废物）的综合利用，再生重用。

5. 清洁的空气水体

城市空气污染的主要原因来自煤的直接燃烧、汽车废气和地面扬尘。因此，使用高效“清洁”能源，实行正确的交通战略和加强地面绿化等都是重要的对策。我国地面江河的水质污染已达到严重的程度，废水、废物的处理和回用，无论当前和长远都是具有战略意义的措施，是城市可持续发展必须实现的目标。

6. 宜人的居住环境

“可居性”与“可产出性”是城市的两项基本目标。1996年联合国“人类住区第二次大会”提出了“人人享有适当的住房”的目标，而“适当的住房”指的不仅是住宅本身，而是指完整的居住环境。因此，可持续发展城市的居住环境还应该特别注意绿化的重要地位，特别是住区外围的环境绿地（包括林地、绿地、湿地、农地等）应得到高度重视和保护。“绿色住区”不单指绿化水平高，还包括节能、废水废物处理、资源循环利用等内容。

7. 完善的历史文化保护

城市是一本“石头的历史书”。任何城市都有自己的过去、现在和未来。人类历史的记载，除了文字、实物资料外，城市是最重要的物质见证。可持续发展城市的环境要素应包括自然环境和人文历史环境两大部分。人文历史环境很大程度上体现在城市现存的物质实体上。因此必须十分重视保护好城市的历史文物、场所、遗存、历史性建筑、街区和地段，以至特定条件下的整个古城。对于旧城改建更新，要注意保持城市本身的历史连贯性（或文脉）。更新改建是一个渐进的过程，做法上宜细致谨慎，切忌简单化的大拆大迁。

8. 安全的防卫体系

安全是可持续发展城市的基本目标。安居方能乐业。城市防卫主要指两个方面：一是防止或减少人为灾害；二是指防止或减少自然灾害。不同的灾害要用不同的对策和方法来减灾防灾。建立城市综合性的防灾减灾体系，应特别注意采取合理的“防卫标准”和提高“生命线工程”的保证度。

9. 协调的城乡发展

城市和农村从来就构成一种相互联系、相互依存的关系。它们的各自发展（特别是与城市毗邻的农业地区）必须相互协调。尤其是大城市的发展已经很大程度走向城市地区、城镇集聚区的形态。有些农村被“吞进”市区、城镇，造成城区和农村及农田“犬牙交错”的局面。大型基础设施的分布也要与城镇网络相结合。因此，城乡协调发展将是这种“城市化区域”或“区域化城市”的重要规划原则。

本章注释

① 2000年11月1日第五次全国人口普查资料。

② 周一星．城市地理学．北京：商务印书馆，1995。

③ 中华人民共和国建设部．GB/T50280—98 城市规划基本术语标准．北京：中国建筑工业出版社，1998。

④ 人类住区一般指人类生活聚居的场所，如城市、城镇、村庄等。

⑤ 国家计委、国家科委．关于进一步推动实施《中国21世纪议程》的意见．1996-06-05

第二章　城市规划的地位和作用

第一节　城市规划的基本概念

一、城市规划的含义和工作构成

（一）城市规划的含义

城市规划是对一定时期内城市的经济和社会发展、土地利用、空间布局以及各项建设的综合部署、具体安排和实施管理[①]。规划是对未来的一种安排和谋划。城市规划是指为了实现一定时期内城市的经济社会发展目标，确定城市性质、规模和发展方向，合理利用城市土地和空间资源，协调城市各项用地和空间布局以及对在城市各项建设活动的综合部署、具体安排和实施管理。因此，城市规划是建设城市和管理城市的基本依据，是保证城市土地和空间资源得以合理利用和城市各项建设得以合理进行的前提和基础，是实现城市经济社会目标的重要手段。由于城市规划的综合性、政策性与前瞻性，被称为城市建设与发展的“龙头”。

在我国实行社会主义市场经济的新的条件下，城市规划则成为国家对城市发展实行调控的基本手段。国务院要求："切实发挥城市规划对城市土地及空间资源的调控作用，促进城市经济和社会协调发展"②，规划是类同计划性质的工作。城市规划实质上也可以理解为一种对土地、空间资源利用和建设活动实施综合安排、调控与管理的空间计划。

(二) 城市规划的三种属性

城市规划既是一门科学，也是一项政府职能，又是一项社会活动。城市规划同时具有这三种属性，规定了它的本质和特性，这是我们认识和理解城市规划的核心。

城市规划是一门科学。自有城市以来，为安排城市进行建设和发展的需求，就产生了对城市规划科学的需求，由于当时生产力水平低下，城市较为简单，城市规划科学也较简单。近代资本主义发展，工业革命以后，生产力迅速发展，城市迅猛发展，尤其是大城市和特大城市发展中，经济社会与生态环境等众多问题的纷繁，使现代城市成为一个巨量因子不断变化的动态巨系统，城市规划科学就发展成为一门跨越自然科学和社会科学的独立的科学。联合国在 1974 年确定的 29 门科学中，城市规划科学与天文、地理、生物、数学、物理、化学等科学相并列。在世界各国大学和我国大学中，城市规划早已是一门独立的、综合性很强的学科和专业。随着城市的发展，这门科学前景十分广阔。

城市规划也是一项政府职能，它是国家管理城市的必不可少的综合性行政职能。在世界各国，从中央到地方及城市政府，都设有管理城市规划的政府机构并保持了稳定。在市场经济国家，城市政府不管企业，而着重管理城市公共事业、基础设施和投资环境，管理社会事业，城市规划成为政府管理城市的首要职能。由于城市规划工作的综合性，这项政府职能也具有很强的综合性。我们党和政府十分重视城市规划。早在1980年，国务院就指出；“城市市长的主要职责，是把城市规划、建设和管理好”[③]。1984年，中央关于经济体制改革的决定中指出：“城市政府应该集中力量做好城市的规划、建设和管理”[④]。在2000年10月11日《中共中央关于制定国民经济和社会发展第十个五年计划的建议》中又要求：“提高各类城市的规划、建设和综合管理水平”[⑤]。城市政府应不断增强城市规划的行政职能，保障其体制、机构、人力、财力、手段与其任务相适应。

城市规划又是一项社会活动。城市规划涉及广大市民的切身利益和长远利益，在规划的制定与实施过程中，不能离开公众的参加、支持和监督；在确定有关规划方案之前，要听取与之相关的公众的意见；城市规划的实施也应受到公众的监督。在我国，随着社会主义民主与法制建设的进展，公众参与城市规划的活动应加快步伐。

（三）城市规划的主要内容

1. 城市发展目标的研究与确定

主要是指：拟定城市性质，预测城市发展规模，确定城市发展方向。城市性质是指“城市在一定地区、国家以至更大范围内的政治、经济与社会发展中所处的地位和所担负的主要职能”[⑥]。城市规模是“以城市人口和城市用地总量所表示的城市的大小”[⑦]。城市用地总量指规划期城市发展用地与原有用地的总和。城市发展方向指在规划期内城市在空间地域上主要发展的方位和趋势。

2. 安排城市土地和空间资源利用

通过城市规划，合理确定城市各项用地的种类、使用性质、使用强度、数量比例，以及地上地下空间资源的利用。城市规划的实质正是对土地利用的安排，国际国内的经验一再表明，离开城市规划的统筹安排，城市用地的无序必然造成城市整体发展的混乱和难以挽回的损失。因此，合理安排土地利用正是城市规划的核心内容。

3. 确定城市发展的空间布局

根据城市各项事业发展的需求和总体协调的需要，研究确定城市中各项建设的空间构成及组合，包括平面和三维空间的发展形态以及地上和地下空间的开发利用。求得城市空间布局的合理性是城市规划的基本任务，它首先要满足各项事业功能上的要求，服务于经济社会发展的需求，同时还要形成良好的城市生态环境和美好的城市体型和空间形象。城市规划要通过城市设计来塑造城市形象和特色。

4. 城市各项建设的部署和安排

“各项建设”是指在城市规划区内所有与城市规划有关的一切建设活动。城市规划要确定长期建设的目标、近期建设的目标并对当前各项建设做出具体安排。

（四）城市规划工作的构成

概括起来说，城市规划工作可以分为规划制定和规划实施管理两大部分。

一是规划制定，包括城市规划的编制和审批。城市规划主要包含总体规划和详细规划。总体规划一般以20年为期，总体规划中的近期规划以5年为期。在总体规划中包含市域城镇体系规划。大中城市可以在总体规划基础上编制分区规划。根据总体规划编制详细规划。详细规划分为控制性详细规划和修建性详细规划，用以直接指导和安排各项用地和建设。控制性详细规划是改革开放以来我国规划工作的创新，它是依据总体规划或分区规划，确定建设地区的土地使用性质和使用强度的控制指标、道路和工程管线控制性位置以及空间环境控制的规划要求。城市规划还包含城市设计，它是对城市体型和空间环境所作的整体构思和安排，是对城市形象的一种控制规划，城市设计贯穿于城市规划的全过程。我国城市规划实行分级审批制度。目前，50万人口以上大城市以及国务院指定的其他城市的总体规划由国务院审批，其他城市总体规划由省（自治区）人民政府审批，详细规划由所在城市人民政府审批。

二是规划实施管理，除了指对城市性质、规模、布局等宏观管理之外，还包括日常实行的建设用地规划管理、建设工程规划管理和监督检查。

规划的制定要求规划的科学性、合理性和可操作性；规划的实施管理则是将规划方案变为现实的过程，是规划对土地、空间资源利用和建设活动实行调控的具体过程。规划制定是实施管理的前提，而管理是规划方案实施的保障，二者是规划工作不可分割的两个部分。

二、城市规划的特性

城市规划的特性主要表现为综合性、政策性、前瞻性和长期性。

(一) 综合性

城市规划不是专业规划而是一项综合性很强的规划，这是我们各级领导认识城市规划、加强对城市规划领导的核心所在。对此，长期以来，许多同志并不完全理解，有些领导甚至将城市规划理解为仅仅是管修马路、建房子的规划，这种认识的表面和不完整，影响了城市规划综合职能的发挥。

城市是一个巨系统，它由众多的子系统构成，主要包括经济系统、基础设施系统、居住与环境系统、教科文卫系统、社会系统以及防御安全系统等。各个系统都有它们自身发展的规律，在用地、空间组织以及建设活动方面，都有它们的要求与规律，这些系统的发展和完善，是整个城市现代化建设必不可少的有机构成部分。

城市规划的任务首先是尽可能地满足各系统在发展中对用地、空间组织和建设上的合理要求，服务于各个系统，促进各个系统的健康发展；同时，更重要的是要协调各系统间在发展中，在用地、空间组织和建设活动中的关系，妥善处理出现的矛盾，使整个城市的经济、社会发展与人口、资源、环境相协调，达到可持续发展的目的。

正如著名英国学者彼德·霍尔所指出的，城市规划“它是多层面、多目标的规划”，而“这些目标可能无法稳定地互相配合，有时甚至是相抵触的”，规划的过程“大部分需要控制的过程是人文的过程，不仅较不易被完全了解，而且不如物理科学定律般那么确定”[8]。城市发展中，系统间往往发生矛盾，这种矛盾具有广泛性，比如经济发展与环境保护、城市发展与耕地保护、城市现代化与历史文化保护等方面。客观地认识这些矛盾，辩证地分析和处理这些矛盾，正是城市规划的任务。

（二）政策性

城市规划关系到城市各行各业，关系到广大群众的切身利益，政策性很强，必须体现党和国家的政策。尤其是城市规划中关于城市性质、规模、布局、发展方向的确定、城市产业配置、城市用地安排以及城市规划一系列定额指标的选定，都不是单纯的技术和经济问题，它直接关系到国家生产力发展水平、人民生活水平，关系到城乡关系和城市化的推进等一系列国家重大政策。因此，在编制、审定和实施城市规划的过程中，应当认真体现国家的有关政策，以保证规划的水平。

（三）前瞻性

城市规划是对城市未来发展的预见和安排，总体规划要考虑 20 年，远景规划要考虑更长远的发展，这就要求规划具有前瞻性。影响城市发展的因素众多而复杂。当今科学技术日新月异，生产力迅猛发展，加上市场经济条件多变，要科学预测城市发展未来，就更加艰巨。这就要求城市领导和城市规划工作者认真探索和尊重城市发展的客观规律，减少盲目性，增加自觉性，使规划较为切合实际。在许多因素难以明确的情况下，规划要富于弹性，要留有余地，以便适应未来形势变化，保持主动。

(四) 长期性

城市的建设和发展不同于建筑工程。一项建筑工程从设计施工到竣工，就完成了全过程，而城市建设和发展则没有终结，城市规划也没有终结。城市规划与城市发展一样，是一个动态的持续很长时间的历史过程，由于城市这个巨系统是动态的，不断变化的长过程，所以城市规划也应当不断的调整，来适应变化了的城市现实。由于人们对未来预测的局限性，城市规划往往跟不上发展，尤其在我国经济社会快速发展、体制改革转轨的历史时期，规划往往滞后于现实，因此，及时调整规划是很必要的。我国总体规划中近期规划以 5 年为期，若与国民经济五年计划相衔接，每五年进行小的调整，逐步实行一种“滚动式”的不断完善和调整的规划机制，可能是较为理想的。这需要我们在实践中加以探索。

尽管规划需要调整和补充，但经批准的规划反映了当时的政策和实际，是经过大量调查研究、反复论证所确立的，因此又必须保持应有的相对稳定性和严肃性。对规划的调整也必须依照法定程序才能进行，不能随意变更。

城市规划的上述特性，表明它是关系城市全局和长远的大事，这就赋予了城市规划相应的权威性。规划应当受到各方面、包括各级领导的尊重和支持。当然，这种权威性来自规划的科学性。这些都要求各级领导对城市规划给予更大的关注和重视，也要求城市规划队伍的高素质。

根据城市规划上述特性，城市规划应当立足城市的实际，从城市发展的全局和长远着眼，对各系统、各部门、各单位的发展实行统筹兼顾，综合部署，以不断提高城市发展的整体综合效益。城市规划工作的上述特性，要求它在制定规划与实施规划的过程中处理好以下八个方面的关系：近期和远期、需要和可能、局部和整体、经济发展与环境保护、城市发展与耕地保护、平常时期与非常时期、现代化与历史文化、城市功能与城市形象的关系。

1. 处理好近期与远期的关系

面对现实，面向未来，立足当前，放眼长远。规划是对未来的谋划，必须高瞻远瞩，对城市未来发展，有远大的眼光和科学的预见，避免短视和浅见。我国城市总体规划以 20 年为期，同时要求对三、五十年以后城市发展有远景设想。有无远见，是衡量规划优劣的重要标准之一。重庆市江北机场的规划实施正是城市规划远见的一个范例。重庆市原歌乐山上的白市驿机场起降条件不好，早在 50 年代，在城市规划中就选定了现江北机场位置，但其后一直没有条件建设，城市规划部门按规划保留了这一用地。改革开放后，80 年代中后期，民航总局到南方选机场，发现重庆市预留有如此良好条件的大型机场用地，很快决定上马，不久之后，新机场建成投入运行，这对重庆的开放与发展做出了历史性的贡献。由于当代科学技术日新月异，生产力发展迅猛，经济社会变化万千，我们对未来发展的认识和预测能力有限，因此，在规划中对远景发展应留有余地，长袖善舞，以利主动。城市规划更加大量的工作是安排当前各项用地和建设，为近期建设服务，特别是在我国国民经济快速发展的时期，建设量大、时间又紧，城市规划更要立足当前。在妥善处理近远期关系中，要使当前的建设不要为今后的发展设置障碍。城市领导实行任期制，在任期内，既要安排好当前，更要为今后城市发展创造条件，瞻前顾后，承前启后，在城市发展的历史长河中，完成好阶段性任务，“跑好接力赛”。

2. 处理好需要与可能的关系

在制定规划的过程中，既要有科学预见，把握城市发展的客观的需要，又要从实际出发，充分考虑现实的可能性，使规划尽量切合实际。比如在总体规划中预测确定20年后城市发展总体人口和用地规模时，必须看到我国城市化发展的客观规律，认真研究本省本地的经济社会发展对城市发展的需求，在世纪之交，中央指出“我国推进城镇化条件已渐成熟，要不失时机地实施城镇化战略”⑨。要从这个大形势出发，合理确定发展规模。工作中要防止两种倾向：一种是盲目求大，越大越好，越快越好；一种是不顾城市发展的现实，主观硬性压缩，有理无理砍一刀，以至规划批准不久就为发展所突破。这两种教训在我国都发生过。有关部门和领导在工作中一定要辩证地处理好这一对矛盾。在城市基础设施建设规模、标准与速度上，应当加大力度，适度超前，但是也要注意量力而行，逐步实现，不可操之过急，过于超前，脱离实际。

3. 处理好局部和整体的关系

城市这个巨系统中的子系统和单元，都有自身的要求，但巨系统的正常运行和综合效益的取得，要求各子系统和单元服从全局的安排。局部服从整体，是现代社会生活的准则，任何单位都不应例外。我国某省会城市，省人大机关违反城市规划，占用了城市公共绿地为单位所有并进行建设。某特大城市的某单位，以其特殊身份，无视规划，把建筑修到了红线控制范围外，严重违法。如此等等，这些部门和单位，自视特殊，只顾自己，不顾城市，只要求城市为他服务，不知服从城市的全局。这是缺乏科学、民主和现代化意识的表现，是我国在加速城市化的进程中必须认真解决的问题。

大城市的区，也是城市局部。区的规模再大，也不是独立的城市，而仍然是城市的有机构成部分。比如，在城市基础设施大系统中，给水、排水、道路、供电、通信、防洪、消防等系统，这些“大区”，都不能孤立存在；级差地租更必须全市“一盘棋”。因此，城市规划管理权必须集中在市一级，而不能下放给区，已经下放了的，必须纠正。90 年代以来，国务院已三令五申，明确要求：“市一级规划管理权不得下放，擅自下放的要立即纠正”[10]。这正是维护城市整体性的需要。

再则是开发区建设管理。有些开发区位于城市规划区内，但往往以其规格高、级别高、实行封闭运行而独立于城市政府必要的统一城市规划管理之外。这种“肢解”城市整体的做法，是十分有害的。90年代以来，国务院三令五申，要求“各类开发区的规划建设都要纳入城市的统一规划管理”[11]，这也是国家维护城市统一性整体性的正确政策和措施，应当认真执行。

4. 处理好经济发展与环境保护的关系

经济发展是国家的中心任务，城市是经济中心，为经济发展服务是城市规划的基本任务之一。保护城市环境，改善城市生态，是城市规划的根本原则。在完成这一基本任务的同时，应处理好经济发展与环境保护的关系。

在城市布局中，要求排放污染大气物质的企业和单位必须建在城市常年主导风向的下风方位，要求排放污染水体的企业和单位必须建在城市水源的下游方位，一切恶臭、严重噪声的单位不得建在城市居民稠密区，一切危险品生产和储存的单位应远离市区等等。我国环境保护的方针是：“全面规划，合理布局，综合利用，化害为利，依靠群众，大家动手，保护环境，造福人民”，其中的“全面规划，合理布局”，在城市范围内就是由城市规划来完成的。随着经济结构调整力度加大，不少城市已将和正在将位于市区内污染环境又无发展前途的企业、或受用地、交通、能源等严重制约的企业迁往郊区，实行“退二进三”，即将不适宜的二产转换为三产，在郊区对这些项目进行技术改造，有的则淘汰。这既是经济发展的需要，也是环境保护的要求，城市规划在这项任务中，与经济管理部门、工业部门和环保部门密切配合，共同推进这一城市改建与质量提升的工作。

必须看到，在我国许多城市中，环境污染问题仍然十分严重。工业污染治理远未完成，汽车尾气对城市大气的污染又正在发展等等，我们必须给予更大的重视。广大小城镇乡镇企业的污染源与其分散、无组织排放、管理不力等原因，造成的危害更不容忽视。

5. 处理好城市发展与保护耕地的关系

“珍惜用地、合理用地、保护耕地”是我国的基本国策，城市规划必须全面贯彻这一国策。

城市发展的物质基础是土地。城市发展中实现合理用地是城市规划的根本任务，新中国建立城市规划工作以来，就在不断为合理用地而努力，成效显著。

城市发展必须节约用地，许多城市周围多是良田菜地，更必须加倍珍惜。城市发展必须尽量少占和不占耕地。城市内部也要珍惜与合理利用每寸土地。

从根本上讲，解决我国人均耕地资源缺乏的矛盾，出路在于合理推进城市化。人总要用地，在农村用得多，在城市用得少。我国设市城市人均用地仅为100平方米，大城市仅为85平方米，而农村（集镇和村庄）为170多平方米，多的达200多平方米；城市工业企业人均工业用地为55平方米，而乡镇企业高达550平方米，为城市工业用地的10倍。城市是人类聚居的生活方式。集聚正是解决人均土地资源不足的真正出路。在东南沿海一些地区实行的“企业向工业园区集中，人口向小城镇集中，土地向种田大户集中”的路子是正确的道路。保护耕地和城市发展都是关系我国国计民生的全局性问题，保证城市发展所必须的土地，应当成为“合理用地”国策的基本内容之一。特别要指出的是，广大小城镇的发展要十分注重节约用地，小城镇要合理集中紧凑布局，在小城镇要多建楼房，乡镇企业必须相对集中。小城镇的规划应当切实强化对土地的管理。

6. 处理平常时期与非常时期的关系

非常时期是指灾害。自然灾害与人为灾害对人类的危害，在城市尤为严酷。城市规划应将防灾与减灾作为重要任务，力求城市安全。我国是自然灾害频繁的国家，洪水、地震、台风、滑坡（地质灾害）等自然灾害对我国许多城市造成威胁，在城市规划中，要充分考虑这些自然灾害，对建设用地和工程提出必要的要求，要特别注意供水、供电、通信等防灾减灾“生命线”工程的规划和建设。规划对于人为灾害也必须重视。城市规划对消防应有具体要求。对未来战争的预防也不能忽视。发达国家城市地下空间发展很快，一旦有事，许多人可以转入地下，我国这方面尚待加强。国务院要求人防建设要纳入城市规划之中。城市地下空间的利用，应当统筹规划，协调安排，平战结合，各得其所。

7. 处理好现代化建设与历史文化的关系

我国是历史文化大国，在现代化的进程中，对历史文化名城、文物保护单位以及其他有价值的古建筑、传统街区等应当认真加以保护。在一些城市，包括历史文化名城，拆除古建古迹、破坏古城风貌的现象时有发生，应当引起我们的高度重视。

保护历史文化，一是保护古建筑本身，二是保护历史文化街区的环境，三是保护整个历史文化名城的格局和风貌。根据国务院要求，历史文化名城要专门制定保护规划，并认真执行。历史文化名城不是文物，而是不断发展的经济社会实体。城中住有众多居民，应当在不断改善居民的居住生活环境、提高基础设施现代化水平的同时，努力保持城市的历史文化风貌。

一些城市热衷仿古，甚至搞什么“唐代一条街”，“宋代一条街”，而对于真的古建筑又不认真保护，这种状况应当改变。我们的原则应当是：认真保护真古董，坚决不造假古董。

8. 处理好城市功能与城市形象的关系

随着我国城市现代化的推进，城市经济实力的增强，许多城市都加强了城市形象建设。城市环境面貌不断变化，为群众创造了美好的居住环境，这是城市社会主义物质文明和精神文明建设的体现。

城市形象建设必须以城市功能为基础。我们所进行的房屋、道路、桥梁，绿化等建设，首先都是以满足一定功能为目的的。应当在充分满足功能的前提下，在讲求经济效益的前提下，注意形象建设，做到适用、经济、美观相结合。不能离开功能，离开适用、经济，片面追求城市形象，否则，将会堕入形式主义，造成浪费。有的城市，经济没有搞上去，确热衷于兴建高楼大厦，盲目追求大广场、大立交、大草坪，对基础设施建设和广大人民群众居住环境的改善却不肯下苦功夫。这是一种误区，应当防止和纠正。

三、城市规划的指导思想和基本原则

（一）我国城市规划的指导思想：

1. 坚持可持续发展的道路

城市发展既要为生产力发展、为经济发展服务，又要为人民生活服务，不断改善广大城市居民和市民的生活环境。因此城市发展必须实行国家可持续发展战略。可持续发展源于环境保护，如今已发展为经济、社会与人口、资源、环境相协调的新的高度，发展是基点，协调是核心。因此，城市规划首先着眼于城市的协调发展，在制定和实施规划的过程中，着力于协调经济、社会、人口、资源和环境之间的关系。这既是21世纪世界的新潮流，也是当今中国实际的需求，由于中国人口众多、人均资源短缺、环境脆弱而又处于快速发展时期，坚持可持续发展就更加迫切。

2. 为人民服务，首先着眼于大多数人

城市规划的终极目的在于满足城市人民不断增长的物质和文化生活的需求，为广大人民创造良好的生活与工作环境。这一思想应贯穿于规划的始终。在市场经济条件下，资本追逐的是最大限度的利润，短期和局部的利益往往是开发商和业主的目标，城市规划则必须立足于最大多数人利益，对资本和市场实行必要的调控，在土地利用、空间安排和建设活动中，坚持着眼于大多数人利益。比如，应把城市较好的地段安排建设经济实用房，不断改善广大工薪阶层的居住条件；应坚持公交优先，大力发展城市公共交通；各项公共设施的规划设计和建造都要充分体现对多数人的关怀；要更多地关注老人、妇女、儿童、残疾人的需求等等。

3. 立足当前，放眼未来，统筹兼顾，综合部署

这是城市规划最主要的指导思想。由于城市规划工作的高度综合性和政策性，它必须既从实际出发，安排好近期的各项用地和建设，为当前的发展服务；又必须高瞻远瞩，放眼未来，对城市长远的发展予以谋划，既有远见卓识，又脚踏实地。城市规划部门没有也不应有自身的任何利益，它将全力投入对城市各行各业各个方面发展的安排与协调，力求达到既发挥各方面的积极性，尽量满足各方面的合理需求，更突出保障城市整体运转与发展的合理。

（二）我国城市规划应实行的主要原则是：

1. 为发展生产力服务

城市是经济中心，是生产力发展中心。发展是当代中国的主题。因此城市规划应当为城市生产力发展和经济的繁荣服务。在经济结构调整中，城市规划应通过用地调整，促进和服务于经济结构调整。

2. 为社会发展服务

城市是人口众多的社会中心。城市规划工作要为社会发展和社会结构合理化提供条件，为人民生活创造一个良好的社会环境。在对待旧城改造和新区开发关系上，要辩证处理。要注意旧城社会结构的相对稳定和促进新区社会结构的形成。

3. 保护环境，改善生态

城市应当是国家环境保护的重点所在。制定和实施

城市规划必须注重保护和改善城市生态环境，防止污染和其他公害。要大力加强城市生态和环保设施的建设、大力加强城市绿化和环境卫生建设。

4. 经济效益、社会效益和环境效益的统一

这是城市规划最基本的原则。城市规划的多种任务，可以概括为实现经济、社会和环境三方面的效益，在促进这三方面效益的同时，城市规划更为重要的任务正是使这三方面的效益相协调、相统一，使城市实现可持续发展。

5. 节约与合理利用土地和水资源

我国人口众多，人均可用土地资源紧缺，城市建设与发展要“珍惜用地、合理用地、保护耕地”。城市发展必须使用的土地，应尽量不占少占耕地，多用坡地、荒地，城市内部用地也要精打细算，珍惜每寸土地的使用。我国水资源紧缺，矛盾突出，要努力建设节水型城市。

6. 注重历史文化的保护

城市规划与建设要注重城市历史文化的保护，包括对历史文化建筑、历史文化街区和城市总体的历史文化风貌的保护。注重城市地方特色、民族传统特色和自然景观的保护。

7. 保障城市安全

城市规划应当注重抗御和减少灾害对城市的危害，注重抗震、防洪、防台风、防泥石流以及防火、防爆等要求。人防建设也应纳入城市的统一规划，做到平战结合。

第二节　建国以来我国城市规划工作的简要回顾

我国社会主义的城市规划事业是在新中国成立以后全面开创建立起来的。50年来，经历了创建、曲折、发展和改革的历程。

一、1949－1957年

早在中国革命胜利在望的时候，城市工作已经引起了党中央的重视。1949年2月，毛泽东在党的七届二中全会上指出："从现在起，开始了城市到乡村并由城市领导乡村的时期。党的工作重心由乡村移到了城市"，"必须用极大的努力去学会管理城市和建设城市"[12]。

新中国成立以后，随着党的工作重心的转移，城市规划工作就在中央的高度重视和亲切关怀下建立起来。中央不仅为城市规划制订方针，建立机构，发布指示，聘请苏联专家当顾问，而且在实际工作中确立了城市规划在实施有计划的国民经济建设和城市发展建设中的综合职能。

1949年10月，由政务院财经委员会（中财委）主管全国基本建设和城市建设工作，自此各城市相继成立城市建设管理机构。大城市如北京成立了都市计划委员会，重庆成立了都市建设计划委员会。1951年2月，中共中央提出了"在城市建设计划中，应贯彻为生产、为工人服务的观点"，"力争在增加生产的基础上逐步改善工人生活”的城市规划和建设的方针。1952年9月，中财委召开了第一次全国城市建设座谈会，提出城市建设要根据国家的长期计划，加强规划设计工作，加强统一领导，克服盲目性。会议决定，从中央到地方建立健全城市建设管理机构，在39个重点城市成立建设委员会，领导城市规划和建设工作，要求主任委员由市委书记或市长担任，委员由工业、交通、水利、文教、卫生、军事等部门负责人参加。会议提出首先要制订城市总体规划，在总体规划指导下有条不紊地建设城市。从此，新中国的城市建设工作进入了一个统一领导、按规划进行建设的新阶段。

“一五”时期是新中国城市规划发展史上的初创时期。为了配合156项重点工程的建设，国家根据工业的合理布局，有重点地建设城市。在城市建设中坚持以城市规划为指导，以国民经济计划为依据，全面组织城市的生产和生活。这一时期城市规划对城市的各项建设，从重大工业项目的选址，处理工业项目与城市的关系、基础设施的配套建设，乃至于原有城市的改扩建、工厂生活区的建设标准等方面都发挥了极其重要的指导作用。国务院组成的由工业、铁道、卫生、水利、电力、公安、文化及城建等中央多部委领导、地方政府和专家组成的“联合选厂组”，城市规划在其中发挥了综合作用。1953年9月，中共中央指出：“重要工业城市规划工作必须加紧进行，对工业建设比重较大的城市更应组织力量，加强城市规划设计工作，争取尽可能迅速地拟定城市总体规划草案，报中央审查。”这期间全国150多个城市先后编制了深度不同的城市规划。从1954年至1957年，国家先后审查批准了太原、西安、兰州、洛阳、包头、成都、大同、湛江、石家庄、郑州、哈尔滨、吉林、沈阳、抚顺、邯郸等重点工业项目较集中的15个城市的总体规划和部分详细规划。这些规划的批准使城市规划成为指导各城市建设的重要文件，使城市的各项建设能够按照规划、有计划、有步骤地进行。

“一五”时期，城市规划成效显著，城市规划与国民经济计划紧密结合，在机构设置上也反映了城市规划的综合指导地位。尤其在落实156项重点工程的“联合选厂”工作中，规划的综合作用得到应有体现。兰州、洛阳、太原、西安、大同、包头、成都、武汉等八大重点工业城市严格按照城市规划进行建设，较好地配合了工业建设，城市的格局也较为合理，为城市未来几十年的发展奠定了良好的基础。从技术上来看，由于新中国工业建设和城市建设没有经验，基本上采用的是苏联模式，城市规划也有一些不足。但从整体上看，由于城市规划的有效工作，为新中国工业体系的迅速建立和城市发展做出了历史性贡献，正如一些规划界前辈所说，50年代是新中国城市规划发展史上的“第一个春天”。

二、1958－1976年

1958年，我国出现了“大跃进”的失误。在整个经济发展高指标、浮夸风的形势下，城市发展也出现了不少问题。由于工业建设的盲目冒进，许多城市不切实际地扩大城市规模，过早改建旧城，急于改变城市面貌，不顾财力大小，大建楼、堂、馆、所，造成很大浪费。

为了纠正“大跃进”造成的混乱和失误，1961年1月，中共中央提出了“调整、巩固、充实、提高”的方针。对于城市规划和建设中的问题，本应实事求是地认真总结经验教训，加强规划，以求补救，但是，非但没有如此，而是在1960年11月的全国计划工作会议上草率地宣布了“三年不搞城市规划”。这一决策是一个重大失误，不仅对“大跃进”中形成的不切实际的城市规划无从补救，而且导致各地城市规划机构被撤销，大量精简规划队伍，使城市建设失去规划的指导，造成了难以弥补的损失。1964年，在大小“三线”建设中，先是实行“靠山、分散、隐蔽”的原则，后来又被林彪改为“靠山、分散、进洞”的原则，形成了不建集中城市的思想，其影响不仅在“三线”建设，而且波及到全国城市[13]。

1966年开始的“文革”十年，是我国城市规划和建设遭受破坏最严重的时期。各地城市规划机构被撤销，规划队伍被解散，高校城市规划专业停办、图纸资料被销毁。总体上讲，全国城市规划工作被长期严重废弃，导致乱拆乱建成风，园林文物遭破坏，城市建设陷入极端混乱状态。1967年，国家建设主管部门提出北京市“旧的规划暂停执行”。全国各地由于多年不重视城市规划和建设，城市布局混乱，市政设施不足，环境污染严重，住宅十分紧张，严重影响了生产和人民的生活。

1978 年城市人均居住面积仅为 3.6 平方米，比 1949 年的 4.5 平方米还下降了 0.9 平方米。全国各城市有半数以上的建成区没有排水管网，平时污水横流，雨后积水成灾。城市建设的严重无序和滞后，直接影响着国计民生和安定团结。

文革后期，在周恩来总理和邓小平同志主持工作期间，城市规划工作有所转机。1972 年 5 月，国务院批转国家计委、建委、财政部《关于加强基本建设管理的几项意见》中，规定“城市的改建和扩建，要做好规划”，国家建委城建局在合肥市召开城市规划座谈会，讨论了《关于加强城市规划工作的意见》、《关于编制与审批城市规划工作的暂行规定》等几个文件的草稿。这些文件经修改后，于 1974 年 5 月由国家建委下发试行，这对全国城市规划工作开始逐步恢复，起到了推动作用。1976 年，唐山地震后，国务院立即从各地组织抽调有关规划力量，编制新唐山的规划，确保了唐山震后重建工作的顺利进行。

三、1977 年以来

1976 年粉碎“四人帮”，结束了“文化大革命”的十年动乱，我国进入了一个新的历史发展时期。1978 年召开的党的十一届三中全会，作出了把党的工作重点转移到社会主义现代化建设上来的战略决策，我国的经济社会发生深刻变化，我国的城市和城市规划事业也步入了发展和改革的新阶段。也就是人们所说的，它标志着我国城市规划事业的“第二个春天”的来到。

1978年3月，国务院召开了第三次城市工作会议。这次会议制订了《关于加强城市建设工作的意见》，同年4月，经中共中央批准下发全国。会议强调了城市在国民经济发展中的重要作用，强调要“认真抓好城市规划工作”。要求全国各城市，包括新建的城镇都要根据国民经济发展计划和各地区具体条件，认真编制和修订城市总体规划、近期规划和详细规划。

1980年10月，国家建委召开全国城市规划工作会议，同年12月，国务院批转《全国城市规划工作会议纪要》，重申了城市规划的重要地位与作用。会议提出：“市长的主要职责，是把城市规划、建设和管理好。”这次会议还强调了城市规划的法制建设问题，讨论了《城市规划法（草案）》，并首次提出城市应实行综合开发和土地有偿使用的建议。会议极大地推动了全国的城市规划工作。会后，全国城市规划工作迅速恢复并开始了新一轮城市总体规划的编制和审批工作。1984年1月，国务院颁布了我国第一部城市规划法规《城市规划条例》，有力地推动了全国各地城市规划、建设、管理的立法工作，使城市规划和管理开始走向法制化的轨道。截止1986年，全国已有96%的设市城市和85%的县镇编制了城市总体规划。“六五”期间全国城镇按规划新建小区1400多个，安排了16.3亿平方米的住宅和相应的配套设施，城市发展缺乏规划指导的局面得到根本改变。

1984年10月，党的十二届三中全会作出了《关于经济体制改革的决定》，《决定》指出，“城市是我国经济、政治、科学技术、文化教育的中心，是现代工业及工人阶级集中的地方，在社会主义现代化建设中起着主导作用”，“要充分发挥城市的中心作用，逐步形成以城市特别是大、中城市为依托的，不同规模的，开放式、网络型的经济区”。《决定》还指出“城市政府应该集中力量做好城市的规划、建设和管理”，中央的这些精神对整个改革时期我国城市发展和城市规划工作具有重大历史意义。1986年城乡建设环境保护部召开全国城市规划工作座谈会，强调要适应改革开放的新形势，城市规划要转变观念，开阔视野，锐意改革，提高规划设计水平；要健全法制，加强规划管理。由于各方面的有效努力，整个“六五”期间在城市的各项建设基本上是在城市规划的指导下进行的。

1987年，国务院发布了《关于加强城市建设工作的通知》，《通知》强调“经过批准的城市规划具有法律效力，要严格实施。规划管理权必须集中在城市政府，不能下放。”

1989年12月26日，全国人大常委会通过了《中华人民共和国城市规划法》并于1990年4月1日起开始施行，该法完整地提出了城市发展方针、城市规划的基本原则、城市规划制定和实施的制度，以及法律责任等。其中“城市规划区”、“两证一书”的法律规定，对城市的有序发展和建设起到了重要规范作用。《城市规划法》的颁布和实施，标志着中国城市规划正式步入了法制化的轨道。

1991年9月，建设部召开全国城市规划工作会议。

会议总结了改革开放十年来城市规划工作的经验，提出了90年代城市规划工作的总体思路。会议指出“城市规划是一项战略性、综合性强的工作，是国家指导和管理城市的重要手段。实践证明，制定科学合理的城市规划，并严格按照规划实施，可以取得好的经济效益、社会效益和环境效益”。提出了90年代城市规划工作的“城乡建设协调发展、完善总体规划、推广应用新技术、增强法制观念”等八项任务。要求在城市建设中进一步明确城市规划的“龙头”地位。

1992年至1993年间，由于全国经济建设的过热现象，出现了“房地产热”和“开发区热”，带来了某些城市发展宏观失控的现象，据1996年不完全统计，全国各级各类开发区4200多个。开发区占地过多；相当一批开发区实行所谓“封闭运行”，脱离所在城市规划的管理，肢解城市总体规划，严重干扰了城市的正常发展，对城市规划工作造成了冲击。“房地产热”带来了经济泡沫，积压了大量资金，在少数问题严重的地方造成遗留至今的大量问题。在这个过程中城市规划部门做了大量工作。1992年12月以第22号建设部令发布了《城市国有土地使用权出让转让规划管理办法》。在这一时期还全面推行了控制性详细规划的编制与实践，对城市房地产开发发挥了一定调控作用，但总的来看，城市规划对房地产开发的调控职能远未得到应有的认识和重视，其应有的调控作用没有很好发挥。改革开放以来，由于房地产市场的建立和发展，激活了城市建设经济，为城市建设提供了大量资金，但90年代初，这一过程又使我们深切地认识到缺乏政府调控的市场机制和房地产资本所具有的巨大破坏力。

1996年5月，《国务院关于加强城市规划工作的通知》发布，《通知》总结了前一阶段的经验并指出“城市规划工作的基本任务，是统筹安排城市各类用地及空间资源，综合部署各项建设，实现经济和社会的可持续发展。”《通知》明确规定要“切实发挥城市规划对城市土地及空间资源的调控作用，促进城市经济和社会协调发展”。这是在社会主义市场经济条件下国家给城市规划的新的定位，具有重要的意义。

20世纪80~90年代，我国城市规划科学技术在改革中得到新的发展。城市规划加强了经济、社会问题的综合研究，并采用区域的、宏观的方法研究城市的发展和布局。80年代起便先后开展了全国城镇布局规划和上海经济区、长江流域沿岸、陇海兰新沿线地区等跨省区的城镇布局规划。进入90年代后，省域、市域、县域城镇体系规划也广泛开展。各城市一般都滚动开展了两轮城市总体规划的编制工作。大中城市普遍开展了分区规划。控制性详细规划得到全面推广。法定图则、城市设计等多种类型的规划设计在一些城市开始实践。城市规划教育和科技工作得到长足发展。遥感技术和计算机技术在城市规划中广泛应用。城市规划设计水平和工作效率不断提高。众多的规划设计成果获得建设部和省级的科技进步奖，深圳市城市总体规划1999年获得国际建协阿伯克隆比爵士奖；北京菊儿胡同新四合院住宅改建规划和唐山、沈阳、大连、成都等城市的规划建设成就获得联合国人居奖；珠海、深圳、昆明、绵阳、中山等城市由于人居环境改善，获得联合国人居中心颁发的最佳范例奖或优秀范例奖。历史文化名城的保护工作也有很大的进展，全国确定了99个国家级历史文化名城和82个省级历史文化名城。

1999年12月，建设部召开全国城乡规划工作会议。国务院领导要求城乡规划工作应把握十个方面的问题：统筹规划，综合布局；合理和节约利用土地和水资源；保护和改善城市生态环境；妥善处理城镇建设和区域发展的关系；促进产业结构调整和城市功能的提高；正确引导小城镇和村庄的发展建设；切实保护历史文化遗产；加强风景名胜的保护；精心塑造富有特色的城市形象；把城乡规划工作纳入法制化轨道。必须尊重规律、尊重历史、尊重科学、尊重实践、尊重专家。强调“城乡规划要围绕经济和社会发展规划，科学地确定城乡建设的布局和发展规模、合理配置资源。在城市规划区内、村庄和集镇规划区内，各种资源的利用要服从和符合城市规划、村庄和集镇规划。”会后，国务院下发《国务院办公厅关于加强和改进城乡规划工作的通知》，通知强调要“充分认识城乡规划的重要性，进一步明确城乡规划工作的基本原则”，重申“城市人民政府的主要职责是抓好城市的规划、建设和管理。地方人民政府的主要领导，特别是市长、县长，要对城乡规划负总责”。要求“把城乡规划工作经费纳入财政预算，切实予以保证”。

2000年3月，九届全国人大四次会议上，通过了

《国民经济和社会发展第十个五年计划纲要》。纲要明确提出："实施城镇化战略，促进城乡共同进步"。"走符合我国国情，大中小城市和小城镇协调发展的多样化城镇化道路"。"加强城镇规划、设计、建设及综合管理"。"有重点的发展小城镇"。"消除城镇化的体制和政策障碍"。国家的上述决策，为今后我国城市化的健康发展指出了明确的方向，也为我国城市规划提出了新的艰巨任务。

2000年6月，中共中央、国务院发布了《关于促进小城镇健康发展的若干意见》，指出"当前加快城镇化进程的时机和条件已经成熟。抓住机遇，适时引导小城镇健康发展，应当作为当前和今后较长时期农村改革与发展的一项重要任务。"这说明经过改革开放20年来经济的大发展，党中央把加快城镇化进程作为促进我国现代化事业的重要战略部署。

城市规划为改革开放20年来我国城市经济社会的有序健康发展发挥了重要的指导作用。截止1999年底，全国设市城市667个，建制镇19244个，市镇总人口3.8亿人，城市化水平30.9%，城市化的进程不仅促进了经济的发展，也为逐步实现城市现代化奠定了良好的基础，城市经济社会迅猛发展，城市面貌发生了巨大变化。以住宅建设为例，1981至1999年，全国城镇年住宅竣工面积由1.16亿平方米增长到5.59亿平方米，增长近4倍；城市人均居住面积由1981年的4.1平方米增长到1999年的9.18平方米。城市市政公用、通信、电力等基础设施有了巨大的增长，城市功能不断增强，环境不断改善，城市规划统筹安排了巨量的建设。这期间，我国的城镇有了很大的发展。目前全国建制镇都编制了规划。特别是广大小城镇的规划建设，集中了100多万家乡镇企业，建成各类批发市场5万多个，吸纳农村富余劳动力6000多万人。应该说，城市规划为改革开放事业和经济的持续快速发展，为全国城市的大规模建设与发展做出了重大贡献。

第三节　国外城市规划发展概况

我国的现代城市规划从理论、技术到方法、管理，很多方面都是借鉴国外的城市规划经验。为了更好地做好我国的城市规划工作，有必要了解一下国外城市规划思想、理论、方法，以及它的作用、近百年来的简要发展过程。本节主要介绍具有代表性的英国、美国等发达国家及前苏联的城市规划发展概况。

一、20世纪初的理想城市

对于人类住区的城市，以及城市社会，西方一些先驱思想家很早就有过理想的寄托。文艺复兴早期意大利的阿尔伯蒂、费拉锐特，中期的斯卡莫齐都提出过“理想城市”的模式。英国的托马斯·莫尔在1516年提出“乌托邦”（理想之国）的假说，对以后的城市规划思想有一定的影响。

19世纪以来，产业革命后的欧洲国家，以英国为代表，生产力得到很大发展，城市人口剧增，住房、市政设施、环境卫生状况恶化，一些企业家在空想社会主义思想影响下，离开城市，建设了一些城乡结合的、理想化的新型社区。这些试验由于脱离当时的社会、经济等各种条件而归于失败，但“理想城市”之光并没有熄灭。

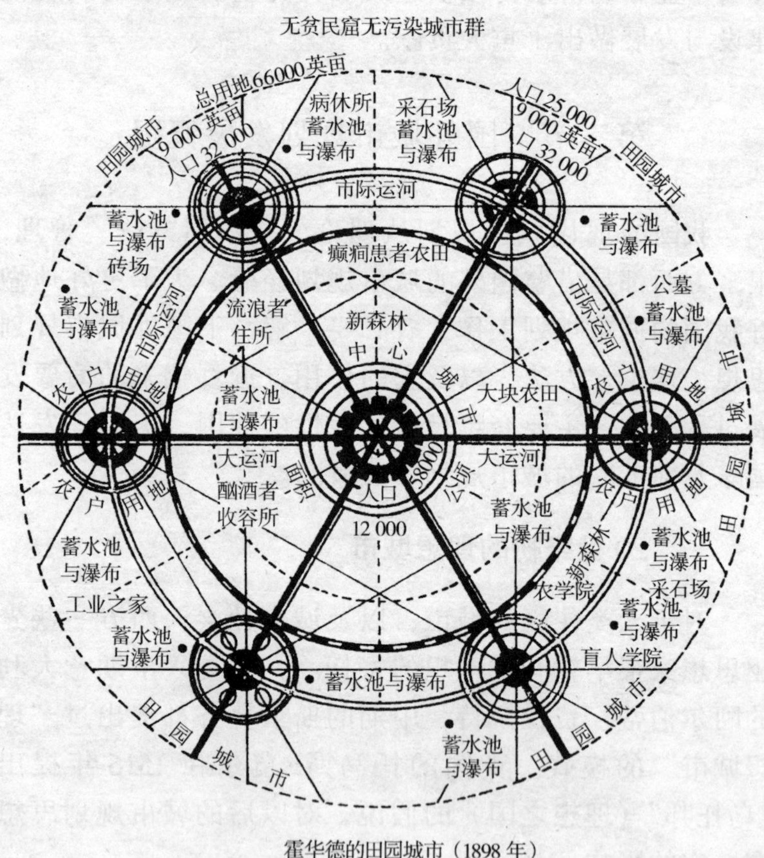

图 6（a） 霍华德的田园城市

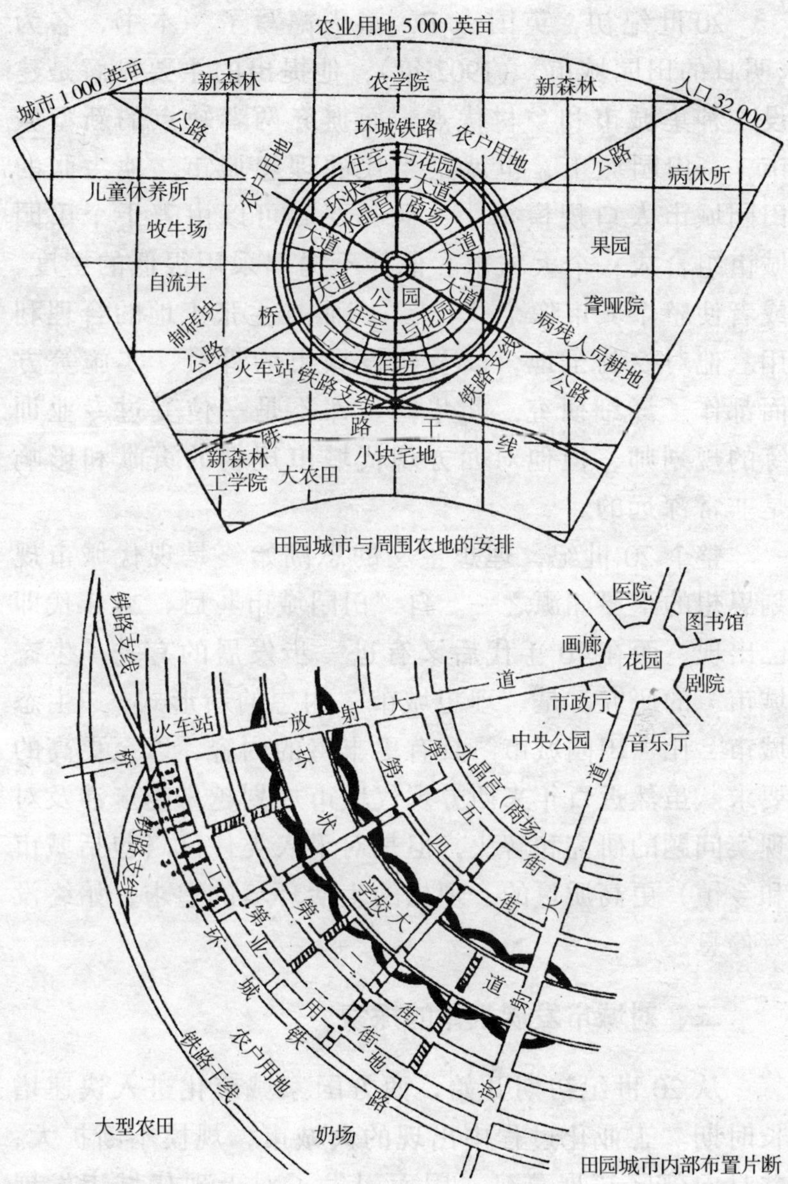

图 6（b） 霍华德的田园城市

20世纪初，英国人E. 霍华德写了一本书，名为《明日的田园城市》(1902年)，他提出的主要见解是建设一种集城市和乡村优点，而摒弃两者缺点的新型城市——田园城市，也就是当代的理想城市。他主张的田园城市人口规模很小，但必要时可以由若干个田园城市组合成一个大城市。他并不提倡采用很低的密度，或者使整个城市像个“花园”，而是主张土地的合理利用。他对控制土地，以及建设城市的筹资、实施等方面都作了详细研究。霍华德虽然不是一位受过专业训练的规划师，但他对西方现代城市规划的贡献和影响是非常深远的。

整个20世纪，理想主义的思潮始终是现代城市规划思想的重要渊源之一。自“田园城市”后，20年代即已出现、而在70年代后又有进一步发展的有关“生态城市”的研究，是“理想城市”构想的新形式。“生态城市”比“田园城市”具有更丰富的内容，以至更高的要求。虽然近百年来西方现代城市规划越来越多涉及对现实问题的研究和解决，但是对于人类住区（包括城市和乡镇）更高质量的、理想的生活环境的追求，始终没有停息。

二、对城市发展规律的探索

从20世纪初期开始，西方国家城市化进入快速增长时期。工业化过程中出现的大城市，规模不断扩大，并且向郊区拓展蔓延，因而引发了对于现代城市发展变化及其动力的研究。英国生物学和人类生态学家P.

盖迪斯是这方面研究的杰出代表。他在1915年出版的《进化中的城市》一书中，创造性地论证了城市与所在地区的内在联系。他提出：周密地分析地域环境的潜力和限度对于人类居住地[14]布局形式和地方经济的关系，是城市规划的前提和基础。他强调应把“自然地区”作为规划的基本框架。他把人文地理学与城市规划结合起来，直到今天仍然是西方城市规划的一个独特传统。

在对城市进化发展的探索中，人们认识到，城市向郊区发展的趋势，将使很多城镇逐渐结合起来构成巨大的城镇集聚区，甚至形成近几十年来出现的所谓“巨型城市”。因此，城市规划实际上正在，或者应该成为城市和乡村结合在一起的“区域规划”。盖迪斯为这种规划提供的方法是：地区的调查——分析——实际的规划。这个程序在二次世界大战前成为西方城市规划的基本方法。

从传统的城市规划发展变化为现代的“城市—区域”规划，是合乎城市发展规律的一种“突破”。美国纽约1929年的地区规划、英国唐凯斯特1920-1922年的区域规划等都是具有开创性的实例。1944年英国人P. 艾伯克隆比按照霍华德、盖迪斯的思想编制的大伦敦规划，则是当时最具代表性的成果。大伦敦规划是以地区为基础的规划。它采取疏散市中心区产业和人口的政策，在市区外围建设一系列新城镇（卫星城），在现有市区周边设置宽大的绿带以遏制市区的外扩蔓延，使伦敦成为一个既集中又疏散的，组合型的区域性大城市，以改善和提高城市的环境质量。大伦敦规划虽未能完全实现其目的，但是有机疏散、组合型城市、绿带、发展新城（卫星城）等已成为几十年来国外大城市规划的一种通用的模式。

三、城市功能与空间结构的研究

20世纪以来，由于社会经济的变化和日新月异的科学技术进步，它们对原有城市的功能和空间结构的“冲击”和影响是持续不断的，有时甚至是很激烈的。西方发达国家城市规划近百年来在这方面的研究和创造是大量的，而且很大程度地影响着发展中国家，包括中国。例如：

城市形态方面，除了前面已经提到的组合型城市外，随着交通运输条件的改变，19世纪末西班牙人S.Y.马塔就提出“带形城市”理论，使城市沿着一条高速、高运量的交通轴线向前发展，打破传统城市“块状”形态的固有模式。20世纪30年代，在苏联的斯大林格勒和二次大战后哥本哈根、巴黎、斯德哥尔摩等城市的规划中都出现过这种构想。赫尔辛基的“指状”形态则是多向的带形发展。关于建筑层数与密度的研究。1922年法国建筑师勒.柯布西埃在他写的《明日的城市》和1933年写的《阳光城》中，主张用当时已经出现的高层建筑和很低的建筑密度（比如5%）来解决城市中心区的拥挤问题。他还主张采用高架立体式的道路交通系统。相反地，美国建筑师F.L.赖特在20世纪30年代提出的“广亩城市”设想则主张采用极低的居住密度（每英亩 1 户）来安排居住用地。实际情况是，二次大战后，柯氏的理论被一些国家采用，但往往被扭曲成为“高层高密度”，非但没有减少拥挤，反而影响了环境质量。赖氏的理论虽没有实现，却类似于美国很多大城市自发性向郊区扩展蔓延时，很多独户住宅的布置形式。多数国家都把“层数”与“密度”作为重要的规划政策，根据政府制订的标准和地方的实际情况加以确定。

城市内部的布局结构方面，法国人 T. 戛捏尔于 20 世纪初提出的“工业城市”设想，第一次把现代城市的功能在城市用地上作了明确的划分，并且使各种不同功能的用地通过道路交通网络有机地联系起来。这种“功能分区”的思想几十年来一直贯穿在城市规划的原则中。

城市居住用地的规划方面，随着汽车在城市中的大量使用，如何避免机动交通对居住环境的干扰成为居住用地规划的重要问题。美国人 C. 佩里在 20 年代末提出了“扩大居住街坊”的概念，即以小学、基层商店为基础来组织“社区”的“邻里单位”原则。30 年代美国人 C. 斯泰因在新泽西的雷德朋新城的邻里设计中，又采用了行人与汽车分离的道路系统。二次大战后，“邻里单位”的概念被较普遍地运用于国外的居住区规划设计中。前苏联的“居住小区”模式，一定程度上也是借鉴于此。

城市公共绿地系统方面，自 19 世纪中期开始，美国一些大城市开始建设为居民大众使用的公园，并重视保护自然。美国人F. L. 奥姆斯特1859年设计纽约中央公园绿地，以后又为旧金山、芝加哥、波士顿等城市设计公园绿地。20世纪初，在波士顿规划了完整的公共绿地系统，把公园、水面、滨河绿带、林荫道等结合起来，对城市生态和生活环境的改善发挥了更大的作用。这种作法影响宽广而深远，至今仍为各国城市公共绿地系统的规划所沿用。近几十年来，由于对城市生态环境的关注和休闲娱乐的需要，城市公共绿地的"外延化"比较突出。空间的"外延"包括向近郊的森林公园、郊野公园、海滨（水滨）公园延伸。内容的"外延"包括向主题公园、游乐公园、体育公园等方面的发展。

城市道路系统方面，随着汽车交通在城市中的高速增长，国外城市规划对道路系统的研究始终占有重要的位置。20世纪40年代，英国人H. A. 屈普较系统地提出城市道路按交通功能分级设置的理论，并建议把道路网络的规划与土地区划结合起来。60年代后交通规划的一项重要原则也是强调道路交通系统与土地利用规划的结合。另一方面的发展则是快速道路伸入市区，尤其是大城市，快速路形成构架，与平面的常规路网相结合，甚至成为一种"高架－地面－地下"相整合的空间道路交通系统。这些模式已经完全不同于古代和近代城市道路系统偏重形式与构图的旧传统。

"步行化"是国外现代城市规划的另一特点。1930年德国埃森市出现第一条步行街，此后很多城市采用和发展了这种在汽车交通发达的城市，分离机动和人行交通的有效形式。多数步行街是商业街，也有花园式的、绿化的、滨水的、以休闲观赏为主的步行街。有的发展成步行商业区或综合性的步行区等，把主要干道和机动交通布置在步行区的外围。

城市中心的规划方面，随着城市规模和用地的扩大，原有的单中心的城市出现中心功能混杂，交通过度集中的弊病。二次大战后，国外很多大城市采用多中心的规划概念，把城市的行政中心、商务中心、商业中心分别设置。在这方面东京规划具有代表性。70 年代巴黎德方斯中心区的设置，除了多中心的概念以外，还兼有保护旧城区原有传统风貌的作用。伦敦码头区的改扩建也是“多中心”概念的体现。

四、两个重要宪章

现代建筑国际会议 1933 年在希腊雅典通过的《雅典宪章》和 1977 年在秘鲁马丘比丘签署的《马丘比丘宪章》，是国际上诸多学者、专家总结了 20 世纪初期和中期各国（主要是欧美）城市规划经验和问题后所提出的指导性文件。它们一直被公认为是 20 世纪（起码是初、中期）城市规划理论和方法的基本导则。两个宪章的思想是连贯的。

《雅典宪章》系统阐述了城市和它周围区域之间的有机联系，指出城市和乡村都是构成一定区域的组成要素；创造性地概括了城市的四大功能：居住、工作、游憩、交通，并认为居住是城市的首要功能；同时指出，保存好具有历史意义的建筑和地区的重要性。《宪章》

还对城市规划的工作方法提出了建议。《马丘比丘宪章》是在肯定《雅典宪章》的基础上，根据宪章通过后40余年的新情况，作了修改和新的发展。例如，关于城市和区域的关系，《宪章》重申了《雅典宪章》的观点，明确提出：国家和区域的经济决策和计划应与城市发展规划相结合；关于“功能分区”的概念，主张不要为了追求分区清楚而牺牲了城市的有机构成，要创造一个综合的、多功能的空间环境；关于城市交通，认为尚不存在最理想的解决方法，在交通政策上应使私人汽车从属于公共运输系统的发展。《宪章》还对城市发展中防止环境恶化、保护历史遗产和文物、继承文化传统等作了阐述。《宪章》还明确指出：区域和城市规划是个动态过程，不仅包括规划的制定，也包括规划的实施。还指出：规划中要防止照搬照抄不同条件、不同文化背景的解决方案；城市的个性和特性取决于城市的体型结构和社会特征；宜人生活空间的创造重在内容而不是形式；不应着眼于孤立的建筑，而要追求建筑、城市、园林绿化的统一；技术是手段而不是目的，要正确应用材料和技术；要使公众参与设计的全过程等。

两个宪章所强调和提出的思想和内容，是现代国外城市规划（包括城市设计）理论和方法的一些重要结晶。特别值得强调的是：《雅典宪章》早就正确指出：人的需要和以人为出发点的价值衡量是一切建设工作成功的关键。又指出：应依人的尺度和需要来估量有机城市的各种构成。还强调：广大人民的利益应先于私人的利益。《马丘比丘宪章》则认为，自1933年以来，这个问题在城市土地利用上并未真正解决，希望寄托在立法上。

五、物质形体规划与社会经济发展的结合

二次世界大战后，欧洲各国经历了恢复重建时期，60年代后经济得到复苏，出现了新的发展。城市的经济结构发生很大变化，主要特点是：第三产业，包括服务业的就业比重提高，一部分加工业被淘汰；大城市人口分布的郊区化现象（市区人口向郊区迁移）日益加剧，城市中心区开始衰败，从而引起社会矛盾的加深。特别值得指出的是美国大城市人口，包括一部分产业、商业向郊区自由式扩展蔓延带来的土地、能源等的浪费问题。在社会现象方面，城市中平均每户人口下降，家庭小型化，住房需求增加；人口老龄化、就业岗位不足、汽车拥有率不断上升。城市中的“贫困地区”依然存在，种族分居，贫富分离现象在有些国家（如美国）仍很明显。另一方面，科学技术发展很快，以发展高新技术为特点的科学园区在城市郊区发展起来。以美国为例，从1955-1992年，科学园区的数目从1个增加到358个。在所有现象中最突出的，莫过于人口在800万以上的“巨型城市”大量增多（从1950年的2个增加到1993年的23个）。60年代法国地理学家J. 戈德曼指出全球有6个大城市连绵区，5个分布在美国、英国、日本，1个在中国；希腊学者C. A. 杜克塞迪斯预见人类聚居形式的最后两个层次是：城市洲、全球城市。

20世纪60年代前后出现的大量现象，引起人们的思考：从本世纪初期逐步形成的，以改善和构建物质形体环境为主的现代城市规划，仅从功能和空间结构着手，难以缓解现实的社会和经济问题。从60年代至80年代，英、美等国的城市学者对城市问题，包括社会、经济、政治、环境、交通、文化、历史、艺术等多方面进行了大量研究，广度和深度大为超过战前。具有代表性的，如1961年出版的美国学者L. 芒福德所著《城市发展史》，系统阐述了城市发展与其政治、经济、文化等背景相联系的历史过程，对研究当今的城市提供了有力的思想武器。其他大量著述也分析了城市的社会、经济问题，提供了新的技术和方法。这个时期的城市规划，与二次大战前后的城市规划相比，从理论到方法都有很大的改革。可以说，这是现代城市规划发展中的一个关键时期。

这种改革，并不是把城市规划完全变成为经济规划或社会规划。而是使以物质形体和土地利用为主的城市规划更好地与社会经济发展相结合。其主要特点有：

1. 注重区域和城市发展战略的研究。比较著名的有1970年进行的“英国东南部研究”，确定了沿大城市交通线发展和分布“增长中心”的战略，缓解了伦敦人口和产业的过度集中。

2. 规划政策的研究和及时的调整。英国战后着力推行在伦敦周围发展新城的政策。60年代后对新城的利弊进行了总结，决定从70年代后期把政策重点转向内城，以解决旧城中心区的更新问题。随后进行的伦敦、加的夫等城市的码头区改建计划和设计，就是这种政策的具体表现。美国在同时期推行的“模范城市计划”也是试图转变无组织郊区化的现象和适应新的住房需求。

3. 政府与公众的结合，出现一种自下而上的，以关心社区社会问题为主的“社区规划”或“倡导性规划”。这是经过一定方式和程序，得到政府批准和支持的城市局部地区的规划。

总之，与过去的规划相比：这个时期的规划更多地研究社会、经济问题；更多地研究战略和政策；具有更灵活的方法和程序；规划也更贴近现实和切合实际。

六、环境意识的崛起和可持续发展

20 世纪 80 年代后，是全球环境意识崛起的时期。1976 年联合国召开了第一次“人类住区大会”，发表了《温哥华宣言》。1997 年成立联合国“人类住区中心”。1987 年世界环境发展委员会在“我们共同的未来”文件中提出“城市的挑战”命题。自此，由全球环境危机而引起人们对城市环境问题的关注到了前所未有的程度。1988 年国际住房与规划联盟关于“健康城市”的 9 项目标中，“生态环境”处于重要的位置。世界性人口爆炸，资源短缺，能源浪费，环境（包括大城市交通状况）恶化，经济发展不平衡，部分地区贫困化等现象，非但在发展中国家日益突出，而且在发达国家也部分地有所存在。1989 年正式提出的“可持续发展”思想，于 1992 年在巴西举行的全球环境与发展首脑会议上为世界多数国家所接受。1996年联合国在伊斯坦布尔举行“人类住区第二次大会”，提出的两大目标之一是“城市化进程中的可持续发展”。如何建设“可持续发展城市”成为全球性的研究课题。

初步的研究认为，可持续发展的城市应尽可能地减少废物产量，降低资源的浪费使用和减少对机动车的依赖。这就需要建立可持续的城市生产和消费方式，需要实施严格的城市发展与管理战略。在社会方面，社会公平、公正、融合与稳定，是一个城市社会正常运行的关键。这些目标的实现需要一个适当的城镇规划，这种规划能在可持续地利用自然资源和生态系统的社会中，为建立一个健康的、具有效率和社会责任感的人类住区提供可行的政策和方法。理论框架虽已构起，但实践和经验还比较少。这个新的进程还在实践之中。

20世纪80年代后的另一个重要背景是经济全球化的趋势在不断发展，这对城市经济、社会、文化和价值观念的影响也是深远的，特别是世界各国的重要大城市，已经非常重视这一问题。这些城市已经感受到不仅来自地区、国家，而且越来越多地来自洲际和全球的竞争和压力。90年代以来，伦敦、西雅图、蒙特利尔以至汉城、香港等大城市纷纷研究新的城市发展战略，其总目标几乎都是针对经济全球化的影响下，如何保持和加强本城市在区域或全球的地位。具体的目标不仅是经济方面的，而是全方位、多方面的，从社会发展、旧城更新、历史保护、景观创造、文化建设、旅游购物到市民素质、政府管理等。不少城市已经采取了实施的步骤和行动，结合着某些大型全球性活动的安排和借助迎接新世纪到来的时机，进行大规模的城市新建或改建。这股浪潮正在把20世纪的城市推向一个新的阶段。

七、城市设计的人文主义思想

城市（三维）空间环境的创造，要依赖于城市设计。这个认识在现代国外城市规划的发展中逐步成为人们的共识。自古代至近代，城市空间的塑造与建筑以及其他要素的完美结合，曾经出现过很多优秀的范例。从古希腊、罗马到文艺复兴，从绝对君权时期到资本主义发展的各个阶段，都有杰出的创作和实践。在过去那些时期，城市规划和城市设计往往被混为一谈。

自从现代城市规划产生和发展以来，城市规模日益增大，功能日益复杂，城市问题的广度和深度是人类社会前所未遇的。城市规划学科向多学科渗透融合，规划内容注重于政策和管理。可以说，规划发生了某些质的变化。因此，20世纪以来，尤其在60年代后，城市设计与城市的战略规划和土地利用规划等有所分离，成为以创造城市空间环境为主要任务的工作。近几十年，西方国家的城市设计比较活跃，主要背景是由于人们普遍感到工业化时期建设起来的现代城市，其空间环境从功能、结构、尺度到美学、品位、性格等各个方面，都表现出很多缺点。现代城市充斥着高大的建筑，发达的交通，密集的人口，立体式的空间结构，缺乏人情味的住区等，越来越被人们所厌恶。60年代起，一些学者从社会学角度分析现代城市的诸多弊病，具有代表性的如1961年（美）J. 雅各布的《美国大城市的生与死》等。另一方面，一些规划、建筑学者从场所分析、空间布局以至心理认知等方面对现代城市设计的理念、原则、方法等作了论述，如1960年（美）凯文·林奇的《城市意象》、1978年（美）E. D. 培根的《城市设计》等。也有从生态学观念论述城市设计的，如1969年（美）I. L. 麦克哈格的《设计结合自然》。这段时期，还进行了大量的城市设计实践，较著名的如1963年美国费城中心区设计、1964年巴黎德方斯新区设计、1971年旧金山市区设计、1976年伦敦码头区设计、1987年波士顿市区设计等。

这段时期欧美国家城市设计思想的主流是人文主义的。例如重视人的需要、人的尺度，构建宜人的空间，重视步行环境，重视场所的创造，重视多样性和富有人情味等。另一方面也十分重视与自然的结合和历史建筑、街道、街区的保护，历史文脉的连续，以至文化品质的提高。城市设计中正确处理保护与创新的关系，出现了一些非常富有创见和新意的作品。城市设计的实施，在几乎所有国家都不是一帆风顺的。有些好的设计得不到实施。凡是能够得到实施的，也都需要规划师、建筑师与政府、开发商的密切结合，还要取得社会公众的参与和支持。城市设计的人文主义思想还在继续发展。例如90年代前后美国出现的“新城市主义”思想，就是人文主义与某些传统社区结构形式的新结合。

八、城市规划方法论的发展

19世纪末到20世纪初期，城市规划往往只是一幅描绘城市未来美好景象的、静态的图画。规划采取的是“扩大的建筑设计”的方法。规划者多数是建筑师、景观设计师或工程师。

20世纪初期以后，随着对城市发展规律的探索，多学科的学者渗入城市研究的领域，对城市人口、经济、生态、环境、卫生、住房、道路交通、排污等问题进行大量的研究，在规划方法上突破了“扩大的建筑设计”的方法，由盖迪斯创立的“地区的调查—分析—实际的规划”这种三段式的方法成为了主流。在分析问题和提出规划方案上采取多学科交叉融合的思维方法，以协调各种矛盾。这种方法是现代城市规划区别于古代和近代城市规划的一个重要标志，在二次世界大战前后成为欧美国家城市规划的通用方法。

二次世界大战后，主要西方国家的城市社会经济情况发生很大变化，科学技术也有很大进步，表现在方法论方面，系统论、控制论、信息论等新的理论方法出现后，得到广泛的应用。系统方法和控制技术开始运用到城市规划领域；信息技术结合计算机技术的快速进步，又为城市信息收集、分析等提供了有力的武器。近20年，随着信息网络化和计算机有关软件、硬件的大量开发，在城市规划的信息收集、分析、建模、模拟、制图、传播等方面都实现了很大的飞跃。城市规划的方法（包括技术和手段）几乎“面目一新”。这个时期的规划方法，在理念上是把规划看作一个动态的连续过程，而不是“终极状态的理想蓝图”。在做法上，先列出广泛的目标，根据目标确定具体的任务，借助系统的模型求得若干可能的行动方向，通过评价选取最优方案。然后在行动（实施）过程中检查和修正系统，形成周期循环的过程。

城市规划方法论发展的另一个重要方面，表现在社会性上。绝大多数国家的城市规划都是“政府的规划”。近几十年在民主化潮流日益发展的情况下，公众参与城市规划的论证，咨询和决策，已经越来越广泛和深入，成为城市规划的一种重要方法。

九、城市规划的法制与管理

早在 19 世纪后半期，一些欧洲国家就已经对城市公共卫生、街道、建筑线等的建设和管理，分别制订法规。但是就城市规划进行立法，还是始于 20 世纪初期。英国 1909 年制订通过的《住宅与城市规划法》被认为是第一部城市规划的立法，同时也成为划分现代城市规划与近代城市规划的分界线。此后，欧洲一些主要国家，如法国、德国等都陆续进行立法，制订法规和标准，对城市的规划和各种建设进行管理。美国与欧洲国家不同，国家一级的立法较弱，而且起步较晚。

英国的城市规划立法被认为是比较完善而有效的，他们自 1909 年制订第一部《城市规划法》至 1990 年的 80 年期间，共制订或修订有关城市规划方面的立法，据不完全统计约 14 次。每次制订均有其社会、政治、经济的背景和规划政策的变动。比较有代表性的是1909年、1947年、1968年的三次立法和1946年的《新城法》和1979年的《内城法》等。1909年的《住宅与城市规划法》第一次提出要求地方当局编制城市规划，以控制城市居住区的土地开发，并确定了较全面的规划内容。该法标志着英国城市规划体系的建立，也体现了规划是一项政府的工作。1947年的法，定名为《城市与乡村规划法》，该法的范围适用全国城乡，要求每块土地都要通过规划进行开发控制；该法还创立了新的地方城市规划机构，强制负责编制本地区的开发规划，并负责签发规划许可证。1968年的《城市与乡村规划法》总结了1947年《城市与乡村规划法》所要求城市规划对长期的土地利用规定过细过死的弊病，修改了旧的规划编制方法和内容，提出城市开发规划由两部分构成：一是关于政策和战略的规划，称为"结构规划"；二是拟开发地区的土地利用规划，称为"地方规划"。这种规划体制自20世纪70年代以来成为英国城市规划的基本构架。1968年的法还提出了政府为实施开发规划可以强制购买土地的政策。1946年的《新城法》是为了推行当时政府开发伦敦外围新城的政策。而1979年的《内城法》则是考虑到该时期很多旧城中心区衰败的背景，把规划重点从新城开发转到旧城更新。1990年的《城市规划法》又规定在6个城市郡和大伦敦地区编制"整体开发规划"。

美国的规划体系，由1928年制订的《标准城市规划实施法》规定的两个层次所组成：一是城市的"综合规划”，类似总体规划，但作用较弱；二是根据“治安权”理念制订的各城市的“用地分区法规”（zoning），具体管理市区内的土地使用。“分区”的方法源自19世纪的德国、法国。美国实行这种管理法制则从1916年纽约开始提出，后来得到普遍施行。现在加拿大、日本等国以及我国台湾地区均采用这种制度。“用地分区法规”结合“土地再划分（subdivision）”制度，对市区每个地块允许的用途、建筑高度、容量、遮蔽率（建筑密度）以及外形等作出规定。它是规划管理的有力工具。1961年，美国各城市的“用地分区法规”进行了一次重要的修订，主要是改变它过分“刚性”的缺点，增加了“开发权转移”及“容积率奖励”等政策，使其具有适度的弹性，以适应鼓励城市更新以至协调城市设计的需要。

欧洲国家的城市规划管理机构一般分国家、州（郡）和城市三级。美国则着重于州和城市二级，直到1965年才在联邦一级成立了“住房和城市发展部”，以协调各州城市发展中的问题。欧洲国家多数实行许可证制度。权力比较集中，上一级机构对下一级有监察、协调等职责。欧美国家的城市规划专业人才培养也是始于20世纪初期（我国始于20世纪50年代初）。1909年美国哈佛大学、1910年英国利物浦大学是最早设置城市规划（设计）专业的大学。现在，全世界已有800多所大学设有城市规划系科（我国有32所）。城市规划学会（协会）和专业学术刊物也是从20世纪初期发展起来的。

十、前苏联的城市规划

苏联是人类历史上第一个社会主义国家，实行计划经济的体制，其城市规划虽然也借鉴和引用西方城市规划的部分经验和继承俄国的某些历史传统，但在理论和方法上仍有其突出的特点。苏联的城市规划是从 20 世纪 30 年代随着国内大规模工业化建设过程而展开的。大量新的工业基地按照生产力合理分布的原则布置在广阔的地区，新的工业城市雨后春笋般地出现，从 1926～1975 年全国形成 1000 多个新城市。苏联的城市规划理论和方法就是在这种背景下形成的。主要特点是：1. 按照计划经济的原则，国民经济计划是经济发展的总纲，依据计划所确定的发展方针和建设项目在地域的分布，构成了人口、城镇和交通运输系统的布局，即重视编制区域规划；2. 国民经济计划和区域规划是每个城市发展的主要依据，从而决定了城市的人口规模、用地规模和公共设施的标准和水平。因而，苏联的城市规划是“国民经济计划的继续和具体化”，是一种“被动式”的规划。在苏联，城市规划完全被看作为一种设计性质的工作；3. 国家制定一套严格而具体的规划建设标准（定额指标）作为规划设计的依据。由于城市建设的主要资金来自政府，因而十分重视规划中的技术经济问题；4. 城市规划的指导思想强调人民性，即“对人的高度关怀”。例如，表现在土地利用上，把居住区布置在城市环境最佳的地段，关心公共福利设施的配套和文化休闲地带的设置等。在大城市特别是莫斯科，为了显示社会主义的优越和强大，设计了一些大尺度的空间和公共建筑，被西方一些学者称为“纪念碑式的城市”。

苏联城市规划只有大约60年的实践（其中还被二次世界大战所间隔），创造了独特的经验，当然也有不足，例如，忽视对城市社会问题的研究等。

十一、对未来发展的展望

从20世纪70~80年始，欧美发达国家的城市学者和专家即已重视对未来（21世纪）城市社会和形态的研究，特别是新的科技发展对城市和城市规划的影响。学者们瞩目的重点之一是信息技术的飞速发展，使人类已经开始进入信息社会。计算机与通信手段的结合，将在很大程度上改变人们工作、居住、生活交往、交通出行和各种活动的方式以至直接或间接地改变着城市的形态和空间结构。第二个特点是由于工程技术、材料和各种设施的进步，人们已经有能力建造比现在层数更高、容积更大、跨度更宽、形式更新颖的建筑物和构筑物，可以建设地下城市、海上城市、甚至“空中”城市等；也可以建设比现在更智能化、更节约能源和资源、更“清洁”、更适宜居住的“绿色城市”或“可持续发展”城市。虽然很多设想还处在研究、探索和试验的过程，但是实现的可能性在不断增大，有的已部分成为现实。

虽然国外城市规划近百年来有很大发展，但仍然遗留着大量未能解决的问题。例如，关于大城市的交通问题、大众住宅问题、土地利用上的公平问题、资源的持续发展问题，特别是巨型城市数量和规模还在继续增长，随之而来的环境、社会以及管理、体制等问题均远未解决。只要城市存在，城市规划的“生命力”永远不会终止，而且也永远达不到“顶峰”。这是世界各国的共同规律，也是各国城市规划专家的共识。

本章注释

① 中华人民共和国建设部 .GB/T50280—98 城市规划基本术语标准 . 北京：中国建筑工业出版社，1998。

② 国务院关于加强城市规划工作的通知 .1996 – 05 – 08。

③ 国务院批转《全国城市规划工作会议纪要》，1980 – 12 – 09

④ 《中共中央关于经济体制改革的决定》，1984 年 10 月 20 日，中共 13 届 3 中全会通过。

⑤ 《中共中央关于制定国民经济和社会发展第十个五年计划的建议》2000 年 10 月 11 日中共 15 届 5 中全会通过。

⑥ 同①。

⑦ 同②。

⑧ 彼德·霍尔著 . 邹德慈、金经元译 . 城市与区域规划 . 北京：中国建筑工业出版社。

⑨ 同⑤。

⑩ 恩格斯 . 英国工人阶级状况 . 见马克思恩格斯全集，第二卷 . 北京：人民出版社，1957. 第 303 页。

⑪ 国务院办公厅关于加强和改进城乡规划工作的通知，2000 – 3 – 13。

⑫ 毛泽东：《在中国共产党第七届中央委员会第二次全体会议上的报告》，《毛泽东选集》，人民出版社，1964，第 1317 – 1318 页。

⑬ 当代中国的城市建设 . 北京：中国社会科学出版社，1990. 第 87 – 88 页。

⑭ 人类居住地（human settlement）泛指城市和城镇。

第三章　城市规划的主要任务与综合职能

城市规划是一项综合性的工作，它涉及经济发展、社会发展、土地利用、居住、基础设施、交通、水资源、生态环境、历史文化保护、防灾减灾等诸多方面。本章就城市规划与上述十个方面的关系分别谈谈城市规划所肩负的任务。

第一节　城市规划与经济发展

城市规划在经济发展中有着非常重要的作用。特别是改革开放以来，随着国家经济的快速增长和城市化的发展，城市规划已成为实现城市经济和社会发展目标的一项不可缺少的必要手段。实践证明，国家通过城市规划行使政府对经济的引导和调控职能，对于合理配置城市土地资源，优化城市的空间结构，提高城市的服务能力和经济效益，有着十分重要的意义。促进城市经济发展，并使经济发展与社会、人口、资源、环境相协调，实现可持续发展，是城市规划的基本任务。城市经济的特征是第二、三产业的聚集，这种聚集由于合理的结构而产生巨大效益。城市规划正是安排城市中包括经济建设在内的各项建设空间用地结构的工作，保障形成合理的城市空间结构，因而，在经济发展中，城市规划具有十分重要的地位和作用。

一、城市在国家经济发展中的地位

城市是经济发展的产物。城市一旦发展起来，又成为经济中心，在地区、国家乃至更大范围内发生着重要的中心和主导作用。从我国情况看，1988—1996 年城市国内生产总值以年均 10% 的幅度增长，1988 年仅为 7024.63 亿元，1996 年则达到 4.71 万亿元，全国 666 个设市城市市区非农业人口占全国总人口的 16.98%，而国内生产总值却占全国的 68.63%，其中第二产业占全国的 70.16%，第三产业占全国的 62.98%，全部工业总产值占全国的 75.53%，社会消费零售总额占全国的 70.21%。上述数字说明，城市依靠巨大的经济实力，在国家经济中举足轻重。

二、城市经济的重要特征——聚集效益

城市的特征是非农产业和非农人口的集中。这种集中，从经济方面产生了一种聚集效应，并由此获得巨大的综合效益，使城市产生吸引力和辐射力。这种吸引力和辐射力随着城市经济实力的增长和城市规模的扩大而增大，使城市成为地区、国家乃至更大范围的经济中心。

现代生产是社会化大生产，它以高度的分工和密切协作为特征。从工业建设和生产看，城市为工业生产的

分工协作创造了空间条件，使就近分工协作成为现实，厂际间、工业部门之间的良好协作，使生产成本降低，效益提高，比如主机厂和辅机厂、配件厂之间的协作，整机厂、元件厂之间的协作，主要产品厂与专业辅助生产厂之间的协作，一些工厂的产品正是另一些工厂的原料，它们之间的协作等等，这种十分密切的协作，在城市的适度集中，使生产社会化水平提高。协作产生一种新的生产力。这正是城市经济的巨大活力的缘由之一。同时，城市为工业生产提供了强大的基础设施条件，为其建设和生产创造良好的外部条件，比如城市为企业提供了供电、供水、电信、排水等条件，提供了对外交通和市内交通条件，提供了社会文化生活条件等，这是工业建设必不可少的投资环境，较之在城市以外地区建厂，大大降低了建设和运营的成本。

从第三产业看，城市聚集了商业等各种服务业，为第三产业的发展提供了良好的场所，成为形成与获得聚集效益的重要因素。由于城市集中了工业，为其服务的金融等服务业也多在城市。由于企业和人口大量集中于城市，城市自然成为商业的主要基地，马克思指出："商业依赖于城市的发展，而城市的发展也要以商业为条件"①。城市的"市"，正是市场，是各种各类市场在这里的集聚，这正是形成三产集聚城市的必然。随着证券市场的发展，城市作为金融中心的功能正在我国发展，上海、深圳股票市场的发展使它们在我国经济活动中的地位进一步上升，而纽约是世界经济中心，从华尔街的股市，我们可以摸到世界经济的脉搏。21世纪是信息的世纪，信息产业的发展将使地球上各地的时空距离大为缩短，但城市作为信息中心的功能不但没有减弱，而且仍在加强。许多重要的经济社会活动，仍然需要人们面对面的交往，城市由于是交通枢纽，在这方面其无可替代的优势仍在加强。随着高新技术的发展，以信息、生物、材料等行业构成的高新技术产业在城市中迅速发展，给城市产业结构带来深刻影响。

综上所述，城市对二、三产业的聚集，使城市产生了巨大的活力，使城市充满生机，使城市仍处在兴旺的发展之中。大城市的巨大聚集效益仍然十分突出。正如恩格斯所指出的："这种大规模的集中，250 万人聚集在一个地方，使这 250 万人的力量增加了 100 倍"[②]。

三、城市规划致力于城市合理空间结构的创造

恩格斯指出："一切存在的基本形式是空间和时间"[③]。城市是经济集中存在的空间形式，是二、三产业集中的空间形态。这种集中，由于结构的合理，而获得聚集效益；如若没有合理的结构而随意拼凑在一起，混乱无序，非但不能得到聚集效益，反而由于互相影响而造成损失。以工业生产为例，工业的合理成组布局往往以同类性质为前提。比如将对产品精密度要求高、生产洁净度要求高的工厂放在了污染严重的重工业和化工区内，就难以正常生产。我国某市的化工区内曾迁入一家精密纺织机械厂，其产品受化工区大气污染腐蚀成为废品，该厂被迫搬迁，仅搬迁费就损失上千万元即为一例。城市经济结构包括众多内容，比如产业结构、产品

结构、所有制结构等等，这要求合理处理二产企业之间、三产企业之间、二产三产企业之间的关系，合理处理好二、三产业与城市其他要素和人民生活之间的关系，城市规划的基本任务正在于此，在于合理安排城市中各项建设的用地和空间资源的利用，正在于构筑和调整这种城市的空间结构和布局，因此，城市规划就成为城市经济发展的重要支撑条件和保障手段。对于这一点，我国经济界和城市规划界不断取得共识，城市和有关方面领导也给予了越来越多的关注，尤其是在经济结构调整成为经济工作的主线的今天，加深这一认识，更为迫切和重要。

四、城市规划对于经济发展的促进和引导作用

城市规划通过自身工作，服务于城市经济，促进和引导城市经济的发展，具体表现在以下几个方面。

1. 城市性质与经济发展

在多数城市，经济因素是选择城市性质的最主要条件。除了特殊需要的政治和文化因素外，影响城市性质的经济因素有两个方面内容：一是城市外部区域经济与城市之间的经济联系，二是城市内部经济结构与产业的选择。区域经济概括出地域性经济中心特征，经济结构以主导产业为定性依据，这两者结合，是现代城市规划研究城市性质的一条基本准则。比如大庆市是以石油工业为主的城市，渡口市是以钢铁工业为主的城市等。协调区域经济能够使资源得到更有效、更合理的配置，有利于实现社会的供需平衡，因而可以提高资源的利用

率，而主导产业可以带动其他产业的相应发展，推动城市全社会的经济发展。城市规划通过研究和确定城市性质既反映城市主导产业的需求，更引导城市经济未来发展。现在一些城市产业结构调整方向雷同，城市性质也有趋同的趋向，应当注意。

2. 城市规模与经济发展

按照城市经济聚集规模效益的原理，城市要发展到一定的规模，这种聚集效益才能突现。确定城市发展规模要以经济为依据，因为城市是经济活动在空间聚集的结果，由于聚集经济效益的存在，才引起人口、资本和资源等经济要素在空间上的集中，最终体现在城市人口和土地利用的规模、密度和结构上。城市规划正是运用了经济聚集与空间和土地聚集的规律，研究和方案比较，合理预测和规划一定时期内城市发展的规模，通过规划的实施和管理，引导城市合理发展，使其既有合理增长，又避免聚集过度而造成负面影响，力求城市规模与经济规模相协调。一般来讲，大城市的经济效益优于中小城市，但是在国家和地区经济社会发展中，大中小城市各自肩负着不同的责任，都是不可缺少的。各个城市应当具有怎样的发展规模，应该从当地的实际出发，因地制宜，合理确定。

3. 城市布局与经济发展

城市布局是规划的经常性任务，它是不断形成和调整城市空间布局结构的过程，同时，也是通过用地调整服务于经济结构调整的过程。首先是合理集中布局工业，比随意摆布工厂有明显的经济效益。按一般经验，按照城市规划，合理布局工业，形成工业区，较之零散建厂可以节约工业用地10%－20%，交通运输线路可以缩短20%－40%，工业管网可以减少10%－20%。在小城镇，将乡镇企业集中于工业区建设，已势在必行。其次是城市用地结构服务于城市产业结构的调整，我国城市现普遍存在第三产业不足，第二产业占地较多的问题，多年来，各城市致力于发展三产。北京等一些城市，对市区的工业实行外迁，原地更换为三产，称为“退二进三”，上海从市区内向郊外迁出300多家工厂，都取得显著效果，既为一些没有发展前途的工业找到了出路，又改善了城市环境。这项工作是由经济管理部门、城市规划部门和企业共同完成的。市中心区的金融、商贸、服务功能得到长足的发展，城市居住区逐步向外扩展，城市产业结构调整的推进和城市用地结构调整相结合，城市规划在其中发挥了重要的作用。再次是大力加强城市基础设施建设，尤其是加强城市供水、排水、污水处理、交通设施和绿化建设等，为城市经济社会发展和建设现代化城市提供坚实的物质基础，城市规划对此应给以更大的关注。今后我国城市产业结构调整任务艰巨，城市规划在未来仍然肩负重任。

4. 土地使用与经济发展

“土地是财富之母”。土地是所有城市最重要的财富，如何珍惜并充分利用好这些财富，是所有城市政府的历史责任。城市规划正是合理利用城市土地、使其获得最佳经济效益和综合效益的根本途径，从这里，城市获取资金用于城市建设与发展。

城市规划在土地区位选择中的经济作用是显著的。在市场经济条件下，不同的经济主体为追求效用或利益最大化，必然通过土地市场进行竞争，获得有利的区位，而不同区位的土地租金价值，通常都是由区位的使用价值来决定。在城市形态偏重同心圆的情况下，级差地租随距市中心距离的增加而递减，直至城市边界与农业地租相近。改革以前，城市土地实行无偿划拨，区位地租效应并不实际显现出来。改革后，土地实行有偿使用，级差地租显现出来，城市规划代表全民和长远的利益，干预土地租金价值的职能体现出来，在城市经济中日益发挥积极作用。1996年国务院下发的《关于加强城市规划工作的通知》指出："切实发挥城市规划对城市土地及空间资源的调控作用，促进城市经济和社会协调发展。"这明确了社会主义市场经济条件下，城市规划对土地利用的调控职能和作用。

5. 对外开放与经济发展

对外开放首先是城市的开放。目前，一个以沿海开放城市为前沿、铁路干线城市为纽带，组成的全方位、多层次的开放格局，已经初步在全国形成。这些城市，在城市规划指导下，城市布局由封闭性向开放性转变，市场化使得城市与城市之间经济交流得到前所未有的开拓，城市规划为塑造新的城市开放格局提供了广阔空间和良好的投资环境，深圳、珠海、汕头、厦门特区和北京、上海、广州、大连、青岛等许多城市的规划充分说明了这一点。

此外，外向型经济技术开发区和高新技术产业开发区的出现，也为城市规划发挥经济作用提供契机。20多年来，经济技术开发区已经遍布全国许多大中城市，它们吸引外资和新技术开发的成果也已经成为城市经济发展的一个新的增长点。开发区作为城市的一个有机构成部分，产业结构升级迅速，对城市经济发展起着重要的作用，相当程度上影响着城市性质和规模的演变。我国城市规划部门十分重视开发区的建设，不仅在布局和协作配套上给予支持，从城市总体发展战略上考虑，促进开发区的区位聚集优势，依托科技进步，加快城市经济增长和产业结构升级。

6. 城镇体系与经济发展

以城市为中心的经济区域的形成和发展，迫切要求城市规划依法开展并加强区域城镇体系规划，以区域内的社会经济紧密联系为基础，形成以便利交通、通信、能源为支撑的，大中小城市和建制镇协调发展、各得其所的空间经济体系。近年来，全国各省（市）自治区开始编制全省、自治区区域范围的城镇体系规划，这对于加强城市之间的分工协作，从而推动区域城市化的合理发展，减少各个城市自身规划的盲目性，逐步形成合理的城镇体系，促进区域经济社会协调发展，都具有重要意义。

五、城市规划促进城市经济社会发展与人口、资源、环境相协调

在阐明促进经济发展是城市规划的重要任务的同时，必须强调指出的是，城市规划还必须努力促进经济发展与社会、人口、资源、环境相协调，实现可持续发

展。经济发展是社会发展的基础，是解决环境问题的基础，但在发展经济的过程中，往往与环境保护发生矛盾，与有些社会发展也不能自发地协调，尤其在市场经济条件下，企业往往只重视经济效益、短期效益和局部利益而不顾其他，这就需要政府予以有力的调控，防止发展失误。从城市规划工作方面，主要是通过用地管理和建设管理，对房地产开发实施必要的调控，防止不恰当的房地产开发对公众利益的损害和历史文化名城风貌的破坏等等。特别要防止资本对城市政府决策的错误影响并进而对城市规划发生误导。要防止规划服从领导、而领导屈从于资本的失误。城市政府领导应当尊重并通过城市规划对资本进行调控，以维护城市整体利益，使经济发展更加健康。这是在认识城市规划促进经济发展时必须反复强调的。

总之，城市规划作为国家对城市发展的调控手段，首先是对城市土地和空间资源的调控，通过这种调控既促进经济发展，又促进经济与社会、人口、资源、环境的协调。

第二节 城市规划与社会发展

一、社会发展的含义及其与城市规划有关的基本内容

社会发展是一个广泛的概念，城市发展是社会发展的重要组成部分。社会发展涉及社会多个领域和部门。从广义上讲社会发展，可以是相对自然而言的人类社会

发展，或是相对经济而言的社会发展。在城市规划中，有关社会发展的主要任务是根据国家社会经济发展总目标和城市所在省、市的要求拟定的社会发展纲要，提出城市社会设施发展的目标和策略；相关设施的配置和总体布局；以及设施具体项目的规划设计和规划管理等。

城市规划离不开对社会问题的研究，事实上，城市规划的基本目标之一正在于追求社会的公平，城市规划学科的诞生也有着社会学的渊源。国际上著名的城市规划思想家霍华德（英）和芒福德（美）都是倡导社会改革的，他们的规划思想是要追求建设一个比较理想的城乡一体的“田园城市”和公平和谐的社会。在我国，城市规划要为经济发展和社会进步创造良好的物质条件和社会环境，坚持人口、经济、社会、环境和资源协调的可持续发展战略，为促进经济繁荣、社会文明、生活富裕发挥不可替代的重要作用。城市规划绝不仅仅在于解决城市工程技术问题，社会发展的有关方面也是城市规划必不可少的内容。

城市规划研究社会发展问题，主要是深入了解社会和经济发展与城市规划建设的相互关系。在规划编制中，要用正确的指导思想和规划原则，确定城市的社会发展目标并将其体现在各项专业规划之中；根据地方条件并按照相关的规范和工程技术要求，科学合理地解决社会服务设施规划设计中的问题。城市的社会发展问题通常与经济发展联系在一起，涉及城市发展中的人口、就业、居住、公共服务设施、交通和市政设施，以及环境保护等诸多方面。因社会发展涉及面太广，同时，有关人口和基础设施等相关问题在本书中将有专节介绍，在本节中主要介绍城市社会服务设施问题。

城市社会服务设施通常包括科、教、文、卫、体五个系统，以及社会保障和社会福利设施。按照《城市用地分类与规划建设用地标准》[④]和《城市居住区规划设计规范》[⑤]的有关规定，结合城市发展出现的新内容，并将居住用地所属的中小学等改列为社区服务，可将城市社会服务设施分为7个方面。

1. 科研设计：科学研究、勘察设计、科技信息和科技咨询等机构；科技园区、信息中心等。

2. 教育设施：高等院校、中等专业学校、成人与职业培训教育等。

3. 文化娱乐：新闻出版、文化艺术团体、广播电视、图书展览、影剧院、游乐设施等。

4. 医疗卫生：综合医院和专科医院、卫生防疫、急救中心、休疗养院等。

5. 体育设施：体育场馆、体育训练基地等。

6. 社区服务：中小学校、幼托设施、老龄设施、残疾人设施、社区管理及活动中心等。

7. 其他设施：社会保障机构及社会福利设施等。

需要说明的是以上的设施内容，都必须将其环境（空间环境和社会环境）考虑在内。

二、城市规划在社会发展方面的任务

城市规划在社会发展方面的任务和作用分不同的规划层次主要反映在以下两个方面：

1. 在宏观层次上主要是分析城市社会发展与城市经济和城市建设的关系，提出科学合理的目标和发展策略，对各项设施进行总体布局并提出规划建设的主要指标和原则要求。例如科学教育的发展问题，党中央于1995年即在《关于加快科学技术进步的决定》中正式提出了“科教兴国”战略，把发展科学、教育摆到现代化建设的重要地位，并强调经济建设要转移到依靠科技进步和提高劳动者素质的轨道上来。不少城市根据这一要求提出了“科教兴市”的策略。城市规划的任务在于与其他部门共同合作，深入分析研究所在城市的条件和科教兴市的具体内涵，提出既有前瞻性又切合实际的建设目标和措施。有的城市科教基础深厚，具有发展科学技术和知识经济的某些特定优势，出现了产、学、研相结合的良好势头。与传统的科研和工业区有很大不同的新兴的科技园区、高新技术工业园区、信息中心等，开始成为城市新的经济增长点，城市规划要为其健康发展创造条件，为空间发展进行合理引导。有的城市目前还暂不具备发展大中型科研机构和高等院校的条件，规划可以为其长远发展留有余地，但要控制盲目建设造成土地资源等的浪费。当前的主要任务要放在重点加强基础教育和积极发展职业教育，以提高全民的文化素质和职业技能上来，为长远发展打下基础。同样，其他大型的文化、娱乐、体育等设施，对城市空间发展有重要影响的项目，都需要在宏观层次的城市规划中予以研究安排。

2. 在微观层次上，一是通过控制性详细规划，控制社会服务设施的用地范围、用地性质、建筑高度、绿地率及与外部环境和工程管网的衔接等，主要起控制和引导建设合理有序的作用；二是通过修建性详细规划及总平面布置设计，具体落实建筑和工程设施及空间环境的安排。中小型社会服务设施功能比较单一，无论是独立设置或在其他用地及建筑内附设，规划的主要任务是确定建设规模和标准等要求，即可进行总平面布置设计。大型社会服务设施的规划设计要复杂得多，因其规模大、功能全，规划的任务是要根据不同的功能特点和用地要求，进行合理的功能分区，解决用地范围内部的建筑空间、道路、绿化、工程管网以及竖向设计等问题。例如一处能举办国际性运动会的体育中心，有的占地面积大到数平方公里，在内容上包括许多不同要求的比赛场馆和练习场馆、运动员村及工作人员寓所、组织管理机构、新闻媒体活动场所等。所有这些项目的安排需要解决内部各部分及外部与城市的关系，这需要城市规划精心布局，通过规划形成功能明确、布局合理、交通便捷、设施完备、环境优美、形象鲜明的现代化体育中心。同时还必须对每一个专项问题进行深入研究。以道路交通的规划为例，它不只是路网和停车场地的一般布置，还必须分析人、车流的数量和方式，以及观众、运动员、工作人员和贵宾等的不同要求，才能做到合理组织人流和车流，达到安全、便捷、有序入场与疏散的目的。

三、有关社会发展的规划原则和要求

1. 按照公平的原则，使社会不同群体都能享用基

本的社会服务设施，并关注老龄人、残疾人、低收入者和流动人口等社会群体，保障社会稳定、和谐和健康发展。

改革开放以来，我国经济实力大为增强，人民群众的生活水平大为提高，但同时也要看到我国仍是一个发展中国家，在不同地区之间、城乡之间，以及城市内部的发展都不平衡。城市规划和建设的一条重要原则就是要满足广大人民群众日益提高的对生活质量的需求，同时适应社会发展和不同层次的需要。首先着眼于满足大多数人的要求，在社会服务设施方面主要是：

(1) 在城市居住区规划建设中，新区规划要严格按照国家规范标准配套基本的社会服务设施；旧城改建要通过用地调整合理增设缺少的必备设施。我国历来重视这方面的工作，现行的《城市居住区规划设计规范》中即对中学、小学、幼儿园、托儿所、卫生站、门诊所、医院、文化活动站、文化活动中心（含青少年、老年活动中心）、居民运动健身场地等的服务内容、规模和设置规定提出了具体要求。虽然随着计划生育的推进，托幼和小学的需要量有所减少，而随着老龄化的提高，对老年活动的安排有待加强等，应当适时调整，但社会设施总的要求是必要的。其目的就是要保障居民的基本需求，防止开发商片面追求开发利益而挤掉社会公益型服务设施。

(2) 全市性的社会服务设施的规划建设，要合理考虑市域发展的需要，同时加强城市郊区的设施建设。大中型科研院所、高等院校、大型医疗中心、文化中心和体育中心等要为市域乃至区域和全国服务，充分发挥城市作为科教、文化、信息和服务中心的职能，也为提高区域的设施水平作出应力的贡献。加强城市郊区和市域内小城镇的社会服务设施建设，可以起到合理利用资源、适当疏解大城市的功能和人口过度集中的作用，也是城乡协调发展的要求。在一些大城市市区边缘地带的城乡结合部，往往是外来流动人口的聚集地区，在这里形成一些特殊的群体，也往往成为社会问题的滋生地。必须将这类地区的自发发展纳入城市规划和管理，整治环境，提供基础设施和服务设施，加强精神文明建设和必要的社会管理，既体现对外来人口的关怀，也有利于促进经济发展和改善城市面貌。

(3) 关注老龄人和残疾人的特殊需求。我国已经进入老龄化国家的行列，现在全国 60 岁以上的老龄人口的比例已占 10%，预计到 2025 年将达到 18.4% 左右。在经济实力并不十分雄厚而人口老龄化速度加快的情况下，从国情出发，要逐步建立和完善社会保障和社会服务体系。城市规划要创造适合老龄人生活居住、医院保健、照料慰藉、文化娱乐、参与社会活动等方面的条件。为适应我国以居家养老为核心的特点，要强化居住区为老年人服务的功能，完善为老年人服务的设施[6]。对残疾人的关爱是社会文明的表现，规划要安排必要的设施，特别是要在公共建筑和场所考虑室内外无障碍环境的特殊要求，按照规范认真做好各项无障碍设计和建设。要尽可能为那些尚能适当参加学习和劳动的残障者提供专门的培训和较为适宜的就业机会。

2. 综合协调、合理配置、统一规划各项社会服务设施。

社会服务设施门类较多，涉及面广，必须进行综合协调，合理确定设施的项目、内容和用地布局等。在城市规划中，根据不同设施的服务范围和功能特点可分为两大类进行配置，其规划要求和综合协调的涉及面也不一样。

(1) 必须配置满足城市居民基本需求的社会服务设施，包括居住区和小区配套建设的项目。如中学、小学、幼托、青少年活动站、老年活动中心以及基层的医疗（小型医院、门诊所）、体育（场馆）设施等。这些设施一般按照根据人口规模分级配置和就近服务居民的原则布局。例如小学按适龄儿童总人数及普及教育的入学率确定设置规模，按有关规范要求确定用地和建筑面积，并在小区内（小学不跨越城市主次干道）布局。又如一般医院分为全市性和区级医院以及居住区以下的小型医院和门诊所等。以上设施项目的设置在国家有关规范和标准中都有强制性规定，通常情况下规划协调的难度不大。

(2) 规模大、面向全市及区域服务和有特殊要求的社会服务设施，则要充分论证其建设规模和选址，并纳入城市总体布局加以协调和统一规划。高等院校、大型科研院所、科技园区、大型文化中心及游乐场、广播电视中心、体育中心、医疗中心及疗养院等，这些设施项目因其规模大、功能复杂、场地条件要求高，对城市用地及其他设施配置的影响也大。这些项目首先是根据需要在有条件的城市设立；同时统一规划的目的在于满足设施项目的要求和与城市整体相协调。例如高等院校特别是多所高等院校的高校区的规划，要保证足够的用地和内外部环境高质量要求；大型体育中心和游乐场要求用地开阔和交通方便等。文化中心、大型展览馆等一般可在城市中心地区选址，成为城市景观重要的节点，其综合协调的主要之点是在土地利用和环境景观方面。再如对场地有特殊要求的科研试验场所和对环境卫生有较大影响的传染病医院及疗养所等，一般均独立设置在城市近郊，利用山地和林地等能更好满足其功能和安全卫生要求，而不宜安排在市区人口密集的地带。

3. 促进社区建设和发展，创造优美、和谐的城市空间和社会环境。

社区的涵义是指“共同生活在一个地区的人群。这些人占有一个地理区域，共同从事经济活动和政治活动，具有基本相同的价值标准和类似的认同意识，形成一个共同的生活集体”[⑦]。城市规划引入社区的概念，其涵义界定并不十分明确，一般是指城市中共同生活居住的地区，包括居住区、小区、街坊及城市郊区的小城镇等。社区发展的涵义是提高社区效率，解决社区问题而采取的社会行动过程。社区发展的主要任务是：优化社区的区位结构；提高社区创造经济和文化价值的能力以及社区管理科学化[⑧]。这三项任务都与城市规划直接相关。一个地区经过科学合理的规划建设，应该是大为提高社区的区位价值和增强经济活力；保护好历史文化和生态环境，发展现代城市文明；提高生活居住质量和改善城市面貌。在我国当前及今后一段时间里，城市规划还要适应国有大中型企事业单位深化改革的要求，将原来附属于企事业单位的服务部分分离出来，转变为按市场需求调节和经营，扩大服务设施的内容和促进社会化管理。城市规划要研究这种发展，并与合理调整城市的经济结构和用地布局结合起来，为发展第三产业和扩大就业岗位服务。发展第三产业不仅要建设一批必要的大型公共服务设施，还要特别注意加强基本的商业和社会服务设施的建设。有的城市提出了基本服务不出社区的目标，必将有力推进社区服务和管理的发展。

加强精神文明建设是城市社会发展的重要任务，也是社区建设的主要内容之一。城市和社区的建设不仅要求配套较完备的社会服务设施，以方便居民生活；还必须创造优美、和谐的城市空间环境与社会环境。优美的城市空间环境具有物质和文化的双重意义，在一定程度上讲，物质是表象，文化是内涵。因此优美的城市空间环境应该是体现先进的文化思想并继承优秀的文化传统；遵循视觉形象审美的客观法则；反映城市的特色和增强市民的认知感和亲和力。由于城市空间环境也是一种文化环境，对提高人的素质有着不可低估的作用，城市空间环境与城市社会环境相互影响，紧密相连，是精神文明建设的重要方面。城市规划、建设和管理要为提倡科学文化、开展有益身心健康的活动提供场所，整治脏、乱、差和不良的社会环境。

第三节　城市规划与土地利用

土地利用问题一直是城市规划领域理论和实践的核心问题。从理论上说，城市规划是通过对城市物质空间的塑造，来创造一种文明的人类生活环境，这一环境的创造是通过对土地这一资源的配置来实现的。从实践上说，城市规划的实施、城市建设的过程，大到一个新城的开发，小到一幢建筑的营建，无不是土地利用的具体体现。可以说，城市规划的本质就是城市土地利用，在城市的建设过程中，城市规划是对城市建设用地进行合理空间布局和土地资源进行科学配置与使用分配的过程。

1990年，我国颁布的《城市规划法》中明确规定："城市规划区内的土地利用和各项建设必须符合城市规划"。1996年国务院在《关于加强城市规划工作的通知》中进一步明确指出："城市规划工作的基本任务，是统筹安排城市各类用地和空间资源，综合部署各项建设，实现经济和社会的可持续发展"，并同时要求："切实发挥城市规划对城市土地和空间资源的调控作用，促进城市经济或社会协调发展"。这就阐明了城市规划与土地利用的关系。其实，自城市规划工作诞生以来，城市土地利用规划从来就是城市规划的核心内容。

一、城市用地的特征、属性及其在城市发展中的重要意义

土地是自然所赐予，非人力所能创造（填海造地等

除外)，是地球发展史中长期变化的产物，因而城市用地具有以下属性：土地位置的固定性、土地面积的有限性、土地自然性状的差异性、土地使用的永久性。

土地不是单纯的自然物，它一旦被人类利用改造，就成为重要的生产资料。所谓土地的经济性，是指人类投入土地的物化劳动在土地上反映的生产力及人们之间的生产关系。

城市用地是人类根据土地资源利用原则，在城市空间范围内使用土地的特殊形式，城市用地的经济属性包括用地供给的稀缺及经营的垄断、土地收益的递减、变更土地使用方式的困难、土地所有权形式上的排他和垄断等。

城市用地除了具有一般土地所共有的特征外，还具有以下特点。

1. 承载城市物质要素和社会经济活动是其基本的自然属性。

2. 位置的极端重要性。城市用地的位置不仅形成土地的级差收益，同时也影响土地利用的环境效益和社会效益，随着城市土地有偿使用制度的逐步建立和完善，用地的区位直接影响城市用地的空间布局与规划。

3. 开发经营的集约性。高度的集约经营和投入，使单位面积城市用地创造的物质和精神财富以及经济收益远大于自然状态的土地。

4. 城市用地使用功能的固定性。由于城市用土上建筑物投资的巨大，非特殊原因，这些用地上的利用方式一般不会轻意改变。

5. 城市用地功能的整体性。城市用地在功能上是一个统一的有机整体，城市规划的主要任务和作用就是研究城市用地功能布局的合理和完整。

6. 城市用地经济收益的不均衡性。由于土地开发经营集约度不同，城市用地的利用方式和强度也不相同，造成用地的经济效益相差很大。

由于上述城市用地所具有的特点，决定了土地资源在城市发展中的极端重要。目前，我国设市城市以占国土总面积0.21%的用地（1998年为2.05万平方公里），所创造的国民生产总值占全国国民生产总值的70%以上，完成的国家财政税收占全国的80%左右，第三产业增加值占全国的85%，高等教育和科研力量占全国的90%以上，已经成为国家现代化建设的主要基地。作为城市社会、经济等各项事业发展载体的城市土地资源，为城市生产、生活提供了广阔的活动舞台，在国家经济发展中的地位和作用是无可替代的。

二、我国城市土地利用现状

（一）城市用地的分类和标准

为了统一全国城市用地分类，科学地编制、审批、实施城市规划，我国从1991年3月开始实行城市规划行业第一部国家标准《城市用地分类与规划建设用地标准》。该标准参考了有关国外标准，结合我国实际情况，将城市范围内纷繁复杂的各种用地归纳为10大类、46中类、73小类。

十大类城市用地名称及其类别代号分别是：居住用地（代号为R，下同）、公共设施用地（C）、工业用地

(M)、仓储用地（W)、对外交通用地（T)、道路广场用地（S)、市政公用设施用地（U)、绿地（G)、特殊用地(D)、水域和其他用地（E)。

中类和小类代号则是在大类代码右侧依次缀以阿拉伯数字，例如 C24 是 C 大类第 2 中类第 4 小类，从标准中可以查到为公共设施用地大类（C）中的商业金融业用地（第 2 中类）下的服务业用地（第 4 小类)。

城市用地分为大类、中类和小类，是为了适应编制不同层次的城市规划的需要。在城市规划中，总体规划用地划分以大类为主，中类为辅；分区规划则以中类为主，小类为辅；详细规划则需达到小类深度。

国家标准除制定了一个比较科学、完整、系统的用地分类体系外，还对建设用地制定了相应的标准。该标准包括人均建设用地指标、人均单项建设用地指标和建设用地结构三部分内容。

1. 关于人均城市建设用地指标

国家标准根据我国地理跨度大、南北日照卫生间距不同、城市规模大小不一、市政公共设施水平相差较大等情况，国家人均城市建设用地标准分四个级别（第一级 60.1～75.0 平方米/人；第二级 75.1～90.0 平方米/人；第三级 90.1～105.0 平方米/人；第四级 105.1～120.0 平方米/人)，并提出了人均城市建设用地标准按 60～120 平方米进行控制的指标体系。在使用时，可根据城市现有人均建设用地水平，按照城市所符合指标级别和允许调整幅度双因子的要求进行控制。这样各个城市在编制或修订总体规划时，不能随意确定规划指标，不能跳级发展，更不能简单采用某个数据，目的是为了防止在城市用地上盲目攀比贪大和不顾实际需要简单砍压的两种倾向。

同时应当指出的是，该国家标准是根据我国20世纪80年代的经济水平、城市发展状况等提出的，仅仅是适用于小康水平的国家标准，同国外一些城市相比，我国人均用地属于较低水平。正是从我国土地资源短缺，需要节约用地的国情出发，才强制规定了现行的用地水平。

2. 关于人均单项建设用地指标

国家标准规定在编制和修订城市总体规划时，居住、工业、道路广场和绿地四大类用地的人均单项建设用地指标，应符合居住用地18.0~28.0平方米、工业用地10.0~25.0平方米、道路广场用地7.0~15.0平方米、绿地大于或等于9平方米的要求。特殊情况时可以适当调整。

3. 关于建设用地结构

国家标准规定在编制和修订城市总体规划时，居住、工业、道路广场和绿地四大类用地的用地结构，应符合居住用地占城市总用地的20%~32%、工业用地占15%~25%、道路广场用地占8%~15%、绿地占8%~15%的要求。

（二）城市用地的现状及其特征

1998年我国668个设市城市建成区总面积21379.56平方公里，其中城市建设用地面积20507.55平方公里，占全国国土总面积的0.21%。

综合分析我国城市土地利用现状，表现出以下特征。

1. 我国城市人均用地水平较低，且不同规模城市的用地水平差异较大

1998 年我国设市城市人均城市建设用地为 103.25 平方米，需要说明的是此人均用地水平所计算的人口仅是城市中的非农人口，而目前我国城市中人口的构成还包括大量暂住人口及部分从事非农生产的农业人口，这一部分尚未计入，因而实际的人均用地水平大致还要低 10%～20%左右。即使按照人均 103.25 平方米来考虑，我国现有的人均用地水平也比国外一些城市低得多。如比利时为 200～400 平方米，德国汉诺威为 260 平方米，日本东京为 174 平方米。

同时，不同规模城市的用地水平差异较大。统计表明，1998 年我国特大城市人均用地仅有 84.5 平方米，大城市、中等城市、小城市的人均用地依次为 96.7、117.0 和 137.6 平方米，这些数据也说明城市用地的规模经济效益。

2. 城市用地结构不够合理

从城市土地利用现状看，工业用地在城市用地结构中的比例偏高，道路广场用地、绿地的比例偏低。

1995 年我国城市人均建设用地统计

	数量（个）	人均建设用地（平方米/人）
特大城市	32	74.6
大城市	43	92.7
中等城市	192	107.9
小城市	373	142.6
全国城市	640	101.2

资料来源：《城市规划通讯》，1996 年第 13 期。

1998年我国城市建设用地结构

序号	用地代号	用地名称	面积（平方公里）	占城市建设总用地比例（%）	人均用地（平方米/人）
1	R	居住用地	6685.30	32.60	33.66
2	C	公共设施用地	2267.03	11.05	11.41
3	M	工业用地	4599.75	22.43	23.16
4	W	仓储用地	1032.91	5.04	5.20
5	T	对外交通用地	1252.98	6.11	6.31
6	S	道路广场用地	1600.99	7.81	8.06
7	U	市政公用设施用地	665.74	3.25	3.35
8	G	绿地	1702.26	8.30	8.57
9	D	特殊用地	700.59	3.42	3.53
合计		城市建设总用地	20507.55	100.0	103.25

资料来源：《中国统计年鉴》，1998年。

据统计分析，1981年全国设市城市工业用地占城市建设用地总量的比例为27.6%，1990年为26.4%，1998年为22.43%。改革开放以来，这一比例虽有下降，但仍然偏高，这同城市现有工业工艺较落后、占地不集约以及90年代以来大量盲目上马的开发区等因素有关。

而同人居环境质量至关重要的道路广场、绿地的比例则较低，1998年分别只占城市建设总用地的6.11%和8.3%，与我国城市现代化建设的需要相比，与用地国家标准相比，与西方发达国家城市相比，差距都很大。

3. 城市用地的空间布局不合理，土地利用的效益不高由于传统计划经济和土地无偿使用体制的影响，我国一些城市用地结构不够合理，土地利用效益低下。主要表现为工业、仓储、机关单位等用地占据着城市中心区优越的地段，而产出率较高的商业、金融业等第三产业用地不足，得不到应有的发展，优质土地的效益难以发挥；企业办社会，搞“大而全”、“小而全”，不仅造成土地使用功能混杂，布局混乱，而且闲置不少空地，城市的集聚效益得不到应有发挥。

三、合理用地是城市规划的核心任务

人类在土地利用中的利益追求既有公共利益问题，也有经济利益问题；既有当前切身利益问题，也有保证长期生存的环境效益问题。土地的社会属性决定了在规划过程中必须关注利益追求，进行利益协调。城市规划的核心任务就是要综合考虑经济社会发展和人民生活改善的需求，在特定条件下（存在一定的开发条件与投资强度及利用方式），对土地资源的开发、利用、治理、保护与管理，在合理控制和引导城市开发和建设的同时，协调人与土地资源、环境的关系，以实现经济效益、社会效益和环境效益的统一。

因而，城市的土地利用必须以城市规划为依据，按照合理布局、完善功能、提高效能的要求，不断强化城市规划对城市土地的管制和开发指导。

（一）合理用地是国情要求和法律规定

《城市规划法》第十六条规定：“编制城市规划应当贯彻合理用地、节约用地的原则”。这是根据我国耕地不足的国情出发而规定的。它同西方许多国家城市规划不单独突出节约用地的原则，用土主要通过市场经济机制、经济效益自发制约是有区别的。为了保证这条原则得到贯彻，国家强制执行《城市用地分类与规划建设用地标准》，即最高人均城市建设用地限定为不超过120平方米，这是目前世界各国城市中最严格、最低的用地标准[⑨]。

（二）合理用地是城市规划中土地空间利用科学性的本质体现

一是在城市规划的前期工作中，首先要对土地的自然条件做出客观评价。通过对土地的工程地质、水文地质、气候和地形等方面的研究评价，来确定城市的适宜建设用地。在区域范围内，还要对资源的合理利用与有效保护提出控制要求，如对自然保护区、生态敏感区、基本农田保护区、水源保护区、风景区等，要统筹规划，划定管制范围，加强管理，确保区域的持续、稳定发展。

二是编制城镇体系规划，综合评价区域与城市的发展和开发建设条件，确定区域的城镇发展战略，提出城镇的职能、规模、空间结构，对区域及城市主要基础设施及建设重点等提出规划对策。通过城镇体系规划，引导产业、人口、基础设施在城市相对集聚，减少遍地开花、分散开发带来的土地资源浪费。通过区域内城镇的合理布局，扶持重点发展的城镇，提高城市土地利用的综合效益，并且具体指导下一层次总体规划的编制和实施，以利用城市建设和经济社会协调发展。

三是在综合研究经济、社会发展的基础上，对城市各类用地进行统筹安排、综合部署。

统筹安排、综合部署的内容包括：

1. 应能适应城市未来经济社会发展和居民健康安全对环境的种种要求，尽可能优化综合效益。

2. 促进城市社会化，尽可能多的提供社会效益，使城市居民生活方便、舒适、安宁，物质、精神生活条件不断完善。

3. 适应城市居民需求日益多元化、多层次化的发展趋势，使之各得其所。关注城市中弱势群体，包括低收入者、老人、妇女、儿童、残疾者等等的特殊困难和需求。

4. 使城市土地空间效益保持良性循环，避免出现衰退或停滞。

5. 不断保持、加强和发挥城市集聚效应所形成的辐射力、吸引力，带动城市近郊、远郊、小城镇和广大农村协调发展，并尽可能与更大范围的地区城镇发展相协调。

6. 促进城市可持续发展，使土地空间利用能顺利地由当前向近期、远期直至远景发展过渡。

四是正确运用城市土地分等定级的经济杠杆作用，按照价值规律合理配置城市土地资源，调整城市用地结构，优化土地、空间利用效益。

土地有偿使用制度的建立，使城市土地利用结构的调整成为可能，影响城市间土地收益水平的因素主要有：①城市区位；②城市聚集规模；③城市基础设施；

④城市用地潜力；⑤城市产业结构；⑥政策因素”[10]，据此提出城市土地分等定级的评价指标体系。

根据城市土地分等定级，确定城市各类用地的合理布局，统筹安排城市各类用地，以达到“优地优用”、提高城市土地利用效率的目的。

（三）贯彻土地国策，促进城市合理用地

我国人口过多，土地资源短缺，是社会生产力发展中的一个尖锐矛盾。珍惜用地、合理用地、保护耕地成为我国的基本国策。在城市规划中要认真贯彻这一国策，这也是国家可持续发展的必然要求。我们应该全面理解土地国策：土地国策中珍惜用地是态度，合理用地是核心和目的，保护耕地是主要目的之一。

随着城市经济社会的不断发展、人民生活和要求的不断提高，人居环境的重要性越来越获得共识。今后城市各大类用地中，居住、公共设施、道路广场、对外交通、绿地的重要性将更加受到关注。用地结构的合理调整，是符合城市可持续发展的举措，如北京搬迁不宜放在市区的工业企业，实行“退二进三”，已经为缓解城市污染、发挥中心城市职能起到了积极作用。

必须强调的是，城市化的推进、城市的扩展是历史发展的必然趋势，国家对城市发展必需的用地应当予以保证。一方面我们应该严格控制城市发展新占用土地，另一方面，也不应该以节约用地为由，盲目限制城市的合理发展对土地的需求，更不应当因此而牺牲城市的环境效益和城市居民的生活质量，影响城市化的进程。

四、城市规划是引导城市土地出让、转让的依据与调控手段

（一）在市场经济机制下，城市规划是城市政府对土地和空间资源实行调控和管制的基本手段

在计划经济条件下，城市政府拥有多种有效的经济、行政手段，包括资金、劳动力、人才、统配物资等多种生产要素的分配权力。但是市场经济机制要求这些生产要素更多地按市场需要自由流动、随机调节，因此政府在这些方面的调控能力已逐渐弱化。惟有城市土地和空间资源的利用不应该完全通过市场机制自发调节，而必须由城市政府依法行使土地国有的所有权，并垄断土地的一级市场。社会主义制度不能允许城市土地使用出现无政府的混乱状态，因而城市规划、建设、管理成为城市政府和市长的主要职责，这些职责的履行主要靠对土地和空间资源利用进行指导、调控。当然，行使这些手段不是随意的，而是必须依据城市规划并依法行使的。

（二）有效运用级差地租原理和规划调控手段，控制城市土地流转，为政府进行城市建设筹集资金、开辟城市建设财源

一方面是城市政府缺乏资金进行城市建设，另一方面是大量的城市房地产增值不断地流入土地使用者或房地产开发商手中，必须改变这种状况。城市规划部门应发挥优势，协助政府开辟城市建设资金来源，把房地产业过高的利润中应当归城市的那一部分纳入城市的收入，用于城市的基础设施建设，并进一步发展城市规划

建设管理工作。

开辟财源的核心就是要使城市政府垄断土地资源。其关键性工作是合理确定城市土地的地价。城市规划应介入级差地租的测算，应在其中发挥主导作用。其原因有三：合理布局城市土地，是城市规划的核心，必须依据城市规划来确定土地的使用性质和开发强度。土地的划拨、出让和出租应按城市规划进行。建成区内的国有土地调整，更取决于城市规划。一切土地的使用都不能违背城市规划，这是《城市规划法》所规定的。其次，地价主要取决于该地块的区位条件、功能、主要经济技术指标、用地布局和购买能力。其中前四项是法律赋予城市规划的职责，显然，地价测算如果没有城市规划的介入并发挥主导作用是难以想像的。第三，城市地价是动态变化的，取决于城市发展方向、城市性质、功能的变化、配套水平以及环境的优劣，只有城市规划能够全面地掌握并反映这个变化的动态过程。

（三）城市规划是正确引导土地出让转让的依据与调控手段

建设部总结各地城市规划部门加强引导房地产开发活动的经验，于 1992 年 12 月颁发了《关于搞好规划加强管理正确引导城市土地出让转让和开发活动的通知》。《通知》指出：“出让、转让城市国有土地必须符合城市规划，在城市规划的指导下进行”。“城市国有土地出让的投放量要与城市土地资源、经济社会发展和市场需求相适应，土地开发一定要和建设项目结合起来，有步骤、有计划地进行，防止大量圈地和投放量失控现象的发生”。“出让城市国有土地，出让前要制定控制性详细规划。出让的地块，必须具有城市规划部门提出的规划设计条件及附图，方可进行出让。”

许多城市的实践证明，城市规划是正确引导土地出让转让的依据与调控手段。影响城市地价的形成、发展、起落变化的因素很多，城市规划是其中重要的因素。通过城市规划，及时调节城市土地的投放量，是国家（城市政府）对房地产市场进行调控的重要手段之一。城市规划部门应主动提出每年或两三年内的土地一级市场供应计划，确定用地投放总量和地段，通过城市政府按计划实施统一征购和开发土地规模。需要注意的是，规划必须掌握一定数量的、可随时投放市场的、已征购开发土地的储备量，以利于政府有效地调节地价市场。这项工作的推进，有赖于城市规划和土地管理部门之间的协作配合，有赖于现行体制的改革，有赖于更多的城市的努力实践。

在这一方面有些城市做得较好，例如浙江省温州市从 20 世纪 90 年代以来，市政府注意发挥城市规划的调控作用，加强对城市用地的合理配置和高效利用。首先，他们遵循市场经济规律，严格控制开发土地投放总量，坚持根据实际需求量分期分批适度投放，通过城市规划加强政府对土地一级市场的垄断管理；其次，通过控制性详细规划，对地块开发的性质和强度有效地加以管制；第三，他们还建立了由城市规划部门牵头、土地和财政部门参与的共同制定城市地价的机制。这些做法对温州市的房地产市场从 1992 年以来连续保持良好而稳定的发展态势，发挥了极其重要的作用。他们的做法代表了正确的方向，应当巩固、发展和推广。

第四节　城市规划与居住

居住是城市的基本功能之一。城市居住设施及其分布形态，以及居住环境的质量，反映了城市发展水平、城市文明程度，也是城市建设成就的重要标志。自改革开放以来，我国住宅建设事业蓬勃发展，显著地改善和提高了城市广大居民的居住水平和生活质量，同时以住宅为主体的房地产市场的发育和不断完善，已使住宅产业成为活跃而极具潜力的新兴产业，由此也进一步推进了城市居住区建设及其规划设计的理论与技术的发展。城市规划对居住环境的创造和住宅产业的发展具有极其重要的指导和调控作用。

一、城市规划与住宅建设的关系

居民住房是城市建设的重要任务之一。为创造良好的居住环境，新建居住区及旧区改造的住宅建设都应该在城市规划的指导下进行。

在城市发展的过程中，居住用地占的比例最大，因此，住宅用地的安排是城市规划需要优先研究的问题之一。要研究住宅建设用地的分布、住宅等级分类、建设地块的容积率与建筑密度等，还要考虑公共设施与公共绿地的配套，以保证创造良好的居住环境。为了保证住宅建设顺利地进行，城市市政部门要做好市政工程和公用设施的建设，包括城市道路、排水、给水、供电、供燃气、供热、电信及有线电视等。这些工作应贯穿在城市规划与住宅建设的每个阶段。改革开放前，我国职工住房是作为福利解决，一般由职工所在工作单位自行建房或由地方政府统一建房解决职工住房问题。城市规划负责配合住宅建设安排所需建房用地。改革开放以后，由于城市经济的持续发展及城镇住房制度改革的推进，变福利分房为个人买房，住宅建设也进入了一个新阶段，并出现了两种趋势：一是对住宅的要求不断提高；二是住宅供应出现了多元化的需求，不同的购房者有不同的要求，包括房型、面积、平面布置、造型及室外环境。城市规划应该面对商品住宅的发展，做好相应的居住区建设用地的规划，包括布点、住宅用地等级分类等前期工作。

二、居住和居住区的涵义

（一）居住的涵义

居住是指在定居地以家为中心的生活过程。这个过程几乎占去人一生的三分之二。同时，一个民族或地域的习俗文化和生活观念，也主要是通过居住过程，得以世代相传。甚至可以说，一种生活方式的形成与变异，大多是经由居住生活而逐步演化而成型的。由于生活方式本身是一种文化范畴，因此，居住过程又是一个充满色彩的文化过程。

早在 1933 年，国际现代建筑协会（CIAM）所制定的《城市规划大纲》(即《雅典宪章》)中就明确地提出“居住是城市的第一活动”。这一定位，在现代城市规划史上具有重要的理论与实践意义。

随着时代的发展，尤其是文化、科技的进步，居住生活的内容和活动圈域不断得到充实与扩展，居住涵义已伸展到社会构成、文化倾向、自然环境、城市建设、社会政策和经济水平等等方面。

(二) 居住区的涵义

关于居住区的涵义，一般可有两种解释：一是作为专用术语；一是泛义的通称。前者是作为城市布局结构中的一项功能地域，在用地、人口、设施与环境等方面具有特定的配置等级与规模，在城市总体布局中，与其他功能地域存在互动关系，它以住宅为主要设施，并配置居住生活所需的各种设施；后者则是作为对住宅或居民成集聚地域的通称，这一笼统称谓通常用于对城市功能分区的名称上，如工业区、文教区、居住区等。我们这里所说的居住区，就是包含有功能、结构、土地利用、形态等多方面规划涵义的统称。

(三) 居住区的构成形式

居住区的构成形式有一个发展与演变过程。

1. 里坊

在我国，居住作为独立的功能地域，并有意识地加以组织，可以追溯至西周时期。《周书·酒诰》曰：“越百姓里居”，可以说是我国城市居住地采用里坊制的起源。这一制度经汉魏至隋唐，著名的唐长安城所设置108个里坊的宏伟规划，是其成型而鼎盛的表现。自宋元到明清，随着社会、经济的发展，里坊由封闭管理逐渐变为开放。比如由里坊蜕变的胡同，成为我国北方城市典型的居住地域构成形态，其中积淀有丰厚的人文信息。至于如上海等城市在20世纪初前后所出现的“里弄”，乃是在江南传统居住形制基础上吸纳西方城市住宅的形式，形成的一种变体，但从中仍可窥见与传统的脉承关系。

2. 邻里单位

关于以邻里作为居住地的构成单位在我国历史上早已存在。如在《文献通考》中载有：“…邻三为朋，朋三为里，里五为邑，邑十为都……”，即是一种居住地域的组织系统。在近现代城市规划理论的发展中，也包含了有关居住区规划理论的发展进程。

比较著名的是1929年由美国的佩里所提出的邻里单位理论，它是以学校和教堂为核心，以小学生上学不穿越交通干道来作为规模控制的居住生活基本规划单元，配备日常所需的公共服务设施和绿地，并将这些设施安排在步行范围以内，不受外来交通的干扰，使居民有一个舒适、方便、安静、优美的居住环境。邻里单位的构成原则，含有社会学、行为学、城市规划学等多方面的基础，因而具有广泛的适用性。在此后的几十年内，甚至直到现在，这一具有社区性质的概念，得到了广泛的应用，所不同的只是名称、规模和内容上有所差异。

3. 居住小区

在20世纪50年代，前苏联引用邻里单位原则，发展了居住小区规划的理论。居住小区面积一般在20公顷上下，由城市干道所包围，配置一套基本的生活设施，成为一个生活单位和规划单元。居住小区的理论在50年代中被我国引进，结合国情加以不断完善与改进，几十年来作为我国居住区规划的基本单位，得到广泛的应用和实践。当前大量的住宅建设，基本上依据这一概念实施开发和管理。

三、居住区的内容及在城市中的分布

(一) 居住区的用地构成

——住宅及用地：不同类型的住宅和住宅占有的用地；

——公共服务设施及用地：包括商业、服务、文教、体育卫生、管理等设施及其专有用地；

——市政设施及用地：如变配电、煤气调压站、水泵房、环卫等设施及用地；

——公共绿化用地：如公园、儿童游戏场等公共使用的绿地；

——道路广场用地：指属于居住地域内部的各级道路和广场，以及停车的场、库等用地；

——其他用地：可以是一些非居住性用地（如作坊等)、不可建设的用地、文物保护单位等。

(二) 居住区的结构

居住区的组织与构成主要是根据居民对基本生活设施的需求与使用的频繁程度，同时结合城市道路系统的布局，在保障居民生活的方便、舒适、安全、卫生和土地合理利用的前提下规划的分级结构形态。按照我国有关规范规定，居住区构成的级次是：居住区—小区—组团等三级。在大城市还可以由多个居住区组成居住地区；在小区以下的组团级，可以依照居住小区构成的方式，或可不作为一个独立级次。上述的居住区各个级次，都有相应的规模和设施配置的规定。

（三）居住区在城市的分布

影响城市居住区分布的因素很多，涉及城市的自然条件、规模、现状、功能结构以及城市的发展方向等。其中特别要考虑居住区与就业区的相对关系，并通过便捷的城市道路与交通组织，达到近便的目的。同时居住区要尽可能接近自然环境，改善居住区的生态环境状况。

城市居住区在区位形态上，一般有历史遗存的旧居住区和新区开发建设的居住区，也包含位于近郊的别墅式居住区等多种，各自都有相应的规划建设和管理的标准与方式。

居住区在城市中的分布，一般有如下几种形态：

1. 集中布置。如围绕旧城区向外参差铺展，形成成片居住地域。这种形态较有利于利用旧城的基础设施和商业设施，人口的集聚利于商业服务等设施的配置与经营，同时也有较好的社会结构，便于人际的社会联系。

2. 分散布置。主要是为解决居住与工作的关系，居住区与分散的矿点、大企业或开发区等相伴建设，而形成分散的布局形态。散点的居住区，突出的是要为生活便利，配置足够的基础设施与公共服务设施。

3. 轴向布置。居住设施沿城市交通干道（如快速道路、地铁线、轻轨线等）分布，特别是在一些大城市近郊的放射形干道沿线开发房产，形成轴向发展的态势。这一分布方式主要在大城市中，并需有通畅便捷的公交和换乘系统支持，也适合拥有私车的业主居住。

四、居住区建设规划的任务

1. 在城市总体规划阶段的任务，是从城市结构、城市用地功能分区、城市道路网和城市交通系统等方面综合考虑，布置城市居住区发展用地。居住用地一般应该布置在工业用地的上风，避免工业烟尘和有害气体的污染。居住用地应选择靠近有良好地理条件和自然环境的地区，如向阳坡地，靠近河、湖水体，接近林地，视野开阔的地方。居住用地还必须有便捷的道路与公共客运交通的连接，以方便居民工作、购物、就医、去市中心区和学生上学出行。总之，居民选择居住地点希望区位好、居住环境好、教育文化卫生及商业服务设施齐全，交通便利、景色优美。在城市总体规划布置居住用地时，这些目标都必须考虑周到。

2. 在详细规划阶段的任务是根据城市总体规划或分区规划划定的居住发展用地（包括旧区改建用地），作更具体的规划。其内容有控制性详细规划与修建性详细规划。

控制性详细规划的主要任务是：详细确定规划地区各类用地如住宅用地、公共设施（幼儿园、小学、中学、商店、服务性建筑）用地、公园绿地、道路用地界线和适用范围，提出建筑高度、建筑密度、容积率的控制指标等。

修建性详细规划的任务不仅要作出住宅、各种公共建筑物、绿地、环境设施的布置，还要研究居住区的建筑形式和景观，以构建美感的生活空间。修建性详细规划是住宅和公共建筑的建筑设计、住区环境景观设计及各项工程设计的依据。

3. 规划要适应住房商品化的新形势。居住区规划和住宅设计不是单纯的工程技术设计，它还包含社会学和文化的要求，充分体现为人服务、以人为本的精神，要满足住房者的使用功能和心理上的需要。住宅商品化以后，购房人的心理是用合适的房价买到称心如意的房屋和居住环境。由于购房人支付购房费的能力不同，购房者有不同的购房心理及选房准则。

我国城市住房已经出现了从小康型向舒适型发展的趋势，反映出多元化的倾向，城市规划在进行居住区和小区规划时，应当充分考虑这一变化，正确引导居住区房地产的合理开发，满足人们日益增长的居住生活质量需求。应当强调的是，在规划时必须首先着眼于城市中绝大多数人群对住房的真实需求，他们属于工薪阶层，在规划中首先要安排好为他们居住的住宅建设地段，尽力为其创造良好的条件。至于少数高收入者的住房，应当由市场机制去调节。鉴于我国人多地少，城市住宅户型不应盲目求大，国家应从宏观上加以调控，以利于持续发展。

第五节 城市规划与基础设施

城市的生产与生活一刻也离不开基础设施。一个城市基础设施的完善与否标志着一个城市现代化水平的高低。城市基础设施规划的任务，就是要合理安排各项基础设施建设和建设时序。它是城市规划中不可缺少的内容，是城市规划的重要组成部分。

一、城市基础设施的范畴

城市基础设施所涉及的是既为物质生产又为人民生活提供必要条件的城市市政公用设施，包括交通、给排水、能源、通信、环境、防灾等综合设施。这些设施为居住区、工业区、和其他地区服务，它和人民群众的劳动条件和生活质量息息相关，是城市赖以生存和发展的基本物质基础。

城市基础设施包括六大系统：

1. 交通系统：对外交通设施和城市内部交通设施

2. 水系统：水资源、给水和排水设施

3. 能源系统：供电、供气和供热设施

4. 通信系统：邮政、电信、广播和电视设施

5. 环境系统：环境保护和环境卫生设施

6. 防灾系统：消防、防洪（汛）、防空袭、防风雷、抗震等设施

由于交通设施在本章第六节中另作详细说明，因此本节所讲基础设施是除交通设施以外的其他城市基

础设施。

二、编制城市基础设施规划的意义

城市水、电、气、热等供应维系城市正常运转的基本条件。应当供多少？从哪里解决源的问题？能否满足城市现状及规划的需求？近期、远期如何安排？采用什么方式供应？应建设哪些相关设施？规模多大？占地多少？这些都是城市基础设施规划需要回答的问题。另外，随着城市功能的逐渐提高，综合防灾规划和环境保护规划对城市的作用和影响也越来越大，越来越重要，很自然地成为城市规划中的重要内容之一。简言之，城市基础设施规划就是研究确定城市交通、供水、排水、供电、供气、供热、通信以及综合防灾、环境保护等设施规模，技术标准，科学布局这些设施，制定相应的建设政策和措施，并且协调各专业规划之间的关系。它为各项设施的实施提供了指导依据，及早预留和控制扩建、新建项目的建设用地和环境空间。这些设施规划的合理与否，直接关系到城市现代化建设的水平，人民的生活质量和投资的效益。

三、城市基础设施规划的主要内容和任务

城市基础设施规划，又称城市工程规划，一般包括如下具体内容：

(1) 城市给水系统工程规划

(2) 城市排水系统工程规划

(3) 城市供电系统工程规划

(4) 城市燃气系统工程规划

(5) 城市供热系统工程规划

(6) 城市通信系统工程规划

(7) 城市综合防灾规划

(8) 城市环境保护及环境卫生设施规划

除上述几种专业规划外，还包括各种工程管线的综合规划。

(一) 城市给水工程规划

城市给水工程规划是为了经济合理地、安全可靠地提供给城市居民生活和生产用水及消防用水，并满足用户对水量、水质和水压的要求。

城市给水工程规划的主要任务是根据城市和区域水资源的状况，最大限度地保护和合理利用水资源，进行水资源利用平衡和城市水源规划；确定城市自来水厂等给水设施的规模、容量；科学布局给水设施和各级给水管网系统，满足用户对水量、水质和水压的要求，制定水源和水资源的保护措施。

(二) 城市排水工程规划

城市排水工程规划是根据城市自然环境和用水状况，将污水和雨水按一定的系统汇集起来，处理到符合排放标准后排泄至水体或加以利用，以保障城市环境的卫生和安全。污水按其来源可分为三类，即生活污水、工业废水和降水。排水工程就是解决这三种水的处理与排除的设施。

城市排水工程规划的主要任务是合理估算规划期内污水处理量；确定污水处理设施的规模与容量，科学布局污水处理厂（站）等各种污水收集与处理设施；确定排涝泵站等雨水排放设施的规模与容量；规划设计各级雨、污水管网；制定水环境保护、污水利用等对策与措施。

(三）城市供电工程规划

在国民经济发展中，电力是基础之一，是不可缺少的能源，是先行工业。城市电力工程规划是对城市输电与配电建设进行规划和设计，解决供电中的一些主要问题，以保证发电、送电、变电、配电、用电等主体设备和一系列辅助设备形成一个有机的整体，为国民经济和人民生活提供经济、方便、安全、清洁的能源。

城市供电工程规划的主要任务是结合城市和区域电力资源情况，合理确定规划期内的城市用电量、用电负荷，进行城市电源规划；确定城市输、配电设施的规模、容量以及电压等级；科学布局变电所（站）等变配电设施和输配电网络，制定各类供电设施和电力线路的保护措施。

(四）城市燃气工程规划

燃气是清洁、优质、使用方便的能源。实现民用燃料气体化可方便居民生活，减轻污染，改善环境，是实现城市现代化的重要举措之一。城市燃气工程规划要解决相关的气源、输送、储存、分配等技术经济问题，使城市燃气工程的建设工作和供应工作更为合理，保证城市居民生活、公共福利事业和部分生产的燃气使用。

城市燃气工程规划的主要任务是结合城市和区域燃料资源状况，选择城市燃气气源，合理确定规划期内各种燃气的用气量，进行城市燃气气源规划，确定各种供气设施的规模、容量；确定城市高、中压燃气管网系统，布置气源厂、气化站等产、供气设施和输配气管道；制定燃气管道的保护措施。

（五）城市供热工程规划

城市集中供热是城市供热的一种重要方式，是在城市的某个或几个区域乃至整个城市，利用集中热源向工厂、公共建筑、民用建筑供应热能的一种供热方式。发展集中供热，可以节约大量燃料，提高锅炉热效率，减轻大气污染，减少城市运输量，节省城市用地等。

城市集中供热规划的主要任务是根据当地气候、生活和生产需求，确定城市集中供热对策、供热标准、供热方式；合理确定城市供热量和负荷选择，进行城市热源规划，确定城市热电厂、热力站等供热设施的数量和容量，科学布局各种供热设施和供热管网；制定节能保温的对策和措施以及供热设施的防护措施。

（六）城市通信工程规划

城市通信系统规划包括邮政、电信、广播、电视等四个子系统的规划。邮政通信主要是传送实物信息，例如传送邮件和报刊等。电信通信是利用电或微波来传送信息。规划主要综合研究上述几方面的需求，为通信事业的发展预留地上、地下足够的空间余地以及空中廊道，协调解决通信发送、传输、接收场站及管网建设和城市建设之间的关系，保证城市建设的有序发展。

城市通信工程规划的主要任务是结合城市通信情况和发展趋势，确定规划期内城市通信发展的目标；

预测通信需求，合理确定邮政、电信、广播、电视等各种通信设施的规模、容量；科学布局各类通信设施和通信线路；制定通信设施综合利用对策和措施以及通信设施的保护措施。随着计算机通信技术的逐步普及，还应该做好计算机通信规划，尤其是做好城市主干网的建设规划。

（七）城市综合防灾规划

近年来，在城市规划中正发展起一门新兴的分支内容，即城市综合防灾规划。这是因为随着现代科学技术的发展，城市在国民经济中的地位越来越重要，人类对物质基础设施的依赖越来越大，一旦遭受灾害，往往损失巨大，而且供水、供电、通信等“生命线工程”中断，就会大大加剧减灾的困难，甚至形成整个城市瘫痪。由于城市人口集中，建筑密度大，次生灾害的隐患很多，因而在灾害的袭击中，城市更显得脆弱。今天，灾害对城市生活、生产的影响之巨大，是自人类发展有史以来前所未有的。

城市综合防灾规划主要包括城市消防规划、城市防洪（潮汛）规划、城市防空袭规划、城市抗震规划以及防止地质灾害等方面的内容。城市综合防灾规划的主要任务是根据城市自然环境、灾害区划和城市地位，确定城市各项防灾标准，合理确定各项防灾设施的等级规模，科学布置各项防灾设施，做好城市防灾设施和常用设施的有机结合，统筹建设、综合利用，制定防护管理对策和措施。要考虑防灾设施与城市常用设施的结合，最大限度的发挥经济效益。

（八）城市环境保护及环境卫生设施规划

环境保护和城市建设密不可分，随着我国经济的迅速发展，我国的生态环境已遭到不同程度的破坏，环境质量同发达国家相比也存在着较大的差距。做好城市环境保护规划，对保护城市环境、改善城市生态、贯彻可持续发展的战略至关重要。

环境保护规划是城市规划的一项重要内容，主要在城市总体规划阶段中体现。该项规划对城市环境保护工作有重要的指导作用。规划要对现状污染情况进行分析，找出原因，制定对策；要结合城市经济发展情况，对未来污染趋势进行分析和预测；要对环境的几大要素——大气、水体、噪声及固体废弃物等提出控制标准，对污水处理厂等治理污染的工程设施进行选址，制定环境发展战略和措施。

环境保护规划还应包括环境卫生规划。包括垃圾和各种固体废弃物的收集、转运和处理工艺的选择，处理厂位置的选址等。

四、工程规划的衔接和分期建设

（一）城市工程管线综合规划

近年来，随着城市建设步伐的加快和城市现代化水平的提高，城市管线的数量不断增加，越来越多的管道敷设加剧了城市地下空间的紧张，纵横交错的地下管线，给城市改建、扩建工作带来了极大不便。各部门间矛盾不少。因此不少城市认识到管线综合的重要，在城市规划中着手进行管线综合设计。工程管线综合是指在城市规划范围内工程管线在地上、地下空间位置上的统一安排。管线综合要根据道路、地形和地下管线敷设条件确定其合理的水平净距以及相互交叉时的垂直净距。管线综合的目的是为了统筹协调各类管线在地上、地下空间的位置，避免建设和使用中各工程管线之间及其与相关建筑物、构筑物之间相互矛盾和干扰，为各工程管线设计和管理提供依据，保证各种工程管线的安全和畅通。当然，仅有统一规划还不能解决人们常见和批评的马路挖了填、填了又挖以敷设工程管线的“拉锁马路”问题。产生“拉锁马路”的根源是多方面的，主要是建设投资体制不合理。要解决这个问题应从投资体制上下决心改革，实行各类工程管线的综合开发。

城市管线综合规划中常见的工程管线有七种：给水管道、污水管道、雨水管道、电力线路、通信线路、燃气管道和热力管道。管线综合是一项复杂的技术工作，与城市竖向设计密切相关，规划时要做好现状管线情况的勘察调查，充分利用现有管线，按管线综合的原则进行布置：①压力管让自流管；②管径小的让管径大的；③易弯曲的让不易弯曲的；④临时性的让永久性的；⑤工程量小的让工程量大的；⑥新建的让永久的；⑦检修次数少的和方便的让检修次数多的和不方便的。

（二）城市工程规划的衔接和分期

城市规划分总体规划、分区规划、详细规划三个层次，工程规划则在规划的各个层次同步进行。每个层次的规划都涵盖工程规划的内容，不同阶段、不同层次的规划中，工程规划要解决的问题不同，编制的内容和侧重点也有所不同。

在工程规划中另一个非常重要的问题就是近远期结合。

各层次工程规划的年限通常与规划所确定的年限一致，近期规划一般为5年，远期规划为20年，也有略短一些的规划。

工程中有一些问题要比规划期有更远的考虑和安排，要按城市现代化的标准，要求规划各项工程设施，做好近远期建设安排。如供电和通信电缆要埋地铺设、燃气要管道化、热力要发展集中供热等。要为今后的发展预留空间位置，以免使城市在今后的发展中处于被动地位。市政工程设施所需的用地在规划中一定要予以保证并留有余地，有些场站还要考虑今后扩容的需要。一些在规划期内尚无能力实施的城市，也要预留这些场站和工程管线的位置，为将来发展创造条件。

工程规划还要格外重视近期建设规划，因为它的现实性更强，对城市的近期建设有直接的指导作用，规划一定要考虑近期实施的可行性，并提出分期实施规划的步骤，有利于建设项目的落实与筹建。

第六节　城市规划与城市交通

交通[11]给城市带来竞争的活力，为居民带来出行便捷，节约出行时耗，提高出行效率，促进城市土地开发和增值，带来很大的经济效益。从市场产品的成本构成看，它包括：原材料、劳动力和交通运输三大部分的费用，其中节约交通运输费的潜力为最大，常被称为黑洞。决定产品在市场中的竞争能力的重要因素之一是看它节约交通运输费用的高低。现代化的城市交通要求高效率、高效益、低费用、低公害。交通设施的供给要与人、车的通行和停放的需求相协调，使城市在持续发展中保持旺盛的竞争力。总之，交通是城市的主要功能之一，而城市规划是建设和提高城市交通现代化水平的前提和保障。

一、城市交通的分类

城市交通可分为对外交通和市内交通两大部分，或三个层次：

1. 城市对外的市际交通与国民经济的发展密切相关。城市是市际交通的终端或交点，市际交通发达，能使城市具有强大的聚散能力。所以，它应与市内交通衔接好，使城市出入口交通畅通，又要避免过境交通穿城。

2. 城市对外的市域交通是城市与周围小城市和乡镇联系的纽带，在社会经济发展、科教文化传播起承上启下的作用。加强市域道路交通建设，可带动市域内乡镇企业和市场的发展，也使中心城经济发展相得益彰。

3. 市内交通主要是定时从事工作和学习的人群日常所需的交通和货运交通，其周转量的大小是随城市人口数和出行距离成倍增长的。所以，大城市中心区的交通问题要比小城市复杂得多。

我国古代城市大多傍水而建，水运便、运价廉，但速度慢。近代因其他交通工具的发展，速度提高和竞争力增强，加上河道淤塞或蓄水筑坝，使内河航运大为衰落，需要重新复苏。沿海城市，在改革开放后同国外贸易大大加强，港口码头蓬勃建设，海运事业正日益发展。

铁路客货运在 20 世纪 80 年代以前一直是市际运输的绝对主力。自从高速公路在我国兴建后，带动了公路网的快速发展，客货运量的增长率大大超过了铁路。目前铁路进行了技术改造，列车提速，改善服务，仍居中长距离运输的主导地位。

我国公路运输则成为中短距离客货运输的主力，一些省份还提出了由省会到省内各市不超过 4 小时、由市到市辖各县不超过 2 小时的要求。高速公路的建设对促进地方物资交流、劳动力平衡、旅游事业发展起着越来越重要的作用。城市是公路运输的枢纽。

我国航空运输近 20 年来发展非常快，各地机场的建设为开辟新的航线提供了条件，各地航空公司在竞争中提高了服务水平，随着航空企业的兼并和重组，远程和中短程航线的合理衔接，将更扩大服务范围，使旅客的出行时间更短。城市是机场建设的依托，是航空枢纽。

二、交通对城市发展的影响

道路交通系统是城市基础设施的重要组成部分，又是城市结构的主要部分，它的合理性直接关系到城市的健康发展，因而道路交通规划也就成为城市规划的重要任务之一。合理的交通系统有利于城市发展，相反，则严重干扰并制约城市的发展。

(一) 交通与城市用地的发展

一般讲，城市用地是沿着交通轴向外延伸发展的，随着不同历史时期的交通工具突破性变革，城市用地的形态就会不断由团状向星状扩展。在船运时期，城市沿河道发展；铁路出现后，城市沿着铁路车站呈串珠状发展；汽车运输发展，城市又沿着道路向外呈星状发展，随着城市快速路、高速公司和城市快速轨道交通的建设，使城市用地范围空前扩大，也使大城市郊区化成为可能。

(二) 交通与城市土地增值

城市交通的发展和便捷带来了经济效益，使土地不断增值，交通方便程度直接影响地价，越近市中心，城市基础设施越完善，地价也越高；反之，离市中心越远，地价就越低，交通运输费就越高。人们常在二者之和为最低的地方选购房屋。当城市交通设施发达、近郊的房价和交通费逐渐降低时，人们就会向郊外迁移，城市也不断向外扩大。

(三) 交通与土地开发

交通带动了郊区土地开发和城市基础设施建设，由于市中心地区的区位优势，会更促使它的地价高涨，开发商为了获得更多利润，常不断提高土地的开发强度，若它超过了道路的疏解能力和停车能力，则后患无穷。为此，城市规划对不同地块的土地开发强度要有严格的控制，超前考虑土地开发与交通发展的互动关系。例如：相当规模的大城市需要建地下铁道，应先做地下空间规划，在高层建筑的地下桩群之间先留出空间。在城市用地未来发展方向上，所需建设的桥位和交通走廊均要提前控制，以免盲目建设，造成日后不必要的拆迁和被动。

三、对外交通设施在城市中的规划布局

（一）铁路

在以铁路为主要交通方式的年代，铁路的发达程度对城市经济的发展举足轻重。工业规模越大，铁路专用线就越多，但它对城市用地的包围和切割也越严重。

城市中铁路站场包括客货运综合性车站、编组站、客站、货站和枢纽站等类型。各种站场的规模差别很大。中小城市通常采用综合性车站，客货合一。这种情况下，若客货在同一侧布置，城市使用方便，不跨越铁路，但客货运之间有干扰，且不利于用地发展。若客货在两侧对置，会造成城市跨铁路两侧发展，但客货运间干扰小，发展余地大。为此，要处理好铁路的标高，以利日后建造跨越铁路的桥梁或地道。铁路编组站由到达场、编组场、驼峰、机务段、车辆段、通过场、出发场等组成，占地大，宽 200 米（单向）~ 500 米（双向），横列式长 3 ~ 4 公里，纵列式长 5 ~ 7 公里，不宜布置在城市内部，因为它会严重阻隔城市交通。对于大城市，往往有几个独立的客站、货站和枢纽站。为了方便旅客乘车，希望将客站靠近市中心区，并在车站两面设置车站广场。尽端式的客站更有利于组织市内交通综合换

乘。货站有综合性货站和专业性货站。种类繁多，它由含大量到发线和装卸线的车场与货场所组成，占地面积大，对城市交通和环境的影响也大，所以，常常布置在城市外环路以外，或在港口码头、仓库区附近。城市中的铁路枢纽站常产生在几条干线交会点上，是几个车站及其联络线组成的整体，处理各条线路间大量转线和编组业务。在特大城市由于许多车站伸入城市，方向多又分散，常采用环线联系，以增加运转的灵活性。但要考虑好环线的标高，使城市外围的环线不致束缚城市用地的扩展。

（二）港口

港口是水上运输的枢纽、水陆运输的转换点。其作业活动包括船舶航行、货物装卸、库场储存和陆域后方集疏运。港口级别的划分、港口工作的综合能力常以吞吐量计量。

港口由水域和陆域所组成。水域分为港外水域和港内水域。前者包括进港航道和港外锚地；后者包括港内航道、回转水域、港内锚地和码头前水域。不同级别的港口对水域的深度、面积和岸线长度有不同的要求。陆域包括码头前沿、仓库堆场、道路铁路、后方服务辅助设施（水、电、通信、机修、生活、办公等）。

为了提高港口运输效率，降低运输成本，现代海港出现了船舶大型化、装载集装箱化、装卸机械化、码头专业化的趋势。随着集装箱车装卸的发展，在作业中又用滚装运输，将车直接开上船。

对港址选择，应考虑港口本身对自然条件、技术条件的要求和建设的经济性，港口在城市中的位置，集疏运交通的条件，以及对城市岸线的合理分配。

用于港口的岸线，应贯彻深水深用、浅水浅用的原则。水深大于10米的深水岸线可停泊万吨级船，水深6~10米的中深水岸线可停泊3000吨级至5000吨级船，水深小于6米的浅水岸线可停泊3000吨级以下的船。由于城市的岸线是有限的，除了生产岸线外，在市民生活休闲、环境绿化、生态保护、城市水源、防洪等都需要岸线，所以城市规划对岸线要统筹安排，合理分配，节约使用，尤其要注意留足生活岸线。

港口后方集疏运的条件，直接影响港口的吞吐能力。港口后方的腹地根据港口的级别要有0.5~1公里进深，并与对外运输和市内交通衔接好，形成快速、高效的综合交通集疏运体系。

（三）航空港

航空港常按其航线服务的范围分为国际和国内两类。国内航线机场又可分为干线、支线和地方机场。机场还可分为民用、军用、专用机场和直升机场。

航空港的用地规模与其类型、级别和服务设施完善程度有关。影响的因素有跑道长度，条数与布置方式，客货运作业方式，候机楼及其附属设施，机库及其附属维修设施，与市内联系的交通方式，停车场及其附属设施，机场的经营体制等等。一个机场由飞行区和服务区所组成。飞行区内有起降跑道、滑行道、停机坪等；服务区内有航站楼、塔台、油库、停车场以及其他服务设施等。飞机起降的跑道长度与机型有关，一般用螺旋桨发动机飞机的跑道约在1500米以内，喷气发动机飞机的跑道长度约2200~3500米。根据我国经验，民用航空机场用地，小型地方机场为50~100公顷，中型支线机场为70~200公顷，大型干线机场为270~700公顷。

航空港的选址关系到其本身的发展和城市的社会、经济和环境效益。主要的影响因素有：机场净空限制，噪声干扰，通讯导航，气象，机场空域的干扰，机场用地条件和市政公用设施条件等。

由于飞机在飞行过程中受航线上各导航台的指挥，在迎风起飞时虽起飞的跑道端会不同，但它必须在机场外指定的空域高度中盘旋到航线上，在临近目的地时要根据风向在机场外的空域盘旋，寻找和对准着陆的跑道端。因此，在机场的跑道两端就有端净空的限制，以1∶50和1∶40的升坡向外扩展达15公里；在跑道两侧有1∶7和1∶20的侧净空、约6公里的限制，围着跑道形成一个凹盆面。其下的建筑高度均受到限制，并且还受到飞机起降噪声的干扰，尤其在跑道两端。当然飞机飞得越高噪声也越小，但从减少飞机噪声影响出发，城市居住区应尽量避免布置在机场跑道轴线方向上，离跑道侧面最好在5公里以上。所以，机场跑道位置宜在城市主导风向的两侧、城市用地的边缘。在机场和跑道两端的轴线上设有各种导航通讯设备，起着定向导航作用，它要求各种广播电台、架空高压电线、电气化铁道等有电磁波辐射的设施，必须按规范离开一定的安全距离。机场选址时还应避免放在雷区、多烟、多雾的地区，也要避开有大量鸟类群栖之地，以免发生鸟祸。机场本身要求用地面积大、平坦、易于排水，有良好的工程地质和水文地质条件，有宽广的空域，并有发展的备用地。因此，为少占良田常利用海涂滩地建造机场。此外，在一些特大城市有几个机场时，要避免空域交叉干扰，影响机场效能的发挥。当一个城市的航空运量偏小，不足以支撑一个机场的正常运营时，不宜单独修建机场，可以考虑与相邻一些城市共同使用一个机场，机场对在高速公路2小时行程为半径范围内的城市都有吸引力。

航空港离城市边缘的距离以保持10公里左右为宜。交通时间以小于30分钟为宜。其间应有快速的汽车专用道路相连。当航空客运量很大、汽车交通量过于繁忙，可以从机场建造快速轨道交通直接进入市中心地区。

(四) 公路

公路与城市道路密切相连。汽车借助密布的公路网，可以进行门到门的直达运输，货损小，运送速度快，联系广泛，促进了城市经济的发展和地区的繁荣，有着极好的交通可达性，也是抢险救灾和战时最有效的运输方式。

公路网根据其服务范围分为国道网、省道网、地方道路网。国道为纵贯国土，联系各省、市、自治区、大型工农业基地和交通枢纽的高效快速道路。为此，它不宜穿过市区。省道是联系省内各市和所辖县及主要工农业基地和较大交通枢纽的道路，对国道作重要补充，沟通各地市和相邻地区间的联系。省道宜从城市外围用地切过，也不宜穿过中小城市。地方道路是在县域内，对县属乡镇和重要集镇、工农业基地和车站、码头、渡口等进行联系的道路，为以上两级道路作补充，深入到各地主要用户。

高速公路是我国近年发展起来的通行能力大（一条车道的通行能力比公路约大几倍到十几倍）、车速高（达 120 公里/小时）、经济效益好（运输成本比公路低 15%～20%）、行车安全（交通事故为公路的 1/2～1/10）的汽车专用路，对巩固国防也具有重大意义。但高速公路噪声大、交通污染集中，又全封闭、分隔用地，所以应远离城市和集镇选线。线形要结合地形有高低起伏，少用过分长直的平坡段，以免事故。风景点宜设置在曲线段上，使景色多变，或可在此设置休息站和停车观光点。对高速公路出入口的间距（大于 10 公里）和数量也要严格控制。沿高速公路两旁集镇居民的车辆，只能通过地方的公路逐级绕行进入高速公路。为安全联系高速公路两边的居民，要定距建造天桥或地道。

城市是公路网上的节点或终端，公路运输的旅客和物资要在城市集散或中转。长途汽车客运站应与铁路客运站、客运码头、公交车站衔接好。货物流通中心是公路货运的主枢纽，它是集货物储、运、销和包装于一体的社会化的运输企业，占地大，宜设置在城市外围、水陆运输联系方便的地方。

四、市内交通需求和交通方式

（一）居民出行特征

城市居民的出行主要为工作和学习，其次为生活和文化休闲活动。平均每人每天在 2～3 次，大城市中午回家的人少，平均在 2 次左右。

出行高峰小时对道路交通设备的压力最大。通常上班出行早高峰大于下班晚高峰，而机动车出行和停车高峰常在上午 9～10 时。

居民出行活动所产生的各种交通方式的流量和流向，与道路交通设施的空间布局和线路走向有密切的关系。

居民出行的距离分布是近多远少，路远的人可以选用不同的交通方式和工具，使出行时耗保持在可承受的范围内。通常采用私人交通工具为 20 分钟左右，采用公共交通工具为 30～40 分钟。为了不使居民每天在路途耗费大量时间，对不同规模的城市，在国家标准中分别规定了最大出行时耗：特大城市为 60 分钟，中等城市为 35 分钟，小城市为 25 分钟。

（二）城市交通运输市场中买方和卖方的要求

1. 买方是居民，要有交通主动权，对交通方式的选择性大，且按质论价，出行要安全、准时、便捷、舒适、可达性好。

2. 卖方是运输企业，要树立信誉、准点、公平计价，将自身融合在全市客运网络中，使客运服务在时间空间上衔接，并能以较少的投入换取较高的产出。

同样，在货物运输上对不同的货种也应采用不同的运输工具，服务好客户。

（三）交通方式（公交/非公交）的转化

不同的交通方式占用道路的时空面积是不同的，其中：公共交通占用的面积最小，私人小汽车占用的最大。因此，世界各国在大城市密集的市区，尤其是中心区，都积极发展公共交通（含轨道交通），控制小汽车的使用；使用限的道路⑫空间发挥最大的交通功能。而不是大量建造立交、高架路，去适应永远无法满足的小汽车发展的需要。

1. 影响交通方式转化的因素有：时耗、收入、舒适、人口密度。随着居民收入增加，对节省出行时耗和增加舒适度的要求会日益提高。根据近年调查，当人均月收入从500元升为2500元时，居民出行方式中步行和自行车的比例，由70%降为30%，65%以上的居民采用了机动化的交通工具（助动车、摩托车、公共电（汽）车、地铁、轻轨、出租汽车、小汽车）。因此，城市道路将会空前紧张，大力发展公交和提高公交水平也更为迫切。

2. 改善公交服务水平的办法：①减少居民在乘车全过程中每个环节的时耗：加密道路网、公交线路网和站点，可减少车站两端的步行时间；②增加车辆数，可缩短行车间隔时间和候车时间；③提高行车速度，可缩短车内时间；④各种交通方式和线路的站点相互衔接好，或建造方便乘客的换乘枢纽，可缩短换车时间。用靓丽清洁的空调车，增强其吸引力，不断提高公交的服务水平和舒适度，可使公交乘客在总出行的比例中，增加5~10个百分点。

3. 城市中的出租汽车是公交的辅助交通工具，近年来，人们有乘小汽车的愿望，使出租车大发展。但若将它作为一种解决就业的手段，会使车辆发展失控。因为几乎城市道路的一半面积被流动的出租车所占用，而它所运送的乘客并不多。为此，应对其总量实行必要的控制。当然出租车的发展是公交发展的需要，它可能会推迟私人小汽车的发展，也可节省许多停车场地。

4. 私人机动车的发展。我国是摩托车生产大国，年产几百万辆，在我国南方城市中摩托车已趋饱和，其噪声和尾气的污染十分严重，应加强管理并控制其发展。私人小汽车的发展已经起步，预计购买的高潮将可能在2005~2015年。应当指出，我国现有的城市道路、尤其是市中心地区很难适应大量小汽车的发展。根据国家发展小汽车的政策，城市应改善道路网的等级结构和布局结构，及早留出未来建造停车场的用地，以适应小汽车发展的需要。但也应该指出，由于我国特大城市中心区用地已经十分紧张，建筑密度很高，在特大城市中心区对小汽车的使用和停放应当制定必要的规定，以保证城市整体效益和可持续发展。拥有私车是个人行为，使用私车是社会行为，理应接受社会管理。

5. 各种交通工具都有其最佳的出行范围，根据调查，居民出行距离各个相同，为多种交通方式共存互补提供了条件。欧洲城市的资料表明在交通方式中：小汽车占一半左右，另一半是公共交通和自行车。城市大，公交的比例多些；城市小，自行车的比例多些。发展综合的交通体系是值得我国借鉴的。

（四）交通使用者对道路的要求

1. 市民：要求自由自在的活动。步行时不受车辆行驶和停放的干扰，过街安全；骑车时不受机动车和行人的干扰；乘车时容易到达公交站点、换乘方便，候车时间少，行车快。

2. 商业经营者：希望沿路、甚至占交叉口开店设摊。

3. 驾驶员：要保证行车视距、路面不滑、平整。要道路分功能，有清晰、诱导交通的标志和交通信息，有停车的地方。

4. 交警：要道路规划设计正确，既考虑车，更考虑人，才能保证交通安全、畅通、事故少。

城市规划和城市交通管理部门需要综合考虑各方需求，保证交通发展，商业经营应与道路保持应有距离，以不影响交通为前提。

五、城市公共交通的种类及各自的特点

(一) 公共汽（电）车

城市公共交通中最普及的是公共汽车，它的机动性能好、原始投资较少、线路调整容易、运行组织灵活。但它易受道路交通拥挤的影响，车速慢（10~20公里/小时），单向运转能力低（0.4~0.8万人次/小时），难以适应大城市客运交通的要求。

(二) 城市轨道交通

城市轨道交通是一种由多节车厢组成、以电力牵引在轨道上行驶的客运交通工具。其类型很多，常用的有：有轨电车、轻轨、地铁、独轨交通、自动化导向交通和正在筹建的磁悬浮列车等。

1. 地铁运量大、快速准点，舒适安全，每节车厢可

容纳200多位乘客，一列车可6~8节车厢编组，单向小时运载能力可达4~6万人次，运送速度32~40公里/小时。地铁采用钢轮钢轨，供电方式用第三轨或架空线。地铁多建于地下。车站可与人防、地下街道结合，既节约城市用地，又保护环境。但建造地铁的技术要求高，工期长，造价昂贵，目前每公里造价需5~7亿元。高架或在地面的地铁，造价可以低些。

2. 轻轨是一种中运量的客运交通工具，车厢比地铁的小，列车编组的车厢一般不超过4节，单向小时运载能力可达1.5~3万人次。轻轨一般行驶在地面的独立路基上，也可与路面交通混行或高架，造价约为地铁的1/3~1/5。我国香港屯门和元朗建有轻轨。国外新型的轻轨采用了低地板车辆，离地面30厘米左右，方便老人上下车，也增添了车辆对乘客的亲近感。

3. 独轨交通是一种高架的中运量轨道交通，其空间轨道梁既是车辆的行驶构件又是承重结构，宽度小，占用空间少，柱墩可立在道路分隔带上，对地面遮荫少、通风好。独轨交通车辆骑在轨道梁下行驶的称跨座式，悬挂在轨道梁上行驶的称悬挂式。独轨交通用橡胶轮胎行驶，车速快（运送速度30~40公里/小时），爬坡能力强（最大可达10%），弯道半径小，选线较自由，运行中噪声低、振动小、污染少、视野开阔，有观光游览作用。其造价与轻轨相近。单向小时运载能力可达0.5~2万人次。我国第一条跨座式独轨交通正在重庆建造。

4. 自动化导向交通是一种无人驾驶、全自动运行的轨道交通。它通常是高架的，在专制的钢筋混凝土槽板内行驶，其导向轨布置在橡胶轮胎走行轨的两侧，中间布置产生牵引力的直线电机。车辆可以单节或编组运行，单向运载能力为 0.4 ~ 2 万人次/小时，运送速度为 30 ~ 35 公里/小时。可作为城市客运中的新交通，也可作为大型机场内的穿梭交通。

5. 磁悬浮列车是一种利用电磁力的作用将车辆悬浮在导向轨上行驶的客运工具。当车辆悬浮起来后就在直线电机动力的推动下前进，关键的尖端技术是保证车辆直线电机感应线圈与导轨上定子感应线圈的磁浮间隙在快速行驶过程中始终稳定在一个容许范围内。间隙小、直线电机的推力大、耗电省，但自动控制的难度高。由于磁悬浮列车没有车轮和轮轨间的滚动摩擦阻力，车辆速度可以达到 350 ~ 500 公里/小时，这时车身与空气的摩擦阻力会产生 90 分贝以上的噪声，因此，对车辆制造、导向轨的荷载和温度变形的自动调整都有很高的要求。磁悬浮列车用于长途高速铁路，在城市与远郊、与大型机场之间快速联系方面也有一定的应用前景。

六、城市道路系统规划的任务和基本原则

（一）车辆在道路上行驶的特征

1. 道路上通过的流量等于车流的密度乘车速。车流密度过大，车速一旦缓慢，极易排队，车辆就无法交织、变换转向的车道，若车稍有等待，就易阻塞交通。

2. 路段“瓶颈”处，车流紊乱阻车，常见的有：①固定的瓶颈：道路断面收缩（铁路道口、桥头、隧道口、路段上建筑物突出、错位丁字路口间的路段）和交

叉口。为此，要拓宽被缩的路段、展宽交叉路口。②活动的瓶颈：一种是公交停靠站、路边乱停车。为此，要建造港湾式停靠站，严格交通管理。另一种是道路上非机动车过多，使右转机动车难以驶出而阻车。为此，要增加右转车道。应该指出，积极消除道路上的“瓶颈”，是治理城市交通的一项重要内容。

（二）道路网的功能

街道：沿街布置大量商店，以行人交通为主，车速慢。道路：有以机动车交通为主的干道，车速快、流量大；也有以安宁的休闲活动为主的一般道路。由于我国将二者统称为“道路”，所以，在其功能上经常混淆不清，需要重新认识。

城市道路的功能主要是满足交通和运输的需要，同时要兼顾市政公用设施的埋设空间（道路地下空间安排）等方面的功能。

（三）道路的等级结构

根据我国《城市道路交通规划设计规范》，大城市分快速路、主干路、次干路、支路。中等城市没有快速路。小城市只分干路、支路。

以往在道路网规划中一般只重视干道，忽视支路的建设。由于城市道路总面积是有限额规定的，道路越宽，道路长度越短，道路网密度和公交线路网越稀，交通可达性也越差，最终导致各种快慢的交通工具都汇集在几条干道上，造成城市交通混杂，交叉口不胜负担，城市交通效率低下。这是我国城市建设中的一大失误。为此，国家标准对人均拥有的道路面积（包括道路、广场、公共停车场)、道路面积率、各类道路网密度都作了规定，应予以保证。

(四) 道路网布局结构

1. 道路网布置要畅达。切忌在主要交通干道上为制造对景，将干道顶死，束缚今后城市用地的发展。

2. 道路网密度要根据所在城市的地形、土地使用的特点和开发强度进行布设，道路网布局走向要符合交通的主要流量流向，切不可脱离实际盲目追求和套用某种道路网的固定模式。被铁路、小河道或小山丘分隔的城市用地，两边的道路尽量要对齐，以利今后建设桥梁或地道。

3. 防止道路网集束成“蜂腰”。由于城市用地受自然条件（地形、山河、湖泊的阻挡）和人为因素（城墙、铁路、高速公路的阻隔）的影响，城市用地错位、道路错位，在道路网上产生“蜂腰”，成为解决城市交通问题的难点。要预见到城市用地发展后道路网上蜂腰的出现，并及早采取预防措施。在城市用地形状产生转折处，常是交通的阻滞点，若对该处道路网切一截面，使截面上各条道路的通行能力之和（流出总量）大于交通流入总量，则该处交通不会产生塞车。

4. 对城市原有道路网走向和道路性质的改动要很慎重。例如：有的城市为了追求道路轴线，在原有方格网道路系统中斜辟一条干道，产生许多复杂的交叉口，造成今后难以根治的交通问题。又如当前一些城市开始重视步行交通，建造步行商业街，这本是一件好事，但往往不从道路网全局功能出发，有的还截断了市内或一个地区内仅有的重要交通干道改为步行商业街，这样做实质上破坏了或挤占了一大片道路网功能的正常发挥，是得不偿失的。为了重新调整和恢复到道路原有的功能，所付出的代价是很高的，时间也是很长的。

5. 地震设防城市，每个方向至少要有双出口，以确保灾后救援交通畅道。

6. 城市环路的设置。根据环路在城市中的位置可分为：内环（保护旧城内核），中环（市区主要交通要道），外环（分流过境交通）。环路设置应根据流量流向和地形，采用全环、半环或切线，不要追求形式。城市环路上的交通量要比放射道路的交通量大一倍多，所以常设计成主干路，甚至快速路。环路之间的距离应大于4公里。

7. 高架路的设置。大城市中建造大量高架路是出于无奈，并非现代化的标志。设计高架路时要重点处理好上下匝道与地面交叉口的关系，不能挤占地面道路原有的功能。此外，高架路会在城市景观、噪声、尾气的排放方面，带来许多负面影响，使沿路房地产跌价。

8. 完善步行交通系统。步行交通在市区道路上应是连续的、无障碍的。构成完整的安全步行系统的重点地段有：

(1) 城市游憩集会广场是城市的“客厅”、市民的“起居室”。游憩广场要绿化好，要小、多、匀，方便居民日常的休闲活动。

(2) 滨水地带林荫步道。水位涨落很大的河道，岸边的步道可做成几个台阶。

(3) 商业步行街。其外围应有完善的公共交通和公共停车设施。

(4) 交通集散广场。在对外交通枢纽场站外，供人流与车流的集散。

(5) 人行道、人行横道、天桥、地道。

(五) 交叉口

1. 平面交叉口

平面交叉口矛盾的焦点是行驶车辆间的冲突点，这主要是由左转车引起的。减少冲突点的方法有：相交道路的条数要少，以十字交叉口为宜；在交叉口使用信号灯，并在绿灯放行时，先左转后直行，使各向车辆在时空上错开；消除或尽量减少非机动车的干扰。

交叉口的车速因受到非机动车和行人的影响，转向车速低于15公里/小时。

需要指出，许多城市的交叉口设计过于简陋，考虑交通太少，应注意以下几点：

(1) 交叉口转角缘石半径不应很大，以免车辆在路口游荡、停止线离路口远、绿灯损失时间多、行人过街行程太长造成不安全。

(2) 进口道要展宽，使各向车辆能分道候驶、各自驶出路口，不致相互扣死。为展宽路口，要求布置在交叉口四角的建筑物要退后。交叉口展宽用地受限制时，可将道路中心线向左偏。

(3) 交通导向岛与安全岛是使交叉口内车辆交通有序、行人过街安全的重要手段。在交叉口范围内，行人走过的道路宽度在四条车道以上的，都应该在道路中间设置 3～4 米宽的安全岛。

(4) 要考虑市民在交叉口附近换乘公交方便。

(5) 交叉口进口道的通行能力应与路段的通行能力相匹配。目前国内展宽路口的平面交叉口的通行能力已达 6000～7000 辆/小时。

2. 环形交叉口

(1) 环交的行车特点：交叉口内的车辆绕中心岛逆时针行驶，将车辆的逆向冲突点变为同向交织点，车辆可以在环道内不停车、连续交织或穿行通过环交。

(2) 环交的适用条件：相交道路数为奇数；全市环交多、成系列。在一系列灯控交叉口中加设环交，易扣死。

(3) 影响交织段长度的因素有相交道路的条数(不宜超过 5 条)、相交道路的夹角（尽可能垂直或均等)、中心岛的直径和交织段上的车速。环交的交织段长度应保证两车交织一次（至少 3.5 秒）所需的长度。为此，环道上的车速与路段的车速不能相差太大；否则，交织段上车流会过密，车辆会因无穿越的空挡而没法交织通过。

(4) 环交的通行能力：管理严格的，可达 3000～4000 辆/小时，加设信号灯管理的，可达到 5000 辆/小时以上。

(5) 环交设计应注意：环道勿做成同心圆，因为同心圆环道不利于车辆行驶，降低通行能力。在路口设导向岛会有一定的作用，有利于提高交通安全。在通过环交的机动车和非机动车流量大的环道上，在其间设分隔带后，路口易扣住而造成堵车。

3. 立体交叉口

城市中交叉口的主要形式是平面十字交叉口和环形交叉口，立体交叉口一般是利用地形条件而建。若因交通量过大或车速高而需要建立交，则应建一系列立交，否则，所建立交前方的平面交叉口必然堵车，立交本身也难以发挥作用。立交的造价很贵，一旦建成就很难改动，即使要改造，其上的交通量也难以被附近的道路分担。因此，对立交的建设要特别慎重，更不能将立交视为城市现代化的标志而盲目追求。

（六）公共停车场地

1. 在城市出入口可用大型公共停车场，市区宜用中小型、多而密，补充配建停车场的不足。配建停车场约占全市停车场总量的70%左右。支路上可在路边设置临时停放的公共停车带，其上安装限时的停车计时器。

2. 加强停车管理，禁止随地乱停车，要用价格政策调节停车需求在城市内的分布。收费标准应该市中心地区高，边缘地区低，甚至免费。

（七）客运交通换乘枢纽

1. 为方便乘客换乘，应建立可供客运企业租用的公共停靠的换乘枢纽。

2. 客运交通换乘枢纽在大城市尤其需要。城市用地布局决定客源生成，客源分布决定交通枢纽的位置，以交通换乘枢纽锁定交通网络，网络系统决定交通功能，布设各条线路，方便居民乘车出行。交通换乘枢纽应布置在道路以外的场地上，若占用道路必然造成该路段人流混杂、车流阻滞、交通堵塞。

七、建立一套治理城市交通的政策和措施

交通需求总是远远大于交通设施供给的，国家和城市政府应以很大的决心和财力去支持城市道路交通设施的建设，尽力满足城市交通的需求。同时，必须树立三分建、七分管的思想，强化管理工作，使道路交通设施发挥最大的效益。

（一）转变对城市交通的认识

1. 强调交通为人和物的移动服务，提高步行交通在城市交通中的地位，改变过去以车辆交通为主的思想。

2. 树立综合交通规划和综合治理交通的思想，切忌各自为政。

3. 在进行城市规划时，不论在总体规划还是详细规划阶段，在安排土地利用时，都必须同步考虑交通问题。

4. 分清道路功能，改变逢路必开店、沿着马路两边盖房子的旧观念。

（二）体制上理顺关系

在城市用地范围内的交通建设和管理，并非城市建设部门一家，要搞好有关方面的统一协调。特别要协调好城建部门与交通部门的关系，统筹规划、建设和管理，使市内交通与对外交通成为一个有机整体。

（三）制定必要的政策

1. 控制土地开发强度，做好交通规划和交通影响分析，使它与道路交通疏解能力相协调。

2. 坚持公交优先的政策，大力优先发展公共交通，落实到各个实处，按市场经济规律经营公交，统一规划、多家经营、合理竞争、协调发展，使交通结构进入良性循环。

3. 确保道路交通设施建设必要的费用。据世界银行的统计，对城市市政公用服务设施的投资约占国内生产总值的1.5%～2.5%，而城市道路交通建设的费用约占其中的10%～25%。各城市须根据其具体情况，从政策上和用集资的方法予以保证。另一方面，还要节制不合理的交通需求。加强建造道路交通管理的各种装备，使交通信息采集、运用和交通管理现代化，其效率远远超过建造一个立交，管理的效益可以很快回收投资。

(四) 对道路使用者的需求要进行管理

1. 对居民加强交通意识宣传和遵守交通法规的教育。

2. 采取必要措施，加强管理交通需求。比如：错时上下班，控制出租汽车的保有量，淘汰性能低劣的车辆等等。

3. 充分发挥道路路面的使用效能，对高效的道路使用者（占用路面少的）予以优先。对严重破坏城市道路路面和桥梁的超载重型车辆，要严加管理和取缔。

总之，在大力建设城市道路交通设施的同时，要制定好管理政策。其目的是：保证城市交通拥挤在合理的限度内，使市民在共享有限的道路交通空间上，普遍得到最大的利益；使城市能以较少的投入，得到较多的总体效益，而城市的竞争活力可以不断增强。这才是我国现代化城市交通努力的方向。

第七节 城市规划与水资源

城市规划要研究资源的合理配置。水作为城市发展的重要资源之一，而且是不可替代的资源，水资源利用自然是城市规划中不可缺少的重要内容。通过水资源利用规划，优化水资源配置，使之能够合理开发利用，促进城市健康持续的发展，是城市规划中水资源利用规划的主要目的。

一、水资源及其特点

水资源的概念可分广义和狭义两种解释，广义的讲一个地区的水资源量，是指当地降水形成的地表和地下水量以及外来水量的储存量和动态水量。狭义的讲一个地区的水资源量，是指当地降水形成的地表和地下水量。水资源与其他固体资源不同，其动态水量是在水循环过程中形成的。大气降水是地表水、土壤水、地下水的补充来源。一个国家和地区水资源条件的优劣与降水量的多少有密切的关系。我国多年平均降水总量为61889亿立方米，平均年降水量648毫米，小于全世界平均降水量800毫米，也小于亚洲平均降水量740毫米。

城市水资源是指可供城市建设、产业运转、人民生活利用的地表水和地下水。地表水资源量是指河流、湖泊、冰川、沼泽等水体的动态流量，一般用河川径流量综合反映。地下水资源量是指地下含水层的动态水量，通常用地下水的补给量来表示。由于地表水和地下水互相联系而又相互转化，河川径流量中的基流部分是由地下水补给的，地下水补给量中有一部分来源于地表水入渗，因此计算水资源总量时不能将地表水资源量与地下水资源量直接相加，应扣除相互转化的重复计算水量，包括河川基流量，地表水渗漏补给量，山前侧渗量和井灌回归量。

世界淡水资源极其有限，地球虽然有70.8%的面积为水所覆盖，但其中97.5%的水是咸水，无法饮用。人类真正能够利用的是江河湖泊以及地下水中的一部分，约占地球总水量的0.26%。据联合国最近资料显示，目前世界上有80个国家约15亿人口面临淡水不足，其中3亿多人口完全生活在缺水状态中。我国人均占有水量只有世界人均占有水量的1/4，是世界上13个贫水国家之一。我国城市缺水问题相当严重，城市水资源紧缺的情况极为严峻。

二、水资源和城市的关系

水资源对城市的形成、发展、演变具有引导和制约作用。城市建设、产业发展、人民生活都离不开水，水资源不仅影响城市的性质、规模，而且还影响城市的结构布局和发展变迁。特别是水资源相对比较贫乏的城市，水更是制约城市发展的基本因素之一。从城市发展史看，世界上大部分城市都是傍水而建，水资源作为城市生存的物质支持要素，其重要性是不言而喻的。

随着经济发展、人口增加和人们物质文化生活水平的提高，世界各地对水的需求也日益增长，而地球上有限的水资源已成为当今世界各国经济社会发展的严重制约因素。全球淡水资源的短缺是有目共睹的。我国从20世纪70年代初就发生了水源危机，近年来，随着我国经济的快速发展，水资源短缺的矛盾已经充分暴露出来，许多地方呈现出缺水范围扩大，缺水程度加剧，城市水资源紧张也日渐尖锐，特别是北方一些城市和地区，水资源已成为限制该地区发展的“瓶颈”。

三、我国水资源条件及特点

（一）我国人均水量较少，水资源供需矛盾越来越突出

我国水资源总量为28124亿立方米，其中河川径流量27115亿立方米，居世界第6位，从水资源总量来说不算少，但我国人口众多，人均水量只有2710立方米/人，约为世界人均水量的1/4，比巴西、俄罗斯、加拿大、美国、印尼、日本等国低得多。

近年来，城市缺水日益突出，在全国660多个城市中，有近400个城市缺水，约120个城市严重缺水，城市缺水60亿立方米。

（二）水资源的地区分布很不均匀，与人口和耕地的分布不相适应

我国水资源地区分布的总趋势是由东南沿海向西北内陆递减。南方四区（长江、华南诸河、东南诸河、西南诸河）人口占全国的54.7%，耕地占全国的35.9%，而水资源总量占全国的81%，人均水量为4170立方米/

人；北方四区（东北诸河、海河、淮河和山东半岛诸河、黄河）人均水量仅为938立方米/人。

（三）水量的年内、年际变化大，水旱灾害频繁

我国位于世界著名的东亚季风区，降水和径流的年内分配很不均匀，年际变化大，少水年和多水年持续出现，丰枯年水量相差几十倍。这些特点是造成水旱灾害频繁的主要原因。另外一个特点是年内分配不均匀，全国降水量以夏季为最多，冬季很少，春季和秋季介于冬、夏之间。6－9月最大四个月雨量约占全年降水量的70%～80%。华北和东北地区6－9月的降水量占全年降水量的80%。

（四）水土流失和泥沙淤积严重，降低了水利工程的效益

我国森林覆盖率低，造成水土流失严重。水土流失造成许多河流含沙量大，泥沙淤积严重，全国平均每年进入河流的悬移质泥沙约35亿吨，其中约有20亿吨淤积在外流区的水库、湖泊、中下游河道和灌区内。

水土流失不但造成土壤贫瘠，农业低产，而且给水资源开发利用造成很多困难。例如黄河下游由于泥沙淤积造成河床不断抬高，行洪能力下降，增加了防洪的难度。又由于水库淤积严重，降低了防洪标准和供水效益，使城市引水、泥沙处理成为难题。

（五）地下水超量开采，后果严重

我国北方地表水资源相对贫乏，但平原区地下水资源比较丰富而且容易开发利用，对工业、农业、城镇供水有重要的意义。但有些地区由于过量开采，地下水位不断下降，造成许多不良后果，如海水入侵，地下水质恶化，城区地面下沉等。由于过量超采地下水，我国华北地区已经形成世界最大的“地下水漏斗”，预示着这一地区今后的可持续发展将会面临更大的困难。

（六）天然水质相当好，但人为污染发展快

我国河流的天然水质是相当好的，但近年来水体污染相当严重，大部分生活污水和工业废水未经任何处理直接排入水域。而且越是人口密集、工业发达的城市，其河流污染越严重，导致全国约70%的城市河段不宜做饮用水源，50%的城市地下水受到污染。

四、城市规划与水资源

在当前这种严峻的形势下，在城市规划中研究影响城市可持续发展的重要因素——水资源问题，显得尤为重要。规划时要充分认识我国水资源短缺这一国情，对城市水资源应进行可持续开发利用，努力建设节水型城市，以保证城市的可持续发展。

水资源利用规划是城市规划中的一项重要内容。水资源利用在城市规划中的作用主要体现在：

（一）水资源对城市规模的制约作用

城市用水集中，水源保证率要求高，对水质有一定的要求。因此水资源对城市发展有重要的约束作用，对城市产业结构和用地布局也有调整和制约作用。如果一个地区的水资源非常短缺，不能满足城市发展的需要，采取一定的措施后仍不能达到供需平衡，那么这个城市的发展就受到刚性的制约。缺水城市不宜发展耗水量大的工业，水资源过分紧张的地区应慎重选择产业体系，组成合理的产业结构。在水资源没有保证的地区，不能盲目发展城市。

（二）通过规划合理安排各方用水比例

水资源的使用主要分为农业用水和城市综合用水。农业用水中包含农业灌溉用水和畜产用水，城市综合用水包括城市居民生活用水、工业用水、市政公建用水及河流维持用水。城市生活用水和工农业用水要有一个合适的比例，规划要根据各地区工农业发展情况统筹兼顾，坚持优先满足城市人民生活用水的原则，合理安排工业和农业等其他用水。

（三）从水资源影响出发，对城市发展战略和对策提出建议

城市规划中所谈的水资源一般是指能直接被利用的水源量。水资源的开发利用，受自然地理条件、社会经济状况、工农业布局、城市发展方向、水资源特点以及水利工程设施等许多因素的制约。对各流域来说，这些制约条件既有明显的差异，又有相似之处。规划要综合考虑以上各个因素的影响，除了要研究城市共性的问题外，还要根据不同的具体情况，研究当地的特殊问题，采用不同的战略及对策。

五、水资源利用规划的主要任务

城市规划中水资源利用规划的任务主要是：进行水资源供需平衡分析、合理选择水源、合理确定用水指标、安排建设给水工程设施等，并根据当地水资源具体情况，对规划的产业结构和城市用地布局提出反馈意见。

水资源的供需平衡分析一般分市域和城区两个层次。前者与城市规划中的市域城镇体系规划相对应，后者一般包含在城市总体规划中。我国城市水资源条件差异较大，所以应根据每个城市的具体情况，立足于当地水资源条件，对地表水和地下水、郊区水源和城市水源统筹兼顾，综合开发，因地制宜地安排好水资源的利用。

六、水资源利用规划中应注意的问题

（一）正确评价水资源可供量

做水资源利用规划时要对当地的水文地质情况进行详细的调查和分析，对水资源的可靠性进行详细勘察，包括地表的和地下的，区内的和境外的以及各部分水的水质情况。摸清水资源综合利用现状，作好对当地水资源的综合评价。调查中除了了解水利部门、自来水公司的情况，还要对自备水源的情况进行调查，特别是有些工业城市，自备水源的情况不能忽视。城市水资源量一般以年为单位，从江河取水的一般用最高日水量。城市供水能力是指供水设备最大可供的水量，不能混同于以年计算的水资源可供量或城市用水量。城市生活和生产用水要求保证率为90%～97%，农业用水保证率为75%，因此，地表水资源量一般要按保证率为90%～97%、75%或多年平均分别计算。在计算地表水和地下水资源总量时，要扣除相互补给的重复计算部分。可供量和径流量是两个不同的概念，可供量多少与流域的蒸发量、渗透量、泄洪量、水库等调蓄设施的调蓄量和取水方式有关。

另外，作好水资源可靠性的详细勘察、分析和综合评价，还可以最大限度地避免水源工程选址不当等造成的工程失误。

（二）做好用水量预测

做好需水量的预测是做好用水供需平衡的前提，只有科学地预测城市需水总量，才能保证城市未来发展规模与可利用的水资源相协调。

科学、合理、准确地进行用水量预测是水资源容量保证的基础，是合理确定城市发展规模、发展方向、产业结构的依据。城市需水量的预测方法有多种，通常采用的有估算法、趋势法、幂指数法、相关线性回归法。

用水量预测中要考虑城市生活和生产、市政公建、农业、村镇人畜、河湖景观、航运等以及其他用水，按不同要求的用水保证率分别计算。城市用水中应包括市政供水系统和自备水源系统两部分。

（三）水资源供需平衡，合理选择水源

在上述提出的水资源可供量和城市用水量预测的基础上，要进一步进行水资源的供需平衡分析，从而发现问题，提出解决问题的对策。这是城市规划中一项很重要的工作。

在对该区域的地表水、地下水，境内水、境外水，单水源、多水源的供水方案进行多方案的对比研究后，确定适宜的水源。缺水城市要考虑多渠道供水方案，如远距离调水、中水利用等。规划还应对地表水和地下水的开发全面考虑，合理安排开发比例，加强项目的前期研究。要选择可靠的水源，优化供水系统。

（四）重视水资源保护

水污染是当前急需解决的迫切问题。规划应要求各有关部门协同制定水源保护规划，严格划定水源保护区，制定和严格执行水源保护法规，严格控制和保护饮用水水源取水口，严格控制各种可能污染水资源的人为因素的影响。规划中提出的治理污染对策主要包括工农业的发展方向、城市空间布局、各种工程措施等。

要保护地下水源。有地下水源的城市，在地表水较丰时，可减少或停用地下水，使地下水位上升，把地下空间作为一个调蓄水库积蓄地下水。

（五）搞好近期建设规划

水资源利用规划中不仅要做好远期的预测和规划，也要对近期的需要与可能进行研究论证。适合远期的场站设施，近期内未必合理，因此，要合理安排各类水源的开发利用次序，做好近期建设规划。规划中要注意远距离调水尚未实现时的发展对策。

七、应对水资源短缺的主要对策

针对我国水资源的特点，我们必须重新认识水资源，珍惜水资源，要认真分析缺水类型，有的放矢地提出对策和措施。

我国城市缺水大致有三种类型：第一种是资源型缺水，表现为水资源绝对数量不足，已达到“开源”的极限，如我国北方的太原、大连、天津等一些城市。第二种是水质型缺水，尽管城市水资源量较丰富，但由于水质污染严重，城市没有合格的用水。我国年排放污水总量近600亿立方米，其中大部分未经处理直接排入水域。在全国调查评价的700多条重要河流中，有近50%的河段、90%以上的城市沿河水域遭到污染。第三种是工程型缺水，因设施陈旧，或投资不足，给排水工程设施满足不了城市发展。规划要针对不同的原因，提出相应对策。在水资源供需平衡中要量化供给和需求量，使水资源的可供量满足城市发展的需求，合理开辟水源，增加城市供水能力。

应对我国水资源矛盾可以通过如下一些途径：

（一）研究区域范围内的水资源，合理配置有限的水资源

我国水资源的开发利用缺乏统一的规划管理，地方和部门往往过多地考虑自身利益和短期利益，加剧了对水资源的破坏。随着城市化的发展和城镇的密集，流域内城市的相互依存性增加，跨地区河流常因上游城市污染而影响下游城市水质。因此要防止不合理开发利用水资源对下游城市造成用水威胁，减少由此而引起的城市之间的纷争。规划应从流域和区域层次考虑上下游的关系，打破行政区划和部门分割的界限，在区域范围内，分析多水源供水的可行性。为了调整水资源分布组合的不平衡，可实行远距离引水或跨流域调水工程，努力形成多水源、多渠道共济互补的综合供水体系。这类工程需要大量投资，从一些建成运行的工程看，对生态、气候、地质等也产生了一些负面影响，因此要认真做好成本效益比较，从多方面进行技术经济论证。水资源的分配、保护和污染防治要从整个流域或地区统筹规划，采用区域整体供水的形式，满足城镇密集地区的供水需求。

对于水资源短缺的城市，要积极争取外调水资源，但更重要的是立足本地的开源节流。外调是有条件的，受各种因素的制约，而立足本地是现实可靠的，要充分利用当地水资源优势和潜力。

（二）修建水库等调蓄设施，增加当地水资源可利用量

目前，不但在山区建水库，沿海许多城市在平原地区也建了不少地面蓄水库。有多个地表水源的城市，可采用各个地表水水源向多个水厂输送原水的办法，增加当地水资源的可供量。与远距离引水相比，这种方法可降低供水成本，节约电能。

（三）积极采用污水处理回用、海水淡化、建设雨水水库和雨水储留系统、分质供水等多种措施和手段，充实城市水资源

1. 中水回用。中水是污水经过一定的处理后形成的无毒害水，可用于工业、城市绿化、喷洒街道、冲厕等。回用水将一举两得地缓解水质型缺水的矛盾，一方面减轻污染，优化水质，一方面增加水资源的利用量，应积极推行。例如深圳市华侨城 1999 年开始试用生活污水处理系统，采用了经三级生物大循环过程处理过的生活污水浇灌乔木和绿篱，使 90% 的生活污水被再利用。上海也利用污水和雨水，经过净化处理成为回用水，被用来冲洗车辆、浇树浇花、供企业作冷却水，浇灌农田。

2. 分质供水，提高水循环利用率。这里所说的城市分质供水，是指把对水质要求不高的生产用水和其他用水与生活饮用水分开，单独设系统供应。这种系统是局部的，设置在城市工业比较集中、对水质要求不高的用水量比较大的地区。它要求城市规划在总体布局上，将这些工业集中布置在这类水域附近，由城市统一或企业自备供水系统供水。

沿海缺水城市和有苦咸水的地方，可利用海水和苦咸水，以代替一部分淡水。利用海水有两个途径：一是直接利用，二是淡化。世界上已有一些国家和城市进行了这方面的开发利用，主要是直接利用海水作为工业冷却水和生活杂用水。我国大陆海岸线长达18000多公里，沿海城市很多，有利用海水的较好条件，天津、大连、青岛等城市工业已有利用海水的经验。海水淡化的主要困难是耗能过大，成本过高，处理后带来的结垢、腐蚀、浓盐水排放等技术措施也有待于进一步完善。

在地表水有限而地下水比较丰富的地区，可以选择地下水作为城市用水源。开采地下水可以提高水资源的利用程度，但要合理开发利用，防止过量开采，开采数量应有一定的限制，多年平均开采量不应超过多年平均补给量。有条件的地方应适当减少地下水开采量，使地下水逐渐得到恢复，以维持长期的正常开采。深层地下水补给缓慢，不宜作为长期稳定的供水水源。

（四）大力实行节约用水，减少浪费，防治污染，加强管理

目前水资源紧张严重困扰着我国许多城市，但就在缺水情况如此严峻的同时，仍然普遍存在着严重的浪费现象。节约和保护水资源，是我们国家的重要国策。必须坚持把节水放在首位，要大力推行各种节水措施，发展节水型农业、工业和服务业，建立节水型社会、节水型城市，调动全社会节水和治理水污染的积极性。

我国城市、农村水资源利用效率低下，节水潜力很大。我国工业万元产值用水量为103立方米，是发达国家的10~20倍。工业用水的重复利用率我国为50%左右，而发达国家为85%以上。为此，我们必须要大力调整产业结构，淘汰物耗能耗高、用水量大、技术落后的工艺，限制发展高耗水产业；同时要积极推广节水技术，尽快采取符合各地实际情况的节水措施。

（五）保护水资源工作刻不容缓

要坚持治理水污染，加强水环境保护。要限期改善城市地表水水质，使之达到国家规定的标准。要切实保护好饮用水源，确保居民饮用水清洁。对已被污染的为城市供水的水库和湖泊，要尽快通过治理恢复水质。要加强对工业污染的治理，大力推行清洁生产。要提高城市污水处理能力，重视污水的再利用。缺水城市在规划建设污水处理设施时，要同时安排污水回用设施的建设。

要采取多种措施，提高水利工程效率。通过生物措施和工程措施的综合整治，减少河流泥沙，保持水土，大搞绿化，涵养水源。努力多渠道开源，加强水资源的合理配置。

（六）切实加强用水管理

首先要优先保证城市居民必要的生活用水。

其次，目前我国城市水价偏低，不利于节水，要积极改革水价机制。通过改革，建立一套符合社会主义市场经济要求和缺水提价下的城市水价形成机制和管理体制，逐步理顺城市供水价格，促进供水产业化。同时，还要调整城市污水处理费用，促进污水资源化。

第八节　城市规划与生态环境

城市规划是在特定的城市地域生态环境中所做的规划，特定的城市地域生态环境是城市建设与发展的载体。因此，城市规划与城市地域生态环境有着最直接的联系。我国《城市规划法》规定："编制城市规划应当注意保护和改善城市生态环境，防止污染和其他公害，加强城市绿化建设和市容环境卫生建设"，明确地说明了生态环境问题在城市规划中的重要性。

一、城市生态环境系统

城市是地球表面物质和能量高度集中和快速运转的地域，是非农人口和产业最密集的场所，是以人为主体的环境系统。城市居民与其周围环境的相互作用所形成的结构和功能关系，称为城市生态。特定城市区域中，城市居民与城市环境的统一体以及这个统一体中进行物质能量流动的因素，称为城市生态环境。

城市的自然环境包括自然资源和地域环境。城市最重要的自然资源是土地、淡水、空气、食物、能源和原料，是城市生态系统的重要组成部分。但城市本身不可能提供城市所需的全部资源，需要依赖周围地区其他系统的输入，只有当城市对资源的需求与城市所能达到的最大供应量达到平衡时，城市系统才能高效率运转。城市的地域环境，指城市所在地区及其周围地区的自然环境条件，包括地质、地貌、气候、水文、土壤、生物等，它直接影响城市生态系统，而城市中人的活动反过来又会影响与改变地域环境条件。

城市生态环境的这些组成成分，通过生命代谢作用、投入产出链、生产消费链进行物质交换、能量流动、信息传递而发生相互作用，互相制约，构成具有一定结构和功能的有机联系的整体，称城市生态系统。它是城市居民与其环境相互作用形成的复杂的系统。所以城市生态系统是以人为中心的城市环境系统，或称城市生态环境系统。

组成城市生态环境的各部分、各要素在空间上的配置和联系，称为城市生态环境结构。组成城市生态环境要素之间、各部分之间的有机组合，使城市生态环境通过生物地球化学循环、投入产出的生产代谢，以及物质供需和废物处理，形成一个内在联系的统一整体。一方面，城市自然生态环境以其固有的成分及其物质流和能量流运动着，并控制着人类的社会经济活动；另一方面，人类的社会经济活动又不断地改变着能量的流动与物质的循环过程。

城市生态环境中的自然环境和人工创造的环境、经济环境，分别承担着满足城市居民特定需要的功能。其中自然环境是城市产生和发展的物质基础，是人类生存和发展不可缺少的物质因素。社会经济环境具有生产、生活、服务和享受的功能。社会经济环境是在城市形成过程中，人类为了不断提高自己的物质文化生活而创造的。在这种创造过程中，人类既利用、改造了城市自然环境，又损耗和破坏了自己所生存的城市环境，并不断向其生存空间以外发展和开拓。所以城市生态环境随着城市的发展而不断地变化。

二、城市规划中有关城市生态环境规划的内容与任务

按现行《城市规划编制办法》的规定，城市规划涉及城市生态环境的内容，主要是城市园林绿化系统规划、环境保护和污染综合防治规划。这些规划的主要任务是对一定时期内的城市有关自然资源的合理开发利用、环境保护和生态环境建设提出规划、目标、对策和措施。其目的在于提高城市生态环境质量，维护生态平衡，实现城市的可持续发展。在城市这个复杂的复合生态系统中，环境的可持续性是基础，经济的可持续性是条件，社会的可持续性是目的，三者的协调发展是实现城市可持续发展的关键。因此，城市生态环境规划的任务就是协调城市社会、经济发展与城市生态环境之间的矛盾，防止生态环境的破坏与污染，为市民创造一个健康舒适、卫生、安全的高质量

的持续发展的城市生态环境。

编制城市生态环境规划的原则主要有下列四条：

1. 和谐原则。追求人工环境与自然环境的整体和谐与协调，使城市居民能健康、舒适、卫生、安全地生活。

2. 整体优化原则。追求城市生态环境与社会、经济的整体优化，以达到社会、经济和生态环境三个效益的统一。

3. 生态平衡原则。重视城市人口、资源与环境容量的平衡，城市园林绿地等“绿色开敞空间”与城市建筑等“灰色实体空间”的平衡，人类、自然与生物之间的平衡。

4. 多样性原则。城市中的物种、群落、生境和人类文化的多样性影响着城市的结构、功能以及它的可持续发展。因此城市生态环境规划要保护和发展城市地区的生物多样性，以维持城市地区生态环境的稳定性。

三、城市园林绿化系统规划

园林绿化系统在城市生态系统中具有重要作用。绿色植物不仅有使用功能、观赏价值，更具有生理功能。绿色植物对改善生态环境、调节气候、增加湿度、降低气温、缓解热岛效应、降低噪声、吸收有害气体和尘埃、保护和增加生物多样性、发挥生物降解功能和防灾疏散功能、丰富居民精神文化生活、陶冶情操、协调人与自然的关系等方面都起着重要的作用。因此，森林植物与绿化环境建设不仅直接关系到城乡生态环境质量的好坏和居民生活质量的提高，而且也是一个城市现代化水平和文明程度的重要标志和地区经济发展的必要条件，是实现城乡可持续发展的基本保障。

我国目前大多数城市和城镇不论从绿地生态环境系统的质量上，还是从绿地面积与绿化指标上，与国外发达国家城市相比较还存在着较大的差距。改革开放以来，随着我国经济科技的发展与全民环境意识的提高，绿化环境建设越来越引起地方政府部门与广大市民的关注与重视。对城市园林绿化系统规划建设的认知已从过去把园林绿地只当作单纯的游憩、观赏向着改善生态环境、发挥综合生态功能、促进生态平衡的方向发展；从孤立进行公园绿地布点向形成绿地生态系统，走城乡一体化和大环境绿地建设的方向发展；从过去单纯应用观赏植物向着综合利用各类资源植物的方向转化。

园林绿化系统规划主要包括：

1. 分析评价城市绿地系统的现状、规模、结构、分布特点及存在的主要问题。

2. 制定近远期绿地系统规划的目标。

近远期绿地系统规划的目标主要包括两方面的内容：

(1) 合理确定绿地系统结构与规模

针对各个城市绿地系统的现状、特点及存在的问题，编制绿地系统规划，合理确定绿地系统的结构、规模和布局形式。要使绿地发挥综合的生态功能，就需要把城市绿地系统视为开敞的绿地有机生态系统。绿化系统规划要由大到小、从宏观到微观的不同层面上展开，形成完整的有机系统。

①区域层面，即大环境圈的生态绿地环境系统。结合区域规划与区域的山脉、江河水系、农田水利工程、城市水源保护地等，大力植树造林，保持水土，保护湿地，保护植被，保护生物多样性，规划建设各种类型与功能的生态绿地系统，将市域环境绿化规划与国土整治规划相结合，实现大地园林化，形成城乡一体的网格化生态绿地系统。

②城市层面，即在城市总体规划中，结合城市用地总体布局结构，布置各种类型的公园绿地。有条件的大中城市应在城市中建立森林公园、生态公园，形成点、线、面相结合，乔（木）、灌（木）、地（地被植物）相结合的布局合理、设施齐全的城市绿地系统。

③居住区层面，根据每个居住区的具体条件规划布置不同大小、不同类型与功能的公园、小游园和林荫道，形成各具特色的居住区、居住小区和街道的优美亲切的绿化环境。

④单位层面，即各个机关单位、工矿企业的环境绿化规划，以形成各具特色的园林式、花园式绿化文明单位。

⑤家庭住宅层面，即每个居民住家，结合住宅院落空地、阳台、屋顶、墙面等室外环境和室内环境进行绿化、美化设计，建设洁净美好的住居环境。

(2) 确定绿地系统的指标体系

除了在规划上建立完善的绿地生态系统外，还应从环境绿化的量化指标上加以体现，建立完善的量化指标体系。环境绿化的主要量化指标有各种绿地的规模、绿化覆盖率、绿地率、人均公共绿地面积、森林覆盖率等。要建立并严格实行城市绿化“绿线”管制制度。

3. 为实现规划目标应采取的对策与措施：建立绿地生态系统环境规划建设的政策激励机制；多渠道筹措资金；制定各种法规；强化管理与监测体系等，使规划目标得以实施。

四、城市环境污染综合防治规划

（一）城市大气环境的控制

在城市中高密度的人口与建筑，高强度的经济活动，极大地改变了自然生态条件，影响了城市的小气候，产生了城市的热岛效应，并使大气中的有害成分大大增加，从而改变了大气的正常成分，产生大气污染，对市民的健康和动植物的生长构成危害。

城市大气污染的污染源主要有工业污染源、生活污染源、交通运输污染源三大类。在工业城市中，由于工业生产排放的废气污染物量大、种类多、成分复杂，往往形成最严重的大气污染源。生活污染源主要是厨房、餐厅炊事排放的生活废气和烟尘。交通运输污染源，主要是随着城市汽车拥有量的迅速增加，水、陆、空交通运输业的发展，各种交通工具废气排放量急剧上升，对城市大气环境造成严重污染。对人体健康造成危害的主要污染物有二氧化硫、一氧化碳、氮氧化物、碳氢化合物、铅、粉尘等。

控制大气污染，城市布局上要将排放有害气体和大量粉尘的企业放在城市常年主导风向的下风地段，以免污染城市。调整城市布局，对市区内严重污染大气、一时又难以治理的工厂应当迁出。提高空气环境质量的主要措施是改变燃料结构，装置降尘、消烟环保设施以减少污染，采用清洁能源，增加绿地面积等；强化监控管理措施，严格执行国家大气环境质量的标准及有关环境保护的相关规定。

（二）水环境控制

水环境控制规划包括水资源利用和保护规划与水污染综合整治规划两方面。前者已在本章第七节阐述，这里只讲水污染的综合整治问题。

水体污染是由于大量污染物质排入水体，其含量超过了水体的本底含量的自净能力，造成水质恶化，从而破坏了水体的正常功能。城市水污染是由于城市的生产、生活活动产生的污染物对水体造成的污染，包括工业污染、生活污染与农业污染源等。工业废水是水体最重要的污染源，它具有量大、面广、成分复杂、毒性大、不易净化和处理难度大的等特点。生活污水多为无毒的无机盐类、需氧有机盐类、病原微生物类及洗涤剂，其特点是含氮、磷、硫多，细菌多，用水量具有季节变化规律。农业污染源包括牲畜粪便、农药、化肥等，具有有机物质、植物营养素、病原微生物含量、农药、化肥含量高等特点。城市水污染综合整治规划主要有以下任务：

1. 在城市布局上，要将排放有害废水的企业和单位放在城市水源的下游方向，以保护水源。

2. 根据城市用水规划，预测城市污水排放量。

3. 确定城市排水系统与污水处理方案，确定污水处理厂的位置和用地，发展生态处理方法，推广循环利用技术，减少污水处理量。

4. 加强工业废水与生活污水等污染源的排放管制。

(三) 声环境控制

噪声对城市居民的健康有很大影响，随着城市经济、文化建设的发展与交通运输量的增加，城市噪声已成为城市重要的污染源。城市噪声污染源主要有交通噪声、基本建设噪声、工厂生产噪声和活动噪声等四个主要方面。其中交通噪声已经成为对城市与居民区影响最大、最普遍的污染源，大约有70%的城市环境噪声来自交通工具，如汽车、火车、飞机、轮船等构成了城市空间立体式的噪声污染源。目前我国公路两边的噪声大致在70~80分贝，当车速提高一倍，噪声可增加6~10分贝，在航空运输发达的城市地区飞机产生的噪声危害最大。目前世界上约有一半的人生活在噪声污染环境之中，我国约有40%的城市居民生活在超噪声标准的环境中。噪声控制与降噪规划措施主要有：

1. 在城市布局上，正确处理铁路、公路、机场及有噪声污染工厂的选址选线与城市有关用地的相互关系。

2. 优化产业结构，调整工业布局，对扰民大的工厂采取治理措施或迁建，从根本上消除大的噪声源。

3. 对新开发的城市用地进行声环境影响评估，根据国家城市区域环境噪声标准及其他功能要求进行合理规划与设计。

4. 合理组织城市交通网络，尽可能避免交通噪声对居民区的干扰。

5. 利用绿化处理，设置隔离带，降低噪声影响。

6. 利用地形高低变化，阻止噪声的传播，降低噪声的影响。

（四）电磁辐射环境的控制

电磁辐射是发射体以电磁波的形式向空间环境发射能量的过程。随着经济的发展，科技的进步，城市居民每天都以各种方式置身于电磁场中。城市高压线路、广播电视、移动通信网络、商场和机场的安全系统以及种类繁多的家用电器等都有可能产生危害人体健康的电磁辐射污染。早在1975年就有专家预测，城市空间人为电磁能量将以每年7%～14%的速度增长，也就是说2000年城市环境电磁能量密度最高已比1975年增加26倍，到2025年可增至700倍。因此，21世纪城市的电磁环境将更为复杂与恶化。

由于城市的发展与扩大，大中型广播电视与无线电通信发展台站往往被新开发的居民区所包围，这不仅影响了电磁波信号的发射传输，也容易造成电磁辐射对居住环境的干扰与污染。因此，在城市规划中，必须正确选择变电站、高压线走廊、电视塔和移动通信发射台站的位置，并严格遵守电力通信部门制定的电力高压线安全防护距离的有关规定和国家环保总局制定的电磁辐射防护规定，以保证城市居住区的安全，防止电磁辐射对居住环境的污染。

（五）光环境的控制

在现代城市，夜生活较以前有很大发展，甚至出现了不夜城。采用激光等现代技术进行城市街道、广场、建筑物照明和强光聚焦、反射、闪烁等在城市夜间环境设计中日益增多。但如果处理不当，也会产生对城市居民区的视觉环境污染，影响居民的健康，甚至产生行车安全事故。因此，城市街道、广场与建筑物的室外环境灯光照明规划与设计中，必须体现对人的关怀，防止产生光环境污染。一些城市大量的玻璃幕墙建筑出现，在白天对阳光的强烈反射也对人造成一种光环境污染。

（六）城市固体废弃物的控制与处理

固体废弃物包括生活垃圾、建筑垃圾、工厂的废弃物及商业垃圾等，是城市重要的污染源。我国生活垃圾产生量十分惊人，城市居民平均每人每年要产生垃圾约300公斤，并正以每年10%的水平增长，由于城市固体废弃物量大面广、种类繁多、成分复杂，并在收集、堆积与处理过程中往往容易产生二次污染，给控制与处理带来了巨大的困难。

城市固体废弃物的控制与处理对于综合利用与回收资源，净化城市环境，提高环境质量，获取经济效益，有着重要的意义。固体废弃物的控制，首先要从源头上尽可能减少固体废弃物的产生如：

1. 积极发展绿色产业，提倡绿色消费，提高居民的环境保护意识，尽量减少产生固体废弃物污染源。严格控制“白色污染”，发展可降解的商品。

2. 提高全民的环境意识和文明程度，养成良好的卫生习惯，自觉维护环境的清洁。提高固体废弃物回收与综合利用率，变废为宝，实现固体废弃物的资源化、商品化。

固体废弃物的处理是应用物理、化学、生物等不同处理方法，将废弃物进行最终处理。其处理方法一般有卫生掩埋、堆肥、焚烧三种。不论采用何种方法都需要有足够的场地面积，因此，在城市规划中要合理选择和安排固体废弃物处理场地的位置和用地。

(1) 要按照不同的处理方式选择处理场址，上述三种不同的处理方法对场地选择有不同要求。

(2) 处理场地的面积，不仅要考虑本身的容量与生产设施的占地要求，同时要考虑配套设施与发展的需要。

(3) 考虑运输距离的经济性与合理性。

(4) 考虑场地的生态环境状况，如场地的气候、土壤、地质、水文等自然条件及其对周围环境的影响。

由于城市集中式固体废弃物处理场（厂）的建设占地大、投资大、处理复杂，并对周围环境可能产生的不利影响，因此对其布点、选址、处理方式的确定及其规划设计都需要进行环境影响的预测与评估，包括对环境的物理、化学影响，生态环境影响，社会、经济影响及文化影响等。

第九节　城市规划与历史文化保护

城市是一种历史文化现象。每个时代都在城市中留下自己的痕迹，保护历史的连续性，保存城市的记忆，是人类现代文明发展的必然需要。经济越发展，社会文明程度越高，保护历史文化遗产的工作就越显重要。我国的《城市规划法》规定，编制城市规划应当注意保护历史文化遗产、城市传统风貌、地方特色和自然景观。《文物保护法》也规定，要保护有历史、科学、艺术价值的文物。

城市优秀历史文化遗产大致包括以下几个方面：

法定的各级重点文物保护单位以及虽未定级但确有价值的古建筑、纪念建筑物、名人故居、传统民居、遗址遗迹以及反映城市发展阶段的代表性建筑物、构筑物等；

有历史价值的风景名胜地；

较完整地体现出某一历史时期风貌特色的地段或街区；

能够体现我国历史上城市规划成就及反映城市发展史的规划格局、风貌特色。

除以上建筑实体性的历史文化遗产以外，文化传统也应是重要内容之一。传统的戏剧、绘画、音乐、手工工艺、民族风情、传统特产等都属于城市历史文化遗产之列。

城市规划是对城市空间布局和各项建设的综合部署和具体安排，通过规划，将对保护城市历史文化遗产发挥重要作用。

一、要正确认识保护历史文化遗产的重要意义

1. 要从落实“三个代表”思想的高度去认识保护历史文化遗产的重要意义。人们对保护历史遗产有个认识

的过程，从保护宫殿、府邸、教堂、寺庙等建筑艺术的精品，发展到保护民居、作坊等反映一般人民生产、生活的历史见证物；从保护单位的文物古迹发展到保护成片的历史街区，再发展到保护一个完整的古城，内容越来越广泛，内涵越来越丰富。这种变化是和经济社会的发展和文化的发展同步的。在一个国家，社会越进步，历史遗产的保护越受到重视，文化越发达，保护历史遗产越成为全社会的共识。保护历史文化遗产是文化发达、社会进步的表现，而且，随着人类文明的发展它将越来越成为人们精神生活的必然需要，为此我们可以说，它是先进文化的发展方向的一个重要方面。我们应该用这样的思想来认识保护历史文化名城的重要意义，来自觉督促我们的工作。保护城市历史文化遗产是建设社会主义精神文明的重要内容，也是建设有中国特色的社会主义文化不可或缺的组成部分。用这些凝聚着悠久历史和灿烂文化的历史实物去感染人、教育人，有着语言文字所不可比拟的震撼力和感召力，这对于提高人们的文化品位、陶冶高尚情操、激励民族自尊和爱国热情都有着极大的作用。

2. 城市优秀历史文化遗产也是城市现代化的必要内容。现在人们越来越认识到，城市现代化并不单纯意味着高楼大厦、高架路、立交桥，而是要求完善的基础设施、良好的生态、高质量的生产生活环境，还要有深厚的历史文化内涵。越是现代化，人们对精神、文化方面的追求越高。新的建筑容易创造，历史遗产却不可再得。城市中的文物古迹、风景名胜、历史街区是现代化城市不可多得的内容，决不可在建设的过程中去破坏它、丢失它，千万不要造成事后的追悔莫及。

3. 城市历史文化遗产又是建设美好城市特色的基础。改革开放初期，我们的城市建设主要是还欠账，重点注意城市基础设施和住房的建设。近年我国的城市建设已开始走上在继续加强各项建设的同时注重讲环境、讲生态、讲景观的时期，从领导到群众对“千城一面”的状况普遍不满，都在追求美好的城市特色，让市民为自己的家乡自豪，也让外来人感到是投资发展的好地方。城市特色的形成和发展因素众多，包括要靠新建筑的精心设计，更要靠建设中与自然环境的结合和对历史风貌的延续。城市是在历史中形成的，城市发展的历史各有不同，保护历史遗产，延续历史风貌，城市的特色也就在其中了。有些经济发达地区一些小城市在旧城改造中不注意保护文物古迹、历史街区，旧城改造完成了，城市特色也消失了。

我国的城市正处于大规模建设时期，在这一过程中，历史文化遗产最易遭到破坏。从各地的实际情况看，破坏是较为普遍的，有的地方还十分严重。突出地表现在旧城改造中，第一是文物古迹被拆除，对已定为各级“文物保护单位”的情况会好一些，更多的是优秀民居、名人故居和近代代表性建筑，由于还没有来得及定为“文物保护单位”，在对其价值的争论中被毁掉了。第二是文物古迹的环境遭破坏，星星点点的文物古建淹没在高大楼群中，让人难以领会它应有的历史科学艺术价值所在。第三是历史街区被毁，许多古城中有代表性的传统居住区、传统商业街在旧城改造的浪潮中消失了。拯救这些历史街区，保存一点城市的记忆，这是目前许多城市的当务之急。

二、我国历史文化遗产保护的简要历程

1948年在人民解放军南下解放全国的前夕，解放军某部邀请清华大学梁思成先生主持编写了《全国重要性文物简目》，共450条，并附“古建筑保护须知”。这个“简目”是以后公布全国第一批重点文物保护单位的基础。

1950年5月建国之初正是百废待兴之时，中央人民政府（政务院）即发布了保护文物古迹的政令。

1961年公布首批全国重点文物保护单位，以后又公布了第二批、第三批、第四批共50处。此外有省级保护单位约4000处，市（县）级保护单位约万处。

1982年颁布《文物保护法》。

1982年、1986年、1994年先后三批公布国家级历史文化名城共99个，它们分别是：第一批国家历史文化名城（24个）包括北京、承德、大同、南京、苏州、扬州、杭州、绍兴、泉州、景德镇、曲阜、洛阳、开封、江陵、长沙、广州、桂林、成都、遵义、昆明、大理、拉萨、西安、延安。第二批（38个）包括上海、天津、沈阳、武汉、南昌、重庆、保定、平遥、呼和浩特、镇江、常熟、徐州、淮安、宁波、歙县、寿县、亳州、福州、漳州、济南、安阳、南阳、商丘、襄樊、潮州、阆中、宜宾、自贡、镇远、丽江、日喀则、韩城、榆林、

武威、张掖、敦煌、银川、喀什。第三批（37个）包括正定、邯郸、新绛、代县、祁县、哈尔滨、吉林、集安、衢州、临海、长汀、赣州、青岛、聊城、邹县、临淄、郑州、浚县、随州、钟祥、岳阳、肇庆、佛山、梅州、海康、柳州、琼山、乐山、都江堰、泸州、建水、巍山、江孜、咸阳、汉中、天水、同仁。2001年又批准了秦皇岛市山海关区和湖南省凤凰县作为国家级历史文化名城。

1986年国务院确定要保护历史街区。

1989年颁布《城市规划法》。

三、我国保护城市历史文化遗产的工作层次

我国保护城市历史文化遗产的工作有三个层次，每个层次任务和重点不同，工作方法也有区别。这三个层次构成一个从点到面的完整的体系，使各种形态的历史遗产都能得到有效和恰如其分的保护，而且可以尽量减少保护与城市发展建设的矛盾。

1. 第一层次是保护文物古迹，包括古建筑、古墓葬、古遗址、石刻、近代有纪念意义的建筑物等。要根据它们的历史、科学、艺术价值，定为各级“重点文物保护单位”。在保护工作中，既要注意古代的，也要注意近代的，既要注意已经定级的，也要注意尚未定级的。有些名人故居和一些有历史意义的建筑物，因一时不认识其价值而被毁掉是很可惜的。

对文物古迹的保护应遵循《文物保护法》中所规定的“在维修保养时不改变文物原状”的原则。要保存它

们的“原址、原状、原物”，保护维修是为“延年益寿”，不要“返老还童”。有个流行的说法叫“整旧如旧”，它的意思不错，但是，有人产生了误解，以为仿古建筑也属保护范围。准确的说法应该是保存历史的信息，用信息的观点看，文物古迹包含的大量历史信息，可以不断地被研究、被解释，今人可以利用，后人也可以利用，而且随着科学的发展和人类认识水平的提高，后人对这些信息的认知肯定比我们更深刻、更丰富。只要原物存在，就可以不断地有所发现；原物不存在了，对信息的认识也就终止了。人们可以复制一个文物，但所保留的信息只能是已经认识的那一部分，再不可能有新的发现了。这就是文物不可再生的道理。

保护文物古迹要特别注意保护它的历史的环境。目前对文物价值的损害大量是反映在对文物环境的破坏上。《文物保护法》规定要在文物的保护范围之外，再划定一个“建设控制地带”，通过城市规划对这个地带的建设加以控制，包括新建筑的功能、建筑高度、体量、形式、色彩等。只有保存了历史的环境，人们才能够更好地理解文物建筑在当时的功能、作用、设计意图和艺术成就，才能更好地体现它的历史、科学、艺术价值。试想如果天安门不是在天安门广场的正面中心位置，左右有人民大会堂、革命历史博物馆对称护卫，而是淹没在高大楼群之中，人们就不能感受它的庄严与雄伟。

各级“重点文物保护单位”要注意科学的展示和合理的利用。我们不提倡恢复重建那些已不存在的文物建筑，重建的不是文物，可以叫名胜，但不具有文物价值。当然，为了丰富旅游的内容，有选择地恢复一些知名度高、在群众心中仍保留亲切记忆的古建筑，这也是无可厚非的，但当前主要的精力和财力还是应放在抢救整修上，要强调“保护为主，抢救第一”。科学的展示使人们看起来感兴趣，不但让内行看出“门道”，让外行也能看出“热闹”，寓教于乐，使人们更好地了解它的价值所在，从而受到感染和教育。成功的展示活动可以带动旅游及其他产业，又可以取得一定的经济效益，使之一举两得。所谓合理利用，主要是指今天的利用不要影响到后人的利用，即要考虑永续地利用，要让先人留给我们的历史遗产完好地传到后人手中。有时为了能够永续利用宁可今天暂不利用。周总理当年就曾劝阻过郭沫若开掘乾陵的建议，因为那时（现在也是）的技术还无法保存地下埋藏的丝质和纸质的文物，所以他说“还是留给后人吧”。

2. 第二个层次是保护具有传统风貌的历史街区。在这里单独看每栋建筑物，可能还不够定为“重点文物保护单位”的条件，但它们加在一起，其整体的风貌却能反映出某一历史时期的传统风貌特色，从而使价值得到了升华。1986 年国务院在公布第二批国家历史文化名城的文件中规定：“对文物古迹比较集中，或者能完整地体现在某一历史时期传统风貌和民族地方特色的街区、建筑群、小镇、村寨等应予保护，可根据它们的历史、科学、艺术价值确定为地方各级历史文化保护区。”

关于历史文化保护区的条件，第一，有真实的历史遗存物，反映历史风貌的建筑、街道等是历史原物，不是仿古假造的。整个地区内会有一些后代改动的建筑存在，但应只占一小部分且风格上基本统一。第二，有完整的历史风貌，能够反映城市历史上的典型特色。第三，有一定的规模，视野所及风貌基本一致，能够造成一种环境，使人从中感受到历史的气氛。讲这些条件的意义在于和当前盛行的仿古一条街区相区别。仿古街可能带来旅游、商业价值，但绝不是保护的对象。

现在各地已公布为“历史文化保护区”的地段有上百处。北京公布景山地区、鼓楼什刹海地区等共25片，约9.6公顷。江苏、安徽、浙江等也将一些村落、传统民居群等定为省级“历史文化保护区”。就其类型大约可归纳为以下四种：

(1) 反映历史传统风貌的地区，包括传统居住区、传统商业街等。如北京的四合院住宅区，安徽屯溪“老街”商业街。

(2) 有浓郁的地方或民族特色的地区，如江苏同里镇等水乡城镇，皖南的棠樾、西递村等古村落（已于2000年被联合国教科文组织定为“世界文化遗产”），福建、广东的骑楼商业街等。

(3) 近代建设的有外国建筑风格或中西合璧、混合风格地区，如上海外滩、青岛“八大关”地区、厦门和广州的骑楼商业街等。

(4) 以文物建筑为中心，整体环境保存有历史特色的地区，如北京国子监街等。

对历史地段的保护原则有三条：一是保护历史的真

实性，要尽可能多地保护真实的历史遗存，对历史建筑积极维护整修，不要因其破旧就认为没有使用价值而拆毁。二是保护风貌的完整性，要保存整体的环境风貌，不但包括建筑物，还包括道路、街巷、古树、小桥、院墙、河溪、驳岸等构成环境风貌的各个因素。三是维护生活的延续性，这里的居民要继续生产和生活，要维护原有的社会功能，促进经济的繁荣。

由于有这样的保护原则，它的保护方法和保护文物古迹就有重要的差别。历史街区的保护方法有三条：一是保护外貌、整修内部。历史街区的历史建筑不必像文物那样一切维持原状，可以进行室内的更新改造，以适应现代生活的需要。二是积极改善城市基础设施，提高居民生活质量。这个问题不解决，不但影响到保护的积极性，而且势必导致街区的窒息和进一步损坏。三是采取逐步整治的方法，切忌大拆大建。这一方面是为了从容筹集资金，另一方面也为精心设计精心施工，保存更多的历史信息。

保护历史地段在保护历史文化遗产的工作体系中有重要的现实意义。第一，我国的历史古城众多，但保存完整称得上是历史文化名城的只能是少数，而在许多不够历史文化名城条件的古城中却也存在有不少值得保护的历史地段。第二，在大多数历史文化名城中，由于城市建设的需要，既无可能、也无必要对名城的所有地区实行全面保护，所以选择一定的历史地段加以重点保护，用这些地段来反映城市的历史传统风貌是较为现实可行的作法。第三，将有价值的历史地段划为“历史文化保护区”，它的范围可以根据现状实事求是地确定，可大可小；对那些破坏严重已无传统风貌可言的地区可以划在保护范围以外，这样可以较少影响旧城的更新改造，减少与城市现代化建设的矛盾。

历史街区是当前历史文化名城保护工作的重点，只有通过成片的历史街区才能给人们历史名城的感觉，才能让人认同，它的确称得上是一座历史文化名城。在其他城市保护历史文化遗产工作中保护历史街区也有重要的意义，它以整体的环境风貌展现着城市某历史时期的特色，反映着历史的脉络，是城市记忆的实物实例。

当前认识上存在的误区，主要是分不清保护文物与保护历史街区的差别，错把对文物保护的要求放在对历史街区保护上。例如有人提出：你们保护历史街区，是否还要那里的老百姓继续生活在居住条件很差的环境中？也有人提出，保护历史街区政府就应该花钱把老百姓全迁走，让那里成为一个博物馆。这两种看法显然都是由于不了解国家对保护历史街区的政策所致。对历史街区的保护只要求保存外貌，允许改造内部，同时，还特别强调积极改善基础设施，改善居民生活环境，让居住在其中的群众也过上现代化的生活。在方法上强调“逐步整治，有机更新”，不是要求政府花大钱，一次改造完毕，而是在政府出资的同时，动员社会各种力量，动员居民自己也出资，逐步改善自己的生活条件。通过这些方法可以使历史街区既保存了历史遗产又能改善环境，完善功能，做到保护与发展的兼得。

3. 第三个层次是保护历史文化名城。对有价值的古城即“保护文物十分丰富，具有重大历史价值和革命意义的城市”，由国务院核定公布为国家历史文化名城。国务院还规定了具体的审定标准，第一，历史文化名城不只看城市的历史，关键是要保存有丰富的有价值的历史遗产。第二，历史文化名城和文物保护单位是有区别的，历史文化名城的现状格局和风貌应保留有历史特色，并具有成片的历史街区。第三，文物古迹和历史街区主要分布在城市市区和郊区，保护它们对城市的建设方针、发展方向有重要影响。

四、我国保护历史文化名城的一般要求

梁思成先生早在20世纪50年代就提出过保护古城应有别于保护单体文物。他在关于北京西郊建设新的行政区的建议中说：“北京作为故都及历史名城，许多旧日的建筑已成为今日有纪念意义的文物，它们不但形体美丽，不允许伤毁，而且它们位置部署上的秩序和整个文物环境，正是这座名城壮美特点之一，也必须在保护之列。”他还说，“北京古城的价值不仅在于个别建筑类型和个别艺术杰作，最重要的还在于各个建筑物的全部配合，他们与北京的全盘计划、整个布局的关系，在于这些建筑的位置和街道系统的相辅相成，在于全部部署的庄严秩序，在于形成了宏壮而又美丽的整体环境。”

保护历史文化名城不同于保护一般的文物古迹，这是我国特有的概念，它的要点是：

第一，保护历史文化名城并不是要保护城市的全部，它的保护范围、内容、要求要通过城市规划来予以

确定。对某城市冠以历史文化名城的称号，是给城市以荣誉，更重要的是明确规定了城市政府保护的责任。

第二，关于保护的原则。城市是不断发展的社会经济实体，有成千上万人在那里生活和工作。城市的经济要发展，设施要改善，生活水平要提高，要实现现代化，不能把历史文化名城当成博物馆使之凝固起来。所以，要处理好保护与发展的关系，既要使城市的优秀文化遗产得以保护，又要促进城市经济社会的发展，不断改善居民的工作生活环境。

第三，在保护内容方面可以归纳为三句话，即保护文物古迹及历史地段，保护和延续古城的规划格局和风貌特色，继承和发扬优秀历史文化传统。关于第一句话，前文已有所叙述。关于保护和延续风貌特色的问题，在古城中有的有保护的要求，如古城的空间形态、街道布局、传统风貌等，但有的城市历史风貌已经改变太多，不好笼统只提保护，所以提了延续的要求，即在这些地方的更新改造中把延续特色作为创作设计的一项原则。可以通过控制建筑高度、创造与传统风格相联系的建筑形象等规划设计手法，既满足现代生活需要，又不失历史传统特色。

在历史文化名城中除了保护有形的、实体性的内容以外，还要保护无形的、传统文化的内容，即继承和发扬优秀历史文化传统。如民间艺术、民俗精华、民间工艺品、传统戏剧、音乐等，它们和有形文物相互依存、相互烘托，共同反映着城市的历史文化积淀，共同构成城市历史文化遗产。为此应该深入挖掘、充分认识其文化内涵，把历代的精神财富流传下去。

所有城市都有继承和发扬优秀历史文化传统的问题。当然，这不仅是城市规划的任务，而是全社会共同的任务。

第四，历史文化名城的保护方法，除划定保护范围等具体措施外，更重要的是采取综合性、整体性措施。城市规划对名城保护工作的作用可以体现在以下方面：

一是，通过对城市发展历史的研究，分析总结古代城市遗址、布局与空间组织、交通、防灾等规划建设思想和城市发展规律，结合现状城市特点及城市发展条件，确定合理的城市社会经济发展战略及城市空间发展战略。

二是，确定合理的城市布局、用地发展方向和道路系统，落实保护古城规划格局和历史环境的规划措施。在有条件的地段开发新区以保护古城，并使不同地区形成不同的但又有机联系的风貌基调。通过道路布局和控制建筑高度给文物古迹以突出的展现，更好地显示名城的特色。

三是，通过道路选线及空间视廊的保护，把文物古迹、园林名胜以及展示名城历史文化的各类标志物在空间上组织起来，形成城市形体的历史性网络体系，便于人们对名城深厚的历史文化渊源的感知和理解。

四是，划定历史地段及文物建筑的保护控制范围，确定相应的视觉保护域（廊）范围及建筑高度等控制数据。

五是，处理好新建筑与古建筑的关系，使它们的整体环境不失历史文化名城的特色。

城市历史文化遗产，是先人留下的宝贵财富，是我国悠久历史和灿烂文化的实物例证。在市场经济条件下，一些事情可靠市场规律的调节，而另一些诸如社会公益事业、环境保护事业、历史文化遗产保护事业等是以长远利益为重，无法求助于市场规律的，是应该由政府进行干预的行为。城市规划是一项政府职能，保护历史文化遗产是城市规划的重要原则和任务。

第十节 城市规划与防灾减灾

自然灾害和人为灾害对人类造成严重的危害。城市由于人口和产业集中，灾害的危害就更为突出，城市成为防灾减灾的重点。

伴随着与灾害的长期斗争，城市防灾减灾已成为城市规划必须研究和对待的重要任务之一。研究灾害规律，加强城市的防灾能力，防止和减轻灾害对城市的破坏是现代化城市的一项基本功能，城市规划在这方面也肩负重任。

一、城市灾害分类和防灾的重要性

城市的灾害主要分为两大类，即自然灾害和人为灾害，包括其诱发的次生灾害。自然灾害是因自然界变化所引起的灾害。联合国界定的自然灾害有30余种，其中与城市相关的主要有地震、洪水、风灾和地质破坏等，这些灾害还会带来次生灾害，如火灾等。

不同的自然灾害其特点很不同。地震的发生往往有极大的突然性，建筑物、构筑物地震时的损害，是导致地震损害和次生灾害发生的最主要因素。洪水发生几率频繁，灾害范围大，历来居灾害损失之首，但突发性较地震为缓。地质破坏如滑坡、泥石流等也较为突然。

人为灾害系由人类的各种活动引起的事故灾害，最突出的是城市火灾与爆炸、交通事故等。这类灾害经常发生。战争是另一种人为灾害。城市是国家或一定地区的政治、经济的中心，因此战争攻击的首要目标仍是有影响的城市。

随着城市的迅速发展，城市在国民经济中的地位也越来越重要，灾害所造成的经济损失和人民生命财产的损失也越来越大。这是因为城市是人类居住最为集中的地区，是非农产业最为集中的地区，也是物质财富和特种财富最集中的地区。目前，人类对物质基础设施的依赖越来越大，供水、供电、供气、通信等城市的生命线工程，在给人们提供物质文明及方便的同时，也带来了不安全因素。一旦遭受灾害，如果生命线工程中断，整个城市就会瘫痪。而且由于城市人口集中，建筑密度大，次生灾害的隐患也很多，除了自然灾害外，人类活动所致的灾害也不断发生。今天灾害对城市生活、生产的影响之巨大，是自人类发展以来前所未有的。因此城市的安全问题成为人们普遍关心的问题之一。

二、我国城市灾害和防灾规划的发展概况

我国是全球灾害深重的国家之一，灾害频繁发生。

在世界大城市中，我国一些城市是发生地质灾害较严重的城市。例如我国有的城市处于地震构造带中，城市中有的建筑甚至建在地震活动断层上，或离断层较近，很容易受地震的影响。从 20 世纪近百年的地震活动水平看，强度≧7 级的地震年发生率为 0.66 次，强度≧6 级的地震年发生率为 3.6 次；后 50 年地震发生频率明显高于前 50 年。我国还是洪涝灾害多发地区，有 140 多个大、中城市位于江河洪水水位之下，隐患严重。沿海城市的水患既有暴雨的影响，也来自风暴潮。在山地城市，滑坡、泥石流等地质灾害也时有发生。近年来，城市火灾的发生频繁，群死群伤的特大火灾多次出现，商场、市场、娱乐场所火灾突出，因违章加工烟花炮竹酿成的爆炸性火灾也连续发生，给人民生命财产造成巨大损失，引起了中央高度的重视。

我国早在 20 世纪 50 年代开始建立现代城市规划时，就明确城市防灾规划是城市规划的重要组成部分。在长期的实践中，城市防灾规划的内容得到不断深化和发展。特别是 1976 年 7 月唐山地震以后，城市防灾规划的内容进一步深化和扩大。鉴于唐山地震惨痛的历史教训，对一个城市来说，除对现有“生命线”系统的关键工程和部位（包括供电、供水和通信等），必须进行抗震鉴定和加固外，还要从历史地震、地震地质、地质条件、人口及建筑分布状况、城市生命线系统等方面进行研究，并做出地震危害区划和震害预测，拟定对原生灾害和次生灾害的各项对策和措施。唐山地震后不久，国家建委颁布了《关于城市抗震防灾规划编制工作暂行规定》，对城市规划提出了更高的要求。

1986年，国家人防委和建设部在厦门联合召开了全国人防建设与城市建设相结合座谈会，1988年7月两个单位联合颁布了《人防建设与城市建设相结合规划编制办法》，使城市防灾规划更进一步从局部走向整体，从单项走向综合，提出了城市总体防护的要求，形成了城市综合防灾的概念。所谓城市综合防灾，主要有两层意思，一是对自然灾害和人为灾害，原生灾害和次生灾害，要全面规划，制定综合对策；二是对灾害发生后的各项救灾、减灾等措施，要统筹安排，各得其所。

城市综合防灾包含的内容很多，除了防御灾害的工程措施外，还包括灾害的监测、预报、防护、抗御、救援及灾后的恢复重建，这些都需要做好规划，统一安排。各灾种都有自己独立的防抗系统，协调各灾种的防抗系统，加强城市防灾设施的综合利用，加强综合防灾减灾能力，这些都是城市规划需要认真研究的任务。

三、城市综合防灾规划的主要任务

城市规划中所做的城市综合防灾规划，主要包括城市消防规划、城市防洪（潮汛）规划、城市人防规划和城市抗震规划等几方面的内容。其主要任务是根据城市自然环境、灾害区划和城市地位，确定城市消防、防洪、防地质灾害、人防、抗震等各项设防标准，合理确定各项防灾设施的等级规模，科学布局各项防

城市总体规划的主要任务是：综合研究和确定城市性质、规模和空间发展形态，统筹安排城市各项建设用地，合理配置城市各项基础设施，处理好远期发展与近期建设的关系，指导城市合理发展。

2. 城市总体规划的期限

城市总体规划的期限一般为20年，同时应对20年以后的城市远景发展做出轮廓性的规划设想。近期建设规划期限一般为5年。建制镇总体规划的期限可以为10~20年，近期建设规划可以为3~5年。城市总体规划应每隔5年左右修订一次。

3. 城市总体规划编制的主要内容

(1) 设市城市应当编制市域城镇体系规划，县（自治区、旗）人民政府所在地的镇应当编制县域城镇体系规划。

(2) 确定城市性质和城市发展方向，划定城市规划区范围。

(3) 提出规划期内城市人口及用地发展规模，确定城市建设与发展用地的空间布局、功能分区，以及市中心、区中心位置。

(4) 确定城市对外交通系统的布局以及车站、铁路枢纽、港口、机场等主要交通设施的规模、位置，确定城市主、次干道系统的走向、断面、主要交叉口形式，确定主要广场、停车场的位置、容量。

(5) 综合协调并确定城市供水、排水、防洪、供电、通信、燃气、供热、消防、环卫等设施的发展目标和总体布局。

（6）确定城市河湖水系的治理目标和总体布局，合理分配岸线。

（7）确定城市园林绿地系统的发展目标及总体布局。

（8）确定城市环境保护目标，提出防治污染措施。

（9）根据城市防灾减灾要求，提出人防建设、抗震防灾减灾规划目标和总体布局。

（10）确定需要保护的风景名胜、文物古迹、传统街区，划定保护和控制范围，提出保护措施。历史文化名城要编制专门的保护规划。

（11）确定旧城区改建、用地调整的原则、方法和步骤，提出改善旧城区生产、生活环境的要求和措施。

（12）综合协调市区与近郊区村庄、集镇的各项建设，统筹安排近郊区村庄、集镇的居住用地、公共服务设施、乡镇企业、基础设施和菜地、园地、牧草地、副食品基地等用地，划定需要保留和控制的绿色空间。

（13）进行综合技术经济论证，提出规划实施步骤、政策措施和方法的建议。

（14）编制近期建设规划，确定近期建设目标、内容和实施部署。包括 3～5 年内基础设施建设、土地开发建设、住宅建设等内容。近年来，城市总体规划内容有所发展，如编制城市住宅发展规划等专业规划。

建制镇总体规划的内容可以根据其规模和实际需要适当简化。

（三）拟定城市的性质和职能

城市性质是指各城市在一定区域或国家经济、政治和社会发展中所处的地位和所担负的主要职能，是对各城市在一定区域或全国的基本职能分工的高度概括。城市的形成和发展是历史发展的产物，因而，城市性质是一定时期人们对城市发展现状和未来的认知，它指导城市的发展方向，体现城市动态发展的个性，反映城市在区域中的政治、经济、社会、人文、地理、自然等因素的特点，反映城市的地方文化特征和民族特色。城市性质的拟定和城市主要职能的确定，要符合城市自身的特点和社会、经济发展的水平，表述要精练、准确，防止求大、求全。一般而言，城市规模越大，城市的职能越呈现出多样性和复杂性，城市性质的表述则更具有概括性。比如：北京是伟大社会主义祖国的首都，全国的政治中心和文化中心。上海是我国直辖市之一，全国重要的经济中心。

城市性质是城市建设和发展的总纲，科学地确定和把握城市性质，可以为城市建设发展提供明确的方向，从而使城市的发展更具有特点。

（四）预测城市人口，确定城市规模

确定城市规模是城市总体规划重要工作之一。城市规模通常是以城市人口和用地总量表示的，它对城市规划中的其他技术经济分析和工程设施容量起着基础性的作用。由于城市用地规模随人口规模而变化，所以，城市规模常常以城市人口规模来表示。

1. 城市人口规模的确定

城市人口规模一般是指城市建成区内的实际居住人口，包含非农业人口、农业人口和暂住一年以上的人口。人口规模的测算应依据社会经济的发展，实事求是，科学预测，合理确定，使其尽量符合人口变化的实际。如果人口规模预测得偏大，则用地规模也会偏大，相应的建设投资也会偏高，造成不合理与浪费。但是，如果人口规模预测得偏小，则会造成城市用地紧张，城市各项设施标准的偏低和不配套，阻碍城市的健康发展；而且由于城市的人口规模很快地被城市发展的现实所突破，不得不很快又重新修编城市总体规划。

在实际工作中经常采用的人口测算方法主要有人口趋势外推法、综合分析法等。在城市人口规模预测工作中还包括城市人口的年龄构成、性别构成、劳动构成和流动人口分析等。

2. 城市用地规模的确定

城市用地是指城市规划区域范围内可供城市规划建设使用的各类土地。城市用地规模主要依据人口规模确定，即城市用地规模等于城市人口乘以人均用地指标。

我国是一个人多地少的国家，珍惜用地、合理用地是城市规划必须依循的基本原则，因而，规划的城市人均用地指标是国家的强制性标准。根据国标《城市用地分类与规划建设用地标准》，城市人口每人平均的城市规划建设用地划分为四个档次：即人均 60.1 ~ 75.0 平方米、75.1 ~ 90.0 平方米、90.1 ~ 105.0 平方米、105.1 ~ 120.0 平方米。城市的发展是循序渐进的，城市的人均用地水平也不可能在一个很短的时期内有很大的提升，因而，国家的强制性标准明确规定，城市规划人均用地水平的确定可以按照城市现状人均用地水平提高一个档次选择，不允许跨越档次确定人均用地水平。如现状城市人均用地水平是 75.1~90.0 平方米，则规划的城市人均用地水平只能在它的上一档次，即 90.1~105.0 平方米这一范围中确定。

根据 1996 年国务院指示，各地人民政府在审批 50 万人以下的设市城市总体规划时，其建设用地和人口规模须先报经建设部商国家计委、国家土地局核定，这些城市在总体规划工作中还要完成有关人口和建设用地的专题报告。

（五）城市总体布局

城市总体布局是对城市用地功能的空间组织，是城市的历史演变、社会发展、经济盛衰、生态环境，以及工程技术和建筑空间组合的综合反映。城市总体布局是城市总体规划的核心工作内容。

1. 城市总体布局规划的基本原则

（1）保证用地功能与空间形态的协调一致。首先要符合城市的地理环境、用地条件和建设条件，选择城市相对集中的合理的发展方向。其次要根据城市的性质、规模和自然及人文特点，把握城市的基本空间结构，力求城市布局结构清晰、交通便捷、环境协调。再则，增加城市布局弹性，宜于分期建设，留有发展余地。

（2）科学合理地组织城市用地功能。要将城市居民生产与生活活动按其不同功能要求有机地组合起来，形成既有利于经济发展，又利于社会生活的环境优良的空间结构。通过对城市土地使用进行科学、合理的配置，寻求城市土地使用的集约效益，寻求城市发展的长远利益和城市经济社会环境的综合效益。

(3) 处理好城市与乡村发展、经济发展与环境建设、新区建设与旧区改造、近期建设与长远发展等一系列关系，使城市健康、协调地发展。

2. 城市布局结构的基本形态

城市形态是指城市整体和内部各组成部分在空间地域的分布状态，基本上可以分成为集中紧凑型和组群型两大类。城市布局的空间形态又可以划分为单核点状(团块状)、带状、多核组团状、星状和轴向发散状（指状）等几种基本形状。单核点状空间形状是集中紧凑型城市形态的典型代表。

单核点状城市布局结构的特征是城市建设用地集中紧凑，往往围绕着城市的单一核心（多为城市早期的公共中心）向四周发展，城市路网系统多呈方格网状，或方格网加环路放射状，路网较为完整。单核点状布局形态的城市各类用地比较集中，便于居民生活设施的集中设置，便于行政管理，市政基础设施管线工程比较经济，城市建设用地经济节约，多适用于平原地区的中小城市。但是，这类城市规模发展太大时，城市发展的向心力过于强大，城市中心区的交通紧张、环境生态质量下降，影响城市功能的发挥。北京市历史上就是一个典型的单核点状的城市，随着城市规模的不断扩大，城市的布局结构逐步演变成分散组团式的结构形态。为了避免市区进一步向外“摊大饼”式地扩展，不利生态环境，北京规划了140多平方公里的边缘绿带和农田林地。

带状城市布局结构的特征是城市建设用地呈带形伸

展式分布，城市中心区基本是双中心或多中心，城市路网系统沿轴向分布，市政基础设施较为分散。带状形态的城市大多为沿江、沿河或沿公路、铁路发展起来又受到地形限制的城市，典型的例子如我国的兰州。近年来，有些地方在城镇之间，沿公路两侧密密麻麻地建了许多房屋，有的甚至将城镇连接起来，严重妨碍了交通，也无法建设城市基础设施，搞得城不城，乡不乡，这绝非带形城市，而是一种失误，今后应当防止。

多核组团状城市布局结构的特征为城市建设用地因自然条件、矿藏资源、交通干线和环境生态绿地的分割呈组团状分散分布，一般为二三个组团，也有更多的。若各组团之间呈带形伸展连续分布，则形成了带状城市。多核组团状城市的公共中心比较分散，一般城市的主中心多位于主要组团，城市的副中心位于其他组团，路网系统在城市的各个组团内部自成系统，各个组团之间以城市干道交通相连接，城市的市政基础设施根据实际情况，各组团自成系统或共用一个系统。比较典型的例子有我国的深圳、秦皇岛、南通等。

星状城市布局结构的特征为城市用地呈主城和若干子城星状散布的形态，子城环绕主城不规则地散点分布，城市的中心位于主城，子城有区级中心，城市路网系统大多为放射状干道加各子城独立的道路系统，市政基础设施分散设置。星状城市一般为特大城市中主城和若干卫星城的形态，以及某一地域小城市较为发达的地区。随着城市化的进程，星状城市往往会发展为网络状的城镇布局结构或城市群。典型的城市地区如美国的洛杉矶等。

轴向分散状（指状）城市布局结构的特征为城市用地沿交通干线、河流或其他城市发展轴呈多方向发展的形态。城市中心位于主城区，路网系统沿不同的轴向延伸并自成系统，城市基础设施集中与分散相结合，指状建设地段之间保留着大片绿地。典型的例子如丹麦的哥本哈根等。

上述城市布局形式并不存在着优劣之分。选择城市布局形态时切忌主观，一定要从实际出发，依据当地城市发展的自然条件、环境状况、发展趋势、经济实力等因素，因地制宜地确定。

3. 城市总体布局的基本要素

(1) 城市用地功能组织的基本单元

城市功能的组织是通过不同使用性质的城市用地组织来实现的。就城市用地功能组织而言，城市用地按其性质分为居住用地、公共设施用地、工业用地、仓储用地、对外交通用地、道路广场用地、市政公共设施用地、绿地、特殊用地、水域和其他用地十大类基本用地[①]。其中居住用地、工业用地、道路广场用地和绿地等用地是最重要的内容，它们构成了城市用地功能组织的基本单元。

长期的社会实践证明，城市的基本用地构成和主要用地指标存在着科学的比例关系。就传统的一般城市而言，城市单项用地占城市建设用地的比例，居住用地为20%～32%，工业用地为15%～25%，道路广场用地为8%～15%，绿地为8%～15%。规划人均单项城市建设用地指标为：居住用地 18～28 平方米/人，工业用地 10～25 平方米/人，道路广场用地 7～15 平方米/人，绿地不低于 9 平方米/人，其中公共绿地为 7 平方米/人[②]。随着城市产业结构的调整和城市职能的拓展，城市各类用地结构的比例关系也将不断变化，城市道路用地和城市公共绿地的比例呈逐步增加趋势，而工业用地、仓储用地的比例呈下降趋势。

（2）城市空间形态协调的基本因素

城市的布局形态既是城市职能的反映，也是国家宏观土地政策的具体体现。城市用地功能组织的科学合理是城市布局形态协调的基本前提。但城市布局空间形态的构成并不仅仅和城市用地功能相关，它还和城市的自然条件、生态环境、周边地区的乡村发展状况、区域交通条件以及其他特殊构成因素相关。改革开放以来，伴随着城市产业结构的调整，极大地促进了城市用地功能的调整和城市布局结构的优化。当前，我们要抓住城市产业结构调整的大好时机，及时调整城市用地功能组织，完善城市布局结构，促进城市职能的全面发展。

城市布局空间形态与城市的安全保障和可持续发展密切相关。要充分考虑城市发展对外部自然生态环境的依存和对内部空间环境的需求，同时要考虑各类自然灾害和人口的高度聚居对城市安全的影响。如在确定城市的布局结构时，滨水城市要充分考虑防洪、防潮等问题，山地城市要考虑不良地质（如滑坡、泥石流等）的影响，一般城市要考虑风向、工程地质等状况，使城市的用地组织与自然条件相协调，不致出现在城市的上风上游地段布置污染环境的建设项目，而造成对整个城市的污染和其他不良影响。

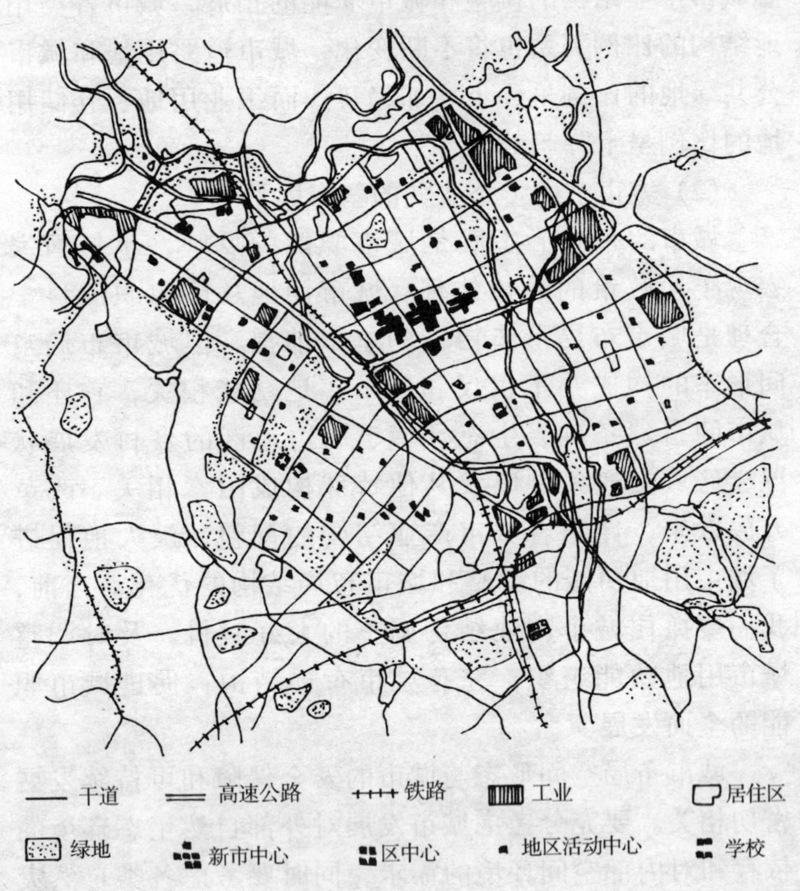

图 7　路网呈方格网状的城市——密尔顿·凯恩思

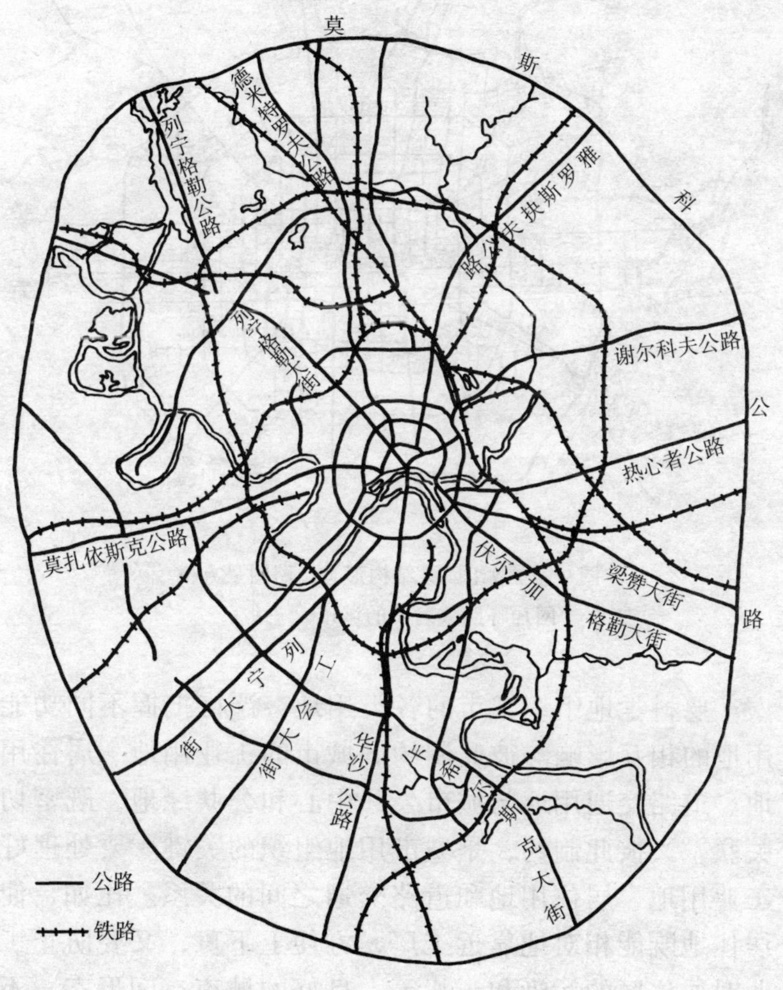

图 8　路网呈环路加放射状的城市——莫斯科

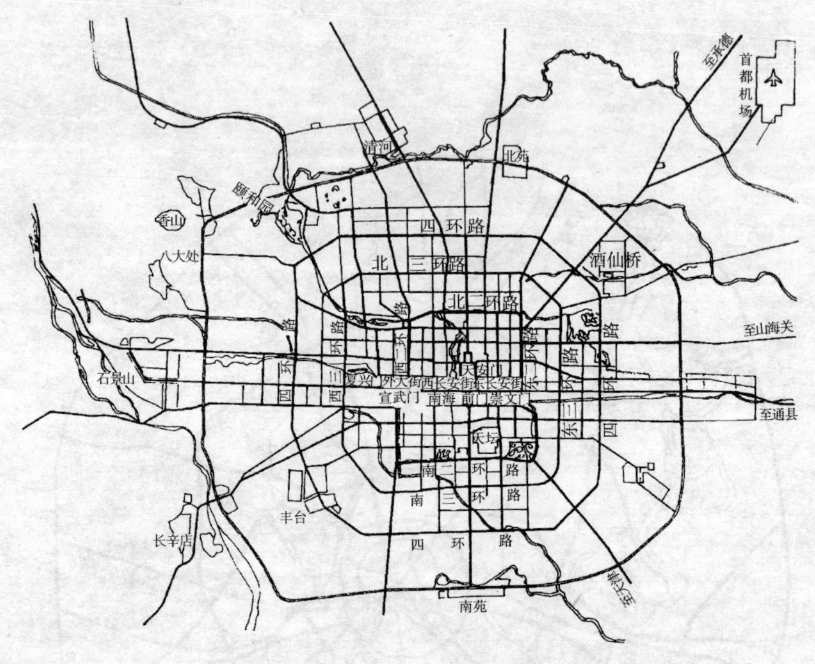

图9 分散组团式结构形态，路网呈方格网加环路放射状的城市——北京

要科学地组织城市的各类用地，严格把握不同功能用地的相互影响与彼此制约。城市的工业用地、居住用地、道路交通用地与城市公共中心和公共绿地，既密切关联，又彼此制约，是城市用地组织的关键。要处理好工业用地、居住用地和道路交通之间的关系。比如，使居住地既能相对地靠近工厂，方便上下班，又要防止工业对居住区的污染和干扰等。良好的城市空间形态，不仅要使城市的各项功能组织有效、运行良好，社会经济效益显著，而且要使城市中的居民生活在一个居住、工作、交通和游憩都很便捷、舒适的环境之中。

图－10　带状形态城市——兰州

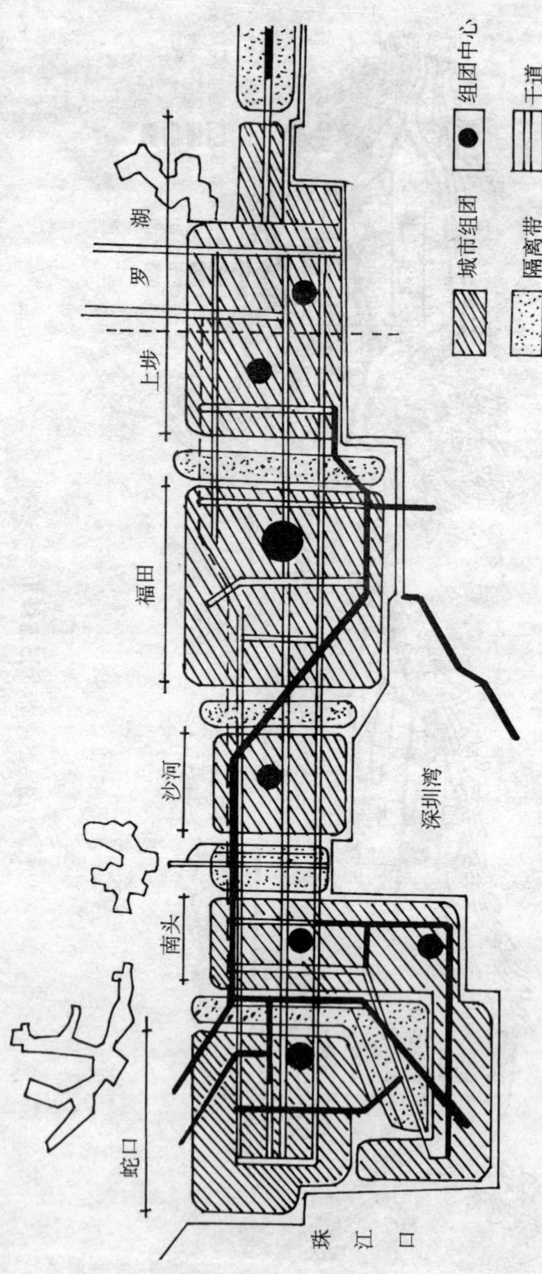

图－11　多核组团状城市——深圳

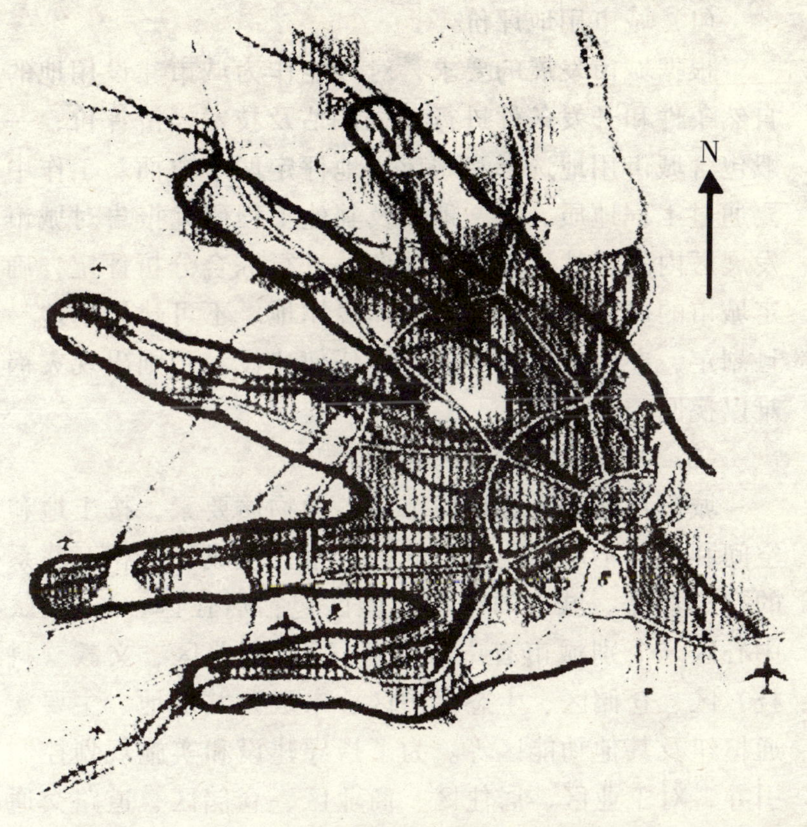

图 12 轴向分散状（指状）城市——哥本哈根

良好的城市空间形态还必须考虑城市总体布局艺术。要通过城市规划师独具匠心的艺术构思，将城市用地的地形地势、河湖水系、名胜古迹、山体林木、有保留价值的建筑和历史遗存精心地组织到城市总体布局中，运用城市设计理念与方法，构成独具特色的布局形态和城市景观风貌。

4. 确定城市总体布局的基本方法

(1) 城市用地评价

根据城市发展的要求，对可能作为城市建设用地的自然条件和开发条件进行工程评估及技术经济评价，一般包含城市用地选择和城市用地评定两个方面。工作中要通过工程地质、水文地质及其他工程研究报告对城市发展区内的自然环境和用地条件进行综合分析评定，确定城市的可建设用地和不可建设用地。不可建设用地一旦划定，在该地段就不能进行任何建设，否则出现灾祸难以挽回。

(2) 城市主要功能区划分

城市功能分区是将城市中各种物质要素，按土地和空间利用的不同功能进行分区，布置组成一个相互联系的有机整体。城市的主要功能区包括居住区、工业区、中心区（个别城市有中心商务区）、商业区、文教（科技）区、仓储区、生态保护区、市级公共绿地、主要交通枢纽及其他功能区等。为了指导建设和实施规划控制引导，对工业区、居住区、商业区、仓储区、道路交通的用地还需作进一步的细分，如工业用地可以按对居住和公共设施的环境干扰和污染程度划分为一类工业用地、二类工业用地、三类工业用地；居住区可以划分为四类居住用地；公共设施用地可以划分为行政办公、商业金融业、文化娱乐、体育、医疗卫生、教育科研设计、文物古迹等。规划工作中要根据城市的主要职能和城市的自然条件划定城市的主要功能区，协调各主要功能区彼此之间的关系。在规划中要对环境污染可能造成的对城市布局的影响，对拟占用的农地尤其是耕地等做

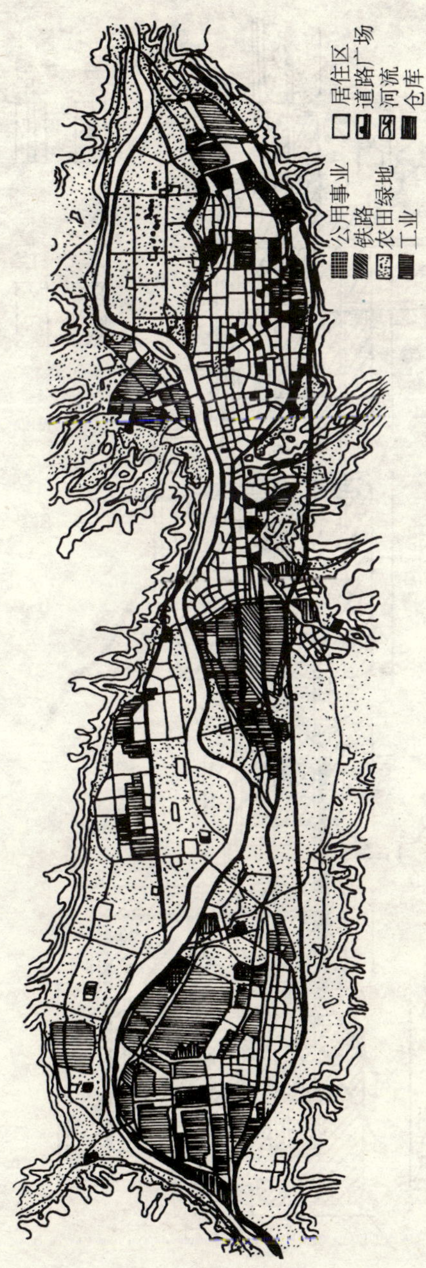

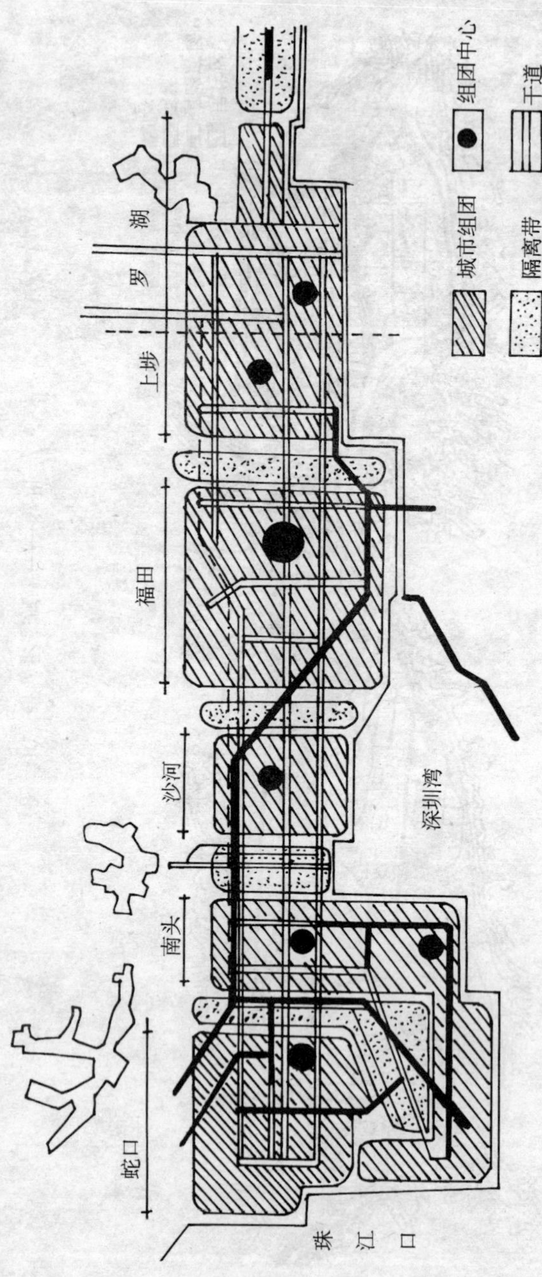

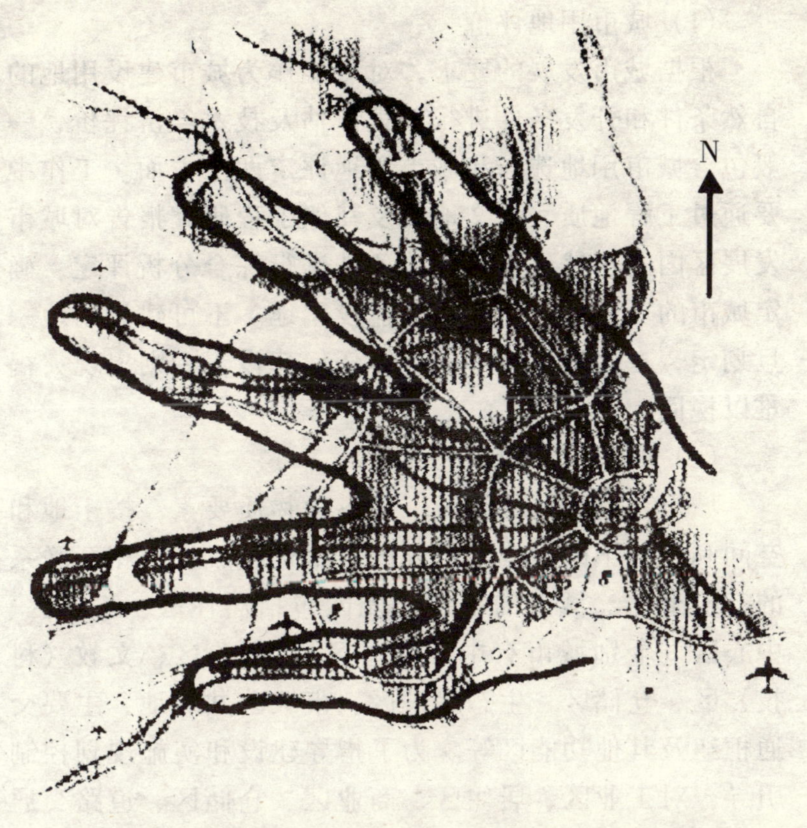

认真的比选分析，合理确定城市的功能布局。

(3) 安排城市对外交通设施与市内道路交通系统

城市对外交通运输分为市际交通与市域交通两个层次，主要对外交通运输方式包括铁路、高速公路、航空、内河航运、海洋运输、对外公路和管道运输等。城市生产生活所需的各种资源和城市的各类产品的内外交流以及城市居民的远距离流动，都要通过城市的对外交通运输实现。城市道路交通系统是由不同功能、等级、区位的道路，以及不同形式的交叉口、停车场设施、公共交通枢纽和交通管理设施，以一定方式组成的有机整体。市内道路又以一定的密度和形式组成了城市道路网络结构。城市道路网的主要道路是城市的骨架，城市的各类用地和各类设施都要通过城市道路网来联系，城市内部的诸多活动都要通过城市道路网所提供的运输来实现，因此，城市道路系统规划对城市总体布局具有十分重要的意义。规划中既要考虑城市的路网系统和各类交通设施对城市功能和区域运输的组织作用，也要考虑交通运输工具对城市布局分割和穿越及其他方面（如机场净空区）的不利影响。

(4) 安排城市绿地系统

城市绿地包括公共绿地、专用绿地、防护绿地等，是城市中专门用以改善生态、保护环境、为居民提供游憩场地和美化景观的绿化用地。城市公共绿地是向公众开放，由市民共同享用的绿化用地。规划中要根据国家强制性标准规范的要求确定城市公共绿地的规模和大型公共绿地的位置。还要安排好郊区的生态绿化空间，以形成城市大的生态系统。

(5) 居住用地组织与选址

城市居住用地的分布与组织是城市总体布局中的主要工作之一，要根据总体规划确定的布局原则，并结合城市居住用地选择的特点与需要，妥善协调好与自然环境、工业用地以及交通网络的相互关系。城市主要居住用地的选址要首先着眼于大多数人，力求地形良好，尽量贴近自然环境，方便出行，并注意形成一定的规模。同时要充分考虑居住结构组织形式的发展变化，做好主要公共设施的配置，适当加大大型居住区的路网密度和周边绿化用地建设，严格控制居住区的建筑容积率和建筑密度，不断改善城市的人居环境。

(6) 城市中心区选址和规模确定

城市中为社会服务的行政、经济等机构或设施的建设用地，是城市用地功能组织的重要方面，通常与商业服务业等构成城市的中心区或核心地区，成为城市中最具吸引力的地区。其区位的选择要认真研究，使之既符合客观发展规律，又布局科学。规划中可以采取集中式或分散式的布局形式，确定城市的行政中心、文化中心、体育中心等的位置，还要合理确定城市的中心商业区以及次级服务中心。有的特大城市还应该作好中央商务区（CBD）的选址。

(7) 城市基础设施的用地布局

根据城市主要用地功能布局，确定城市给水、排水、电力、通信、燃气、热力和环境卫生等市政基础设施的规模和用地布局，确定城市消防、人防、防洪、防震等工程设施的布局要求，以及次生灾害防治的布局要求。

(8) 总体城市设计

依据城市功能和自然条件的分析，确定城市空间总体艺术布局的原则，确定总体城市设计的主要构成因素，保护和利用自然环境与历史风貌，考虑城市布局的空间轴线、视线走廊、广场系列、重点地段、总体建筑风格以及标志系统等。

城市总体布局包括城市结构和用地功能组织，是城市总体规划编制工作的重中之重，政策性很强，专业技术要求高，是一项十分复杂而又综合性很强的工作。城市性质的分析、城市规模的确定、城市各类用地和设施的安排，最终都要通过城市的总体布局体现出来。即通过城市布局结构论证与布局规划，在空间上落实城市的主要发展方向和城市的主导产业，解决城市空间发展中的重大问题与主要矛盾，创造城市可持续发展的环境空间。一个优秀的城市总体布局规划只有充分掌握城市发展的内部和外部因素与条件，充分了解城市发展的历史过程，正确处理好各方面的关系，并且在规划工作中通过多方案的比选、领导与专家的不断沟通、并有群众和社会的参与才能最终实现。

(六) 旧城改建规划

城市是长期逐步发展起来的有机体，任何城市的发展过程中都伴随着旧城改建与新区开发，协调处理好新区发展与旧城改建的关系，往往是城市总体规划中必须完成的难度比较大的工作。《城市规划法》第二十三条规定，城市新区开发和旧区改造必须坚持统一规划、合理布局、因地制宜、综合开发、配套建设的原则。由于历史的原因，旧城区大多存在着城市功能混杂、道路狭窄、市政设施落后、人口高度密集等特点，但旧城区也是社会结构稳定、人气兴旺的繁荣地段，还是城市历史文化风貌集中展示的地区，是城市历史文脉延续的根基。总体规划中要确定城市旧城区改建和用地调整的原则、方法和步骤，提出调整旧城区产业结构和用地结构，改善旧城区生产、生活环境的要求和措施。通过产业结构的调整，疏散搬迁污染工业项目，改善旧城区的环境。要改善旧城区的道路交通系统和市政工程设施，旧城改造中要防止那种不尊重历史、不尊重群众、不尊重专家，片面追求经济利益的大拆大建，防止肆意增加旧城区建筑密度和市政设施与环境容量。历史文化名城的旧城改建尤要慎重，要划定历史文化保护区、文物古迹和需要保护的代表性建筑，认真加以保护。

（七）专业规划

城市规划中的专业规划主要是指在城市总体规划阶段与其同步编制的有关专业的规划，有些专业规划也可以在总体规划编制完成后在总体规划指导下进行。根据《城市规划编制办法实施细则》的规定，城市总体规划阶段的专业规划有道路交通规划、给水工程规划、排水工程规划、供电工程规划、通信工程规划、供热工程规划、燃气工程规划、园林绿化规划、文物古迹及风景名胜规划、环境卫生设施规划、环境保护规划、防洪规划、地下空间开发利用及人防规划、历史文化名城保护规划。

专业规划的基本内容主要包括：

1. 城市道路交通规划

根据城市布局和城市土地利用的模式，通过交通调查等，进行交通流量预测分析，确定城市交通发展战略，选择合适的城市交通运输方式，开展城市交通方案评价，规划城市道路交通网络，制定城市道路交通设计标准，确定城市道路断面和交叉口形式，以及道路附属设施、停车设施、交通管理设施等，提出主要交叉口和主干道的红线坐标。该专业规划一般包括城市综合运输规划、城市交通规划和城市道路系统规划，以及城市道路交通近期改造规划和道路交通工程项目建议。

2. 城市水资源利用及给水工程规划

水资源利用规划主要是进行水资源供需平衡分析，合理选择水源，合理确定用水指标，安排给水工程设施建设，提出解决问题的战略和对策等。具体内容包括：详细调查和分析当地的水文地质情况，包括地表水、地下水、境内水、境外水水量和水质情况，做好水资源可靠性的详细勘察、分析，摸清水资源综合利用现状，正确评价水资源可供量，合理选择和分配有限的水资源。在确定城市给水水源时，应综合考虑农业、航运、水利等部门的要求，相互配合，统筹安排，综合开发。同时，根据当地水资源具体情况，对规划的产业结构和城市用地布局提出反馈意见。

城市给水工程规划的任务主要包括：确定用水定额，预测城市总用水量，平衡供需水量，根据水资源情况选择水源，确定水源数目、取水构筑物的位置和取水方式，确定供水设施规模、给水系统形式、水厂供水能力，布置供水设施，选择处理工艺，确定主要设施位置和用地范围，确定输配水干管、输水管，估算干管管径，确定水源地卫生防护措施。

给水管网分为枝状网和环状网两种形式。枝状网构造简单节省投资，但供水的安全可靠性差；闭合的环状网则相反，供水的安全可靠性好，但投资比较大。

3. 排水工程规划

在排水规划中首先要确定排水体制。按排放方式排水体制可分为分流制和合流制两种类型。当污水和雨水用两个以上的排水管渠系统来汇集和输送时称为分流制排水系统。分流制排水系统又分为完全分流制和不完全分流制两种形式，不完全分流制一般没有雨水管渠系统，雨水沿地面，利用道路边沟和明渠泄入天然水体，这种排水体制只能适用于有地形条件的地方。将污水和雨水用一个管渠系统汇集输送的排水系统称合流制排水系统。根据生活污水、工业废水、雨水混合汇集后的处理方式不同，可分为直泄式合流制、全处理合流制和截流式合流制。截流式合流制在老城区改造时采用较多。合理地选择排水体制，是城市排水系统规划中一个十分重要的问题。它关系到整个排水系统是否实用、能否满足环境保护的要求，同时也影响排水工程的总投资、初期投资和运行费用。规划中一般将生活污水和工业废水之和称为城市总污水量，经验上污水量估算常按城市总供水量的 80%～90%估算。而雨水量单独计算。

排水工程规划还要按照确定的排水体制划分排水区域，估算雨水和污水总量，选择暴雨强度公式，制定不同地区污水排放标准，布局排水管渠系统，确定雨水、污水泵站数量、位置以及水闸位置，确定污水处理厂数量、分布、规模、处理等级及用地范围，确定排水干管、沟渠的位置、走向、服务范围及出口位置，提出污水综合利用措施等。

4. 供电工程规划

城市总体规划阶段的供电工程规划的任务包括：预测城市供电负荷，选择城市供电电源，确定发电厂、变电所、配电所的位置、容量及数量，确定电压等级，布局城市高压送电网和高压走廊位置，提出城市高压配电网规划技术原则等。

输电线路的结构有两种型式，一种是埋地电缆，一种是架空线。从安全方面看，埋地电缆安全得多，因为埋在地下，不会与人接触，而架空线是露天的，易与绿化和景观产生矛盾，而且若处理不当，就有可能与人或物体接触而发生触电。根据城市现代化的要求，有条件的地方应以埋地电缆为主，考虑经济因素和实施的可行性，有些地区仍可保留延用一定的架空线路。高压走廊与其他物体之间应当保持一定的距离，走廊的宽度应以人或物体不受电力线影响为原则。

5. 通信工程规划

通信是现代化城市发展的重要标志，信息行业是当今全球发展最快的领域之一，因而其规划内容也在不断发展着。随着科学技术的进步，电信类别不断有新的发展，如用户电报、移动电话、图像通信。图像通信又包括传真、书写电话、电视电话、数据通信、卫星通信、光纤通信。从通信方式上有有线电话和无线电通信两种形式，而无线电通信又含有微波通信、移动电话、无线寻呼等。城市的广播系统分为无线电广播和有线广播两种发播方式，广播电台（站）有无线广播电台、有线广播电台、广播节目制作中心等设施。城市的广播线路工程设施主要有有线广播的光缆、电缆，以及光电缆管道等。城市的电视系统有无线电视和有线电视两种发播方式，城市电视工程设施由电视台（站）工程和线路工程等设施组成。

城市总体规划阶段通信工程规划的任务包括：预测城市近期和远期通信需求量、电话普及率和装机容量，研究确定邮政、通信、广播、电视等发展目标和规模，提出通信规划的原则、目标和主要技术措施，确定城市长途电话网规划，确定城市长途网结构、长途网自动化传输方式、长途局规模、选址、长途局与市话局间中继方式，研究确定城市电话本地网规划，酌定市话网络结构、汇接局、汇接方式、模拟网、数字网、综合业务数字网及模拟网向数字网过渡方式，拟定市话网的主干路规划和管道规划，确定邮政、电话局所的分区范围、局所规模和局所位置，预留用地面积；研究确定广播及电视台（站）的规模和选址，拟订有线广播、有线电视网的主干路规划和管道规划，划分无线电收发信区，制定相应的保护措施；研究确定城市微波通道，制定相应的控制保护措施。确定电话、有线广播、有线电视等通信电缆近远期主干路和主要配线路。随着电脑的广泛应用，宽带网的建设也已经提上日程。

6. 供热工程规划

城市总体规划阶段的供热工程规划的任务包括：预测城市热负荷；了解热负荷的性质，选择用热参数，选择城市热源和供热方式，确定热源的供热能力、数量和布局，布局城市供热设施和供热干管。

7. 燃气工程规划

城市总体规划阶段的燃气工程规划的任务包括：确定燃气供应的规模和主要供气对象，预测城市燃气负荷，计算总用气量，根据能源资源情况，选择城市气源种类，确定城市燃气输配设施的分布、容量和用地，划分供气区域，选择经济合理的输配系统和调峰方式，酌定燃气输配管网的级配等级，选择城市燃气输配管网的压力级制，布局城市输气干管和管网等。

8. 城市绿地系统规划和风景名胜规划

城市绿地系统规划要确定市、区级公共绿地和河湖水系的规划布置、城市的生产绿地和防护绿地的位置和功能，确定城市绿地发展的主要指标。划定并实行“绿线”管制制度。风景名胜规划要划定其保护范围，明确内部主要功能分区[③]。

9. 环境卫生设施规划

城市环境卫生规划的主要任务是根据城市发展目标，确定环境卫生配置标准和垃圾集运、处理方式，合理确定主要环境卫生设施的数量、规模，选择垃圾处理厂位置和各种环境卫生设施，制定环境卫生设施的隔离与防护措施，提出垃圾回收利用对策与措施。具体内容包括：测算城市固体废弃物产量，分析其组成和发展趋势，提出污染控制目标，确定城市固体废弃物的收运方案，选择城市固体废物处理和处置方法，布局各类环境卫生设施，如垃圾箱、垃圾收集点、垃圾转运站、公厕、环卫管理机构等，确定服务范围、设置规模、设置标准、运作方式、用地指标等，制定措施，保证市容市貌等。

10. 城市环境保护规划

城市环境保护规划要对城市的环境质量现状进行综合评价，通过现状的环境质量进行详细调查，了解有害气体和粉尘、有害废水、噪声、固体废物的排放情况，了解主要污染源和主要污染物排放情况。在此基础上，根据社会经济的发展，预测环境质量变化趋势，确定城市大气、水体、噪声、固体废物等项环境保护目标，进行环境功能区划，提出规划环境标准和环境分区质量要求以及污染防治计划和环境保护对策。规划不但要关注市域范围内的环境状况，还要充分了解市域范围外的区域环境质量状况，高度关注旧城区环境质量的变化趋势。

11. 城市综合防灾规划

城市综合防灾规划主要在城市总体规划阶段中体现，具体内容包括：根据国家标准、自然条件和城市地位，确定城市消防、防洪、人防、抗震等设防标准；布局城市消防、防洪、人防等设施，计算规划区内洪水流量，确定规划范围内的防洪堤标高，布置排涝泵站位置，设计截洪沟渠等；确定规划范围内地下防空建筑的规模、数量、配套内容、抗力等级以及平战结合的用途；确定规划范围内各种灾害情况下的疏散通道、布置疏散场地，组织城市防灾生命线系统，包括供水、供电、通信等，制定防灾对策与措施等。

12. 历史文化名城保护规划

国家和省级历史文化名城必须编制历史文化名城保护规划。历史文化名城保护规划要尊重历史、突出特色。要把足以代表名城格局、空间形态、历史风貌和足以体现历史文化价值的街区地段、名胜古迹、古树名木、代表建筑和遗产环境作为保护的主要对象。历史文化名城保护规划一般包括整体层次上的保护、重点地段与重点街区保护与整治、重点历史文化遗存的修整利用。规划中要划定保护范围和建设控制地带，提出保护要求，制订实施规划管理的有效措施等。

13. 城市住宅发展规划

这是随着我国城市住宅大量兴建以来发展的一项专业规划。城市住宅发展规划的任务包括分析城市住宅现状，确定城市住宅发展目标，预测不同层次人群的住宅需求，确定城市居住用地分布及规模，拟定居住区配套规划建设指标，提出规划区内的农房和宅基地标准以及分布，安排郊区大型居住区，进行城市旧城居住区和“城中村”的改造。该规划既要有长远规划，又要有近期建设的安排，以利于对房地产开发的引导和调控。

除此之外，部分城市还根据城市的发展要求制订城市社会公共设施规划，主要包括旅游、文化、教育、体育、医疗卫生、农贸市场、残疾人服务、老年人服务以及其他社会发展设施规划。各城市还应该根据各自城市的特点，确定专业规划工作内容及深度要求，如历史文化名城可以制定历史文化名城保护规划，沿江河湖海的城市应该制定城市河湖水系规划，自然灾害频繁地区的城市必须编制城市防灾减灾的专业规划，6度以上地震设防城市应编制抗震防灾规划等。

（八）近期建设规划

1. 近期建设规划的目的

城市总体规划阶段的近期建设规划是城市总体规划编制工作中的重要内容，是城市建设的5年期实施性规划和近期建设计划，是城市规划从宏观蓝图指导走向用地与工程项目建设实施的必经之途，是城市规划宏观目标分期实现的具体要求。近期建设规划一般是指城市总体规划阶段编制的近期规划，也包括部分专业规划在总体规划中同步编制的近期建设规划。城市的近期建设规划要在空间地域上落实城市国民经济和社会发展的五年计划，同时指导城市建设年度计划的编制。

2. 近期建设规划的要求

近期建设规划首先要反映城市总体规划的发展目标与要求，与总体规划相一致，如城市产业结构与城市布局的调整、城市住宅建设、城市基础设施的建设、城市环境的整治等。其次应该紧紧围绕总体规划中已经发现并准备解决的重大问题，如城市道路网系统的规划建设以解决城市交通不畅，城市水源地规划建设以解决城市供水不足，城市重大污染企业的搬迁规划以解决城市环境不断恶化等。再则，以工程项目的规划和建设的年度计划分步落实城市的近期规划。城市近期规划要有一定的前瞻性和科学性，处理好近远期关系，对年度建设安排具有直接的指导意义。要遵循市场经济规律，强化规划对各行业建设项目和开发商投资建设的协调引导作用。注意努力解决群众所急、所想、所需的城市建设与管理中的迫切问题，为群众办实事、办好事，为城市政府完成这些任务提供五年期安排。

3. 近期建设规划的内容

(1) 近期建设的年限

城市总体规划中近期建设规划的年限是5年，建制镇是3~5年。

(2) 近期建设规划的主要内容

①近期建设规划应将城市国民经济和社会发展的五年计划，将城市总体规划中各个专题规划中的近期建设及政策建议纳入，同时经过综合比较分析和统一协调，提出相对系统和易于操作的近期建设规划方案。因此，近期建设规划包括城市布局调整、城市土地开发、旧城区改建、周边小城镇建设、城市道路交通系统建设、城市绿地建设、城市环境整治、城市工程建设等方面。

②为了保证城市总体规划的目标，在近期建设规划中应该明确地规定必须保留和保护的城市空地、设施、建筑、环境和面貌。尤其对那些容易被商业利益侵占的空间结构分隔用地（或城市生态保留用地)、为城市公共利益而控制的非建设性用地、在旧城区为公共利益而必须特殊加以保护和不允许改变使用性质的用地、为城市文化的延续而必须保留和保护的历史街区、历史地段、历史环境，以及一时尚难以确定土地使用性质的用

地与空地，更要明确规定予以保留和保护。

③明确规定必须由政府组织和筹资建设的城市基础设施与城市公益事业，并提出规划的位置和开发建设的时序。规定与城市开发建设同步的城市公共建筑，如学校、市场、医疗卫生设施、文体健身设施等。

④明确规定可以用于出让转让的用地范围、用地规模，并大致确定该部分土地的年度投放计划。同时增加城市住宅建设近期规划，提出不同档次、不同标准、不同类型的住宅的建设量和分布区位。

⑤提出为实现近期建设规划而必须的政策建议和管理措施等。

(3) 近期建设规划的重点

城市近期建设规划工作要确定明确的目标，同时抓住规划的重点，即通过重点项目和重点工程的规划带动城市规划的实施，通过平衡和协调，形成有相当可操作性和一定效率的城市建设年度计划。一般来讲，有以下重点：

①住宅建设规划。住宅是当前和今后一段时期内城市建设的重点。要注意近期城市住宅建设的发展方向，制定合理的居住标准，预测城市居民住宅的需求，规划城市住宅的用地规模和分布，划定农村农房宅基地的范围，提出住宅建设的年度计划。

②道路交通规划。要重点关注影响城市交通效率的路网系统，打通断头路，拓宽主干道，整治拥堵路口，同时加强停车设施规划建设，加强交通道路整治和交通管理的系统建设。

③基础设施规划。此项规划涉及的专业比较多，应根据城市的具体情况，区别轻重缓急，做出比较周密的安排。

④重大项目规划。对实施总体规划有全局性影响的重大工程项目要在城市近期规划建设中提出，对实施此类项目有相关影响的配套设施也应列入城市的近期建设规划。

⑤土地投放计划。各类工程建设和城市用地调整所涉及的城市用地性质变更、开发建设土地投放，均应纳入城市近期建设规划和城市建设的年度计划，并体现在土地的年度投放计划中。

⑥近期建设项目的投资估算。

（九）建制镇总体规划

建制镇总体规划的编制在工作方法、工作程序、工作要求等方面与设市城市的城市总体规划基本一致。鉴于它们规模较小，可以根据实际需要对总体规划的内容适当简化，归并部分规划图件的内容。建制镇的总体规划要防止简单套用设市城市规划的用地和经济指标。为指导建设，可以适当加深工程专业工作的深度，有条件时应增加场地竖向规划和城镇工程主干管网综合。建制镇总体规划中的近期建设规划一般采用3~5年。

三、城市分区规划

《城市规划法》指出：“大城市、中等城市为了进一步控制和确定不同地段的土地用途、范围和容量，协调各项基础设施和公共设施的建设，在总体规划基础上，可以编制分区规划”（见该法第十八条）。我国的城市分区规划产生于20世纪70年代末至80年代初期，主要原因是在大中城市和特大城市的总体规划中，由于城市布局结构的特征和城市规模比较大，在1:25000的地形图上编制的城市规划，其深度难以满足下一阶段详细规划的要求。因此，在城市总体规划的基础上进行了适当的深化，这一深化工作被称为城市分区规划。

城市分区规划的任务是在城市总体规划的基础上，在城市的一定区域范围里，对城市土地利用、人口分布、建设总量控制、城市公共设施、基础设施的配置作出进一步规划安排，为编制详细规划和进行规划管理提供直接依据。城市分区规划的编制年限与城市总体规划一致，编制的成果由城市人民政府审批。

（一）分区规划的原则

分区规划要服从和服务于城市总体规划确定的布局原则和城市土地使用的基本性质。要依据城市总体规划的布局特点，按有利于规划深化和有利于规划管理划定相对独立完整的分区范围。分区范围的界限划分，可根据总体规划的组团布局，结合城市的区、街道行政区划，以及河流、道路等确定。要对同一城市同时编制的各分区规划及时协调。分区规划的工作深度要能为城市详细规划提供有效的依据。

（二）分区规划的基本内容

1. 原则确定分区内土地使用的性质和土地利用原则，划定各类用地界限，对居住人口的规模与分布、建筑及用地的容量提出控制指标。

2. 确定市、区级、居住区级公共设施的分布与用地范围。

3. 确定城市主、次干道的红线位置、断面、主要控制点坐标与标高，确定支路的走向与宽度，以及主要交叉口、广场、停车场的位置和控制范围。

4. 确定绿地系统、风景名胜、河湖水面、对外交通设施、高压走廊以及区域性引水（或供水）设施等的用地界限。

5. 确定文物古迹、历史街区和历史地段的保护范围，提出遗产环境与空间形态的保护要求。

6. 确定分区内各类工程干管的位置、走向、管径、服务范围以及主要工程设施的位置和用地范围。

四、在城市总体规划工作中需要深化的几点认识

（一）正确认识城市的发展阶段

就我国而言，目前正处于城市化加速发展时期，但是，我国人口多、底子薄，各地区的资源条件和城市发展极不均衡。我们要汲取发达国家城市化发展过程中的经验教训，绝不能简单模仿国外或其他地区的城市化与城市规划建设，防止片面地求大、求美、求洋和不顾经济实力不讲科学地搞全面开发、彻底改造，科学地编制出符合各自城市特点的城市总体规划。

（二）正确认识市场经济体制下的总体规划的控制机制

在城市总体规划编制工作中要尊重市场经济对资源配置的基础性作用，要充分利用市场经济规律，有效地

组织和配置城市的各类资源，树立城市也可以在政府的控制引导下进行“经营”的理念。同时也要高度重视城市总体规划作为政府的一种干预和控制手段，首先要考虑的是城市的公共利益和长远利益。英国著名的规划学者彼得·霍尔认为城市规划有两种控制职能：一是控制公共投资（尤其是道路、铁路、机场、学校、医院、公有住房等的投资）的权利；另一个是鼓励或限制私人投资对物质环境开发的权利。因此，必须把应由政府控制的土地和空间资源按照城市规划严格地管制起来，把应由政府负责的事务承担起来，领导决不能屈从于经济利益和外来资本压力随意违反或修改总体规划，而应该严肃依法实施总体规划。

（三）要规定城市规划强制性指标并严格实施和管理

在市场经济条件下，城市建设和发展投资主体呈现多元化，土地成为地产，城市规划应适应市场变化而具有一定的弹性。但是凡涉及公共利益，绝大多数人（包含弱势群体）利益的规划内容，则应当是强制性的，由政府制定实施，比如涉及城市安全、城市生态等方面的有关规划要求。因此，凡保证资源共享和有效配置、维护公共利益和生态环境的规划内容，应当确定为强制性指标，作为各投资主体从事开发建设的行动准则，也是政府实行规划管理的依据。这种强制性指标，在总体规划和详细规划阶段都应当有各自的任务。

（四）正确认识资源有限性的发展约束

我国是在人口基数大、人均资源少、经济和科技水平都比较落后的条件下实现经济快速发展的，这使本来就已短缺的资源和脆弱的环境面临更大压力。我国的城市在未来几十年里，将长期处于一种既承担经济高速发展重任、又面临资源短缺的两难境地之中。因此，走协调经济增长、生态平衡和社会公平的可持续发展道路是城市总体规划工作的重要指导思想。

（五）加强总体规划的政策研究

城市规划涉及许多政策问题，从某种意义上讲，城市规划本身就是一种体现政策的工具。总体规划的内涵更多地表现在它的政策性和法规性。对当前存在的超强度开发、破坏历史文化、城乡边缘管理建设混乱、城市建设特色不突出等方面的问题，不但要在总体规划技术上加强协调，而且要在政策建议、法规和管理上加大力度。

（六）存在的问题

目前我国现行的城市总体规划制定也存在一些问题，主要是规划内容过多，编制、审批周期过长，不能适应城市快速发展的实际需要，应当从实际出发，抓紧进行必要的改革。

第三节 详细规划

详细规划是以总体规划或者分区规划为依据，详细规定建设用地的各项控制指标和其他规划管理要求，或者直接对建设作出具体的安排和规划设计。详细规划是把对城市发展进行宏观指导和管理的总体规划落实为对城市各项用地和建设进行具体管理的关键环节，它是规划管理的直接依据。在我国各城市总体规划基本完成的情况下，切实加强详细规划的制定和实施，就成为当前一项紧迫和重要的任务。详细规划分为控制性详细规划和修建性详细规划两个层次。详细规划由城市人民政府城市规划行政主管部门负责组织编制。

一、控制性详细规划

控制性详细规划是以总体规划或分区规划为依据，确定建设地区的土地使用性质和使用强度的控制指标、道路和工程管线控制性位置以及空间环境控制的规划要求④。

（一）控制性详细规划编制的基本原则

1. 在城市总体规划和分区规划的指导下编制

城市总体规划是对一个城市全局发展的把握，控制性详细规划则是对总体规划或分区规划的深化。制定控制性详细规划只能在总体规划确定的原则和布局框架下进行，任何领导和个人都不能因为制定控制性详细规划而随意改动总体规划，在控制性详细规划编制中确需对城市总体规划作调整的则必须依照法律程序进行。

2. 为规划的管理与实施提供直接依据

控制性详细规划的制定是在一定的历史条件下产生的。我国在“一五”期间开始编制的详细规划主要是对城市近期修建地区范围内的住宅、公共建筑和公用事业等设施合理地进行综合布置，作为修建设计的依据。这一编制内容在以后的20多年中没有太大的改变。改革开放以后，我国的经济体制由计划经济转向市场经济，投资主体呈现多元化，城市土地走向有偿使用，房地产业兴起。城市建设从过去的国家统一安排、有计划地进行转向多渠道建设投资、多种建设方式并行，并更多注重改善投资环境。传统的详细规划已经不能适应市场经济发展的需要。为此，我国城市规划工作者对详细规划的编制进行了改革和尝试，控制性详细规划应运而生。控制性详细规划是以确定建设地区的土地使用性质和控制土地的开发强度为主要目标，对开发模式和城市景观进行具体引导。经过这些年的实践，它的成果通过一定的程序直接转化为规划管理的法律性文件，是规划管理和实施的直接的依据。也为修建性详细规划和工程建设项目的选择与初步设计拟定规划设计条件提供直接依据。它开始成为政府对开发活动实行具体调控的有效手段。

（二）控制性详细规划的特点

1. 调节市场的规划手段

在市场经济体制下，国家不再统包建设资金，而是通过市场吸引各方资金，政府也不再统一安排建设项目，投资主体呈现多元化，土地进入市场的途径不再像计划经济时期那样全部依靠行政划拨。因而，城市规划的环境发生了重大变化，城市规划成为国家调控房地产开发的重要手段。在城市总体规划的格局确定之后，面对建设项目、投资来源、建设时间的不确定，控制性详细规划以此作为切入点，强化政府对开发活动的控制和指导职能。控制性详细规划运用城市规划的技术方法，实现政府对城市土地的开发属性与开发强度的控制机制，起到引导投资开发者按城市规划的要求进行建设的目的。1993年1月1日起施行的《城市国有土地使用权出让转让规划管理办法》第五条规定："出让城市国有土地使用权，出让前应当制定控制性详细规划。出让的地块，必须具有城市规划行政主管部门提出的规划设计条件及附图"，并在第七条中明确规定："城市国有土地使用权出让、转让合同必须附具规划设计条件及附图"。

2. 以控制用地的性质和开发强度为重要目的

城市建设用地不可能随意和无限制地进行建设。城市中每一块用地的性质和强度由控制性详细规划做出具体安排和要求。首先是使用性质，比如是用于工业、商业还是居住或绿化，在总体规划指导下由控制性详细规划具体落实。其次是使用强度，各个地块的建设量有其承受力和环境容量的限制，同时与该地块周围的交通容量、环境容量、基础设施的承受能力、周围地块的建设量等都有关系。局部地块的开发强度提高了，对周围地区的承受能力必然会产生直接影响。控制性详细规划通过对地块内建筑高度、建筑密度、容积率、绿地率等一系列控制指标的制定，控制地块用地的开发强度，保障城市的全局利益。

3. 规划成果的内容与形式便于城市规划管理

控制性详细规划的设计文件包括文本和图则以及设计说明书。它们对规划范围内土地使用及建筑管理作出了明确而严格的规定，系统地提出了该地段的用地和建设要求。对于地方城市规划行政主管部门而言，在建设用地和建设工程规划管理中，特别是在进行建设项目选址、拟定规划设计条件、委托编制修建性详细规划、以及建筑方案审批等工作时，都必须以控制性详细规划作为依据。同时，控制性详细规划的成果还可以作为制定地方城市规划管理法规的基础。

此外，控制性详细规划如果能经当地城市人民代表大会审议批准，成为正式具有法律效力的文件，则更能够充分发挥其调控效能。这不仅体现在对于开发商和开发活动的引导与控制上，同时也表现在对于城市领导和城市规划行政主管部门工作人员的制约上，大家都要共同遵守。这是我国城市规划改革的一个重要方向。

（三）控制性详细规划的作用

1. 深化城市总体规划

城市总体规划对用地的功能划分是比较宏观的，如道路系统只确定道路的走向、断面等，不可能做到完全定位。用地的划分也是以城市的主、次干道路网为基本框架，用地的基本单元规模比较大，基本是片区的概念。因而，总体规划划定的居住用地中，并不完全都是住宅用地，而且还包括了一些公共服务设施用地、道路用地、绿化用地[⑤]，甚至还有其他相容的用地存在。而控制性详细规划则是微观的，它一般是以支路划分地块的，有时地块甚至划分得更细，地块规模较小，每个地块规划的指标比较具体，因而可以满足修建性详细规划对小范围用地的开发建设进行总平面布局的需要，也可以适应土地拍卖等具体要求。

2. 控制零星插建，填补管理空白

近年来，城市中的零星建设越来越多，必须通过城市规划对此加以严格的控制和引导。控制性详细规划对该规划范围内的每一块用地上的零星建设都要进行通盘考虑，从而可有效地避免乱插乱建。近年来，不少城市对整个旧城区编制控制性详细规划，对用地进行规划的地块细化，落实用地性质、功能分区、道路系统、城市景观、基础设施等，并根据控制性详细规划制定相应的规划管理法规，用于日常的规划管理，有效地控制了零星建设，填补了管理上的空白。

3. 强化规划的实施管理

管理是规划实施的关键。城市规划难以实施的原因是多方面的，城市规划设计与城市规划管理在一定程度上的脱节是原因之一。控制性详细规划强调的是“控制”，它的实施体现在管理控制上，它把总体规划的意图落实到每一个具体地块上，分解成具体地块上的开发控制。只要严格按照它的规定要求进行开发，总体规划的目标就可以基本实现。

(四) 控制性详细规划的内容

1. 划分可直接用于建设开发的地块，划定不同使用性质用地的界线，规定各地块上适宜建设、不适宜建设或者有条件地允许建设的建筑类型。

控制性详细规划一旦确定，具有不可更改的法定效力，必须严格执行。规划中规定的“适宜建设、不适宜建设”反映了规划的原则性和强制性，要求明确，不得改变。

2. 具体规定各地块的建筑高度、建筑密度、容积率、绿地率等控制指标，规定交通出入口方位、停车泊位、建筑后退红线距离、建筑间距、绿线等要求。

(1) 建筑高度是指地块内允许的建筑（地面上）最大高度限制，简称建筑限高。

(2) 建筑密度是指一定地块内所有建筑物的基底总面积占用地面积的百分比。它是控制地块容量和环境质量的重要指标。

(3) 容积率是一定地块内，总建筑面积与建筑用地面积的比值。它是表述地块开发强度的一项重要的指标。

(4) 绿地率是指地块在地面上各类绿地（公共绿地、宅旁绿地、公共服务设施所属绿地和道路绿地）的总和占地块用地总面积的百分比，是衡量环境质量的重要指标。

(5) 交通出入口方位具体规定了街坊内或地块内机动车道对外围道路开口位置。

(6) 停车泊位是对地块配建停车车位的控制，包括机动车和自行车停车泊位数量的要求。

(7) 建筑后退红线距离是指建筑控制线与道路红线、或道路边界、或地块边界的距离。

(8) 建筑间距是指两栋建筑物或构筑物外墙之间的水平距离。这项指标对居住区规划很重要，根据日照标准确定居住建筑间距以保障居民的居住环境质量。

(9) 绿线是城市各类绿地范围的控制线。绿线内的用地不得改作他用。

另外，对居住区控制性详细规划而言，还要根据《城市居住区规划设计规范》给出公共服务设施配套等指标。总之，前述指标为控制性详细规划指标体系中的规定性指标，是进行修建性详细规划或规划管理时必须执行的指标。

3. 提出各地块的建筑体量、体形、色彩等要求。为协调各个地块之间的建筑风格，满足城市功能与城市景观环境的共同要求，控制性详细规划还要对各类建筑物的体量、体形、色彩等方面做出具体的规定，进行环境景观的控制。此类指标在控制性详细规划指标体系中属于指导性的指标，供设计者和管理者参考。城市规划管理部门也可根据各地的实际情况，将该类指导性指标确定为规定性指标。

4. 确定各级支路的红线位置、控制点坐标和标高。这是控制性详细规划对道路交通专业规划的深度要求，要确定和增加城市道路交通系统中的支路路网，对社会停车场（库）的位置和规模进行定量和定位的控制。

5. 根据规划容量和有关的专业规划，确定工程管线的走向、管径和工程设施的用地界线，对工程项目的建设进行控制。

6. 制定相应的土地使用与建筑管理规定，以文本和图则的形式表达。这是控制性详细规划作为规划管理实施依据的关键内容。

7. 控制性详细规划的相容性。鉴于城市发展中因素众多，条件复杂，控制性详细规划需要具有一定的弹性，在这里称“相容性”。即规划既规定了“适宜建设、不适宜建设”，同时又规定了“有条件地允许建设”。正是这个“有条件地允许建设”反映了规划的弹性，它是指在不违反城市总体规划或分区规划原则的基础上，允许用地性质具有一定的相容性，通过“用地与建筑相容性表”和“用地性质可变更范围”来反映。例如：某块用地的用地性质定为影剧院，除了建影剧院、娱乐设施之外，根据需要可以建图书馆、展览建筑或科技馆等，但不适宜于建工厂。当然，这种用地性质的变更必须是在不违反城市总体规划或分区规划的规定、不对周边地块造成不良影响的前提下，经过法定的批准程序后实现的。

（五）控制性详细规划的编制程序和基本编制要求

1. 项目准备

委托方和被委托方（设计方）要根据项目的性质、内容、进度、经费、双方的权利与义务等方面进行协商，根据协商结果签订具有法律效力的正式合同书。被委托方根据合同进行技术准备工作。

2. 资料收集与现场踏勘

深入全面地领会总体规划、分区规划对于规划地段的具体要求，收集有关本地段发展的规划设想，实地考察规划地段的地形地貌、地质条件和现状用地使用情况，详细了解地段内现有建筑的类型、面积和质量，收集有关城市基础设施方面的基础信息，调查了解地段历史文化及社会人文方面的特点，特别是注意文物保护单位及其他历史文化遗迹的现状和周边环境，对地段相邻地区进行深入了解。

3. 方案阶段

方案编制初期要有至少两个以上方案进行比较和技

术经济论证。方案提出后向委托方汇报，并就一些规划原则问题展开讨论，进行方案修改，进行必要的补充调研和方案修改。

4. 成果编制

按建设部《城市规划编制办法》的要求编制成果，掌握合适的内容和深度，依据要清楚，论证要充分，结论要明确。对规划有重要影响的问题，要有委托方提供的文字资料作为依据附在成果文件中（如已划拨的用地红线、防洪堤的位置、高压走廊的位置等）。

控制性详细规划成果包括规划文件和规划图纸两部分。规划文件包括文本和附件（规划说明书和基础资料汇编）。图纸主要包括区位图、现状图、规划总平面图、道路交通规划图、各项工程管线规划图及控制性规划图则（整个地段的总图图则和分地块的分图图则）。

5. 上报审批

城市详细规划由城市人民政府审批，一般分成果审查和上报审批两步。

（六）全面开展控制性详细规划

这是当前我国城市规划工作的一个重点。这里有必要强调，必须确保控制性详细规划的质量。有些城市抓控制性详细规划工作时存在只重数量、进度，而忽视质量的倾向，规划编制之后，难以发挥应有的调控职能，这应当引起足够的重视。由于控制性详细规划要直接面对市场，为规划的客体和主体（包括有关领导）共同遵守，并具有相应的法律效力，所以，确保控制性详细规划的质量是当务之急。

二、修建性详细规划

修建性详细规划是控制性详细规划的具体化，它是以城市总体规划、分区规划或控制性详细规划为依据，制订用以指导各项建筑和工程设施的设计和施工的规划设计。对于当前或近期要进行开发建设的地区，应当编制修建性详细规划。在建设的项目和任务具体落实的情况下，可以直接编制修建性详细规划。如城市居住区规划等。修建性详细规划的重点是“修建”，可以理解为在近期要开发建设的用地范围内，把所要建设的房屋(如工厂、住宅、商店、办公楼等)、道路、绿地、基础设施做出具体的布置。

(一) 修建性详细规划的基本内容与成果要求

修建性详细规划在对建设条件进行分析及综合技术经济论证的基础上，进行建筑、道路和绿地等空间布局、景观规划设计和艺术处理，完成总平面布置，进行道路交通、绿地系统、工程管线和竖向规划，并且对工程量、总造价、投资效益进行估算。

修建性详细规划的成果包括规划文件和规划图纸两部分。规划文件为规划说明书；图纸主要包括区位图、现状图、规划总平面图、道路交通规划图、竖向规划图、各项工程管线规划图以及表达规划设计意图的鸟瞰图，有时还可以制作模型。

(二) 修建性详细规划的特点与作用

1. 它以物质形态规划作为主要内容

与控制性详细规划比较，修建性详细规划的表现形式更为直观，它主要是用规划图纸来说明问题，表达规划意图。例如：工业小区的修建性详细规划，就要把工业小区规划范围内的厂房及其附属设施的建筑形式、位置、面积确定下来，厂房、厂区道路、绿化、工程管线、道路和场地的坐标、标高等都要在图纸上表现出来。再如：居住小区的修建性详细规划也是一样，小区的道路、住宅的形式、小区绿地、学校、商店、幼儿园、物业管理中心等，在图上都应当找到。

2. 它以落实建设项目为主要目的

修建性详细规划是以落实建设项目为主要目的，是进行城市建设的前期准备阶段，规划要对基本落实的拟建项目，重点落实用地的布局，协调包括建筑、道路、绿化、工程管线等建筑与各工程设施之间的关系。在实际工作中，一些意向中的项目也可以制定修建性详细规划，特别是招投标的建设项目，目的是为了吸引投资，促成建设项目的落实。

3. 它是建筑设计的依据

修建性详细规划是城市规划编制体系中的最后一个层次，它与建筑设计和工程设计联系最为紧密，是建筑设计的直接依据，有些内容甚至可能与建筑设计互相交叉。规划范围越小，交叉越有可能发生。修建性详细规划仍然是规划层面的工作，它的设计深度不必要达到也不需要达到建筑设计的深度，虽然修建性详细规划阶段已经表现出建筑的形体，但它的主要目的只是研究和确定建筑、道路以及环境之间的相互关系，计算开发量，其作用是具体指导各项建设和工程设施的设计。

(三) 修建性详细规划的主要类型

对近期要建设市中心（区）、居住区、商业区、开发区、校园、广场、公园、街道等，需要编制修建性详细规划。这里重点介绍居住区、城市中心和城市广场。

1. 城市居住区规划

(1) 城市居住区的基本概念

城市居住区泛指不同居住人口规模的居住生活聚居地，特指城市干道或自然分界线所围合，并与居住人口规模（30000 - 50000 人）相对应，配建有一整套完善的、能满足居民物质与文化生活所需的公共服务设施的居民生活聚居地⑥。

居住区规划是修建性详细规划的主要类型。通过居住区规划，对城市居住区的住宅、公共设施、公共绿地、室外环境、道路交通和市政公用设施进行综合性具体安排。不论是何种规模或何种结构形式的居住区，其基本的规划要求是一致的。为了确保居民基本的居住生活环境，经济、合理、有效地使用土地和空间，保证居住区的规划设计质量，国家发布实施了《城市居住区规划设计规范》和其他一些相关的规范，成为指导居住区规划的技术标准。

(2) 居住区规划的基本要求

①居住区规划必须以城市总体规划、分区规划和控制性详细规划为依据。

②居住区的基本用地构成包括住宅用地、公共建筑用地、道路用地、公共绿地等，合理安排这些用地是居住区规划的基本要求。规划布局要适应居民的活动规

律，综合考虑日照、采光、通风、防灾、配套设施及管理的要求，创造方便、舒适、安全、优美的居住生活环境。要合理选择户型，着眼于大多数城市居民的需要。现在有些城市的房地产商开发的住宅区片面追求大户型、大面积和豪华的标准，脱离我国人多地少的实际，不符合可持续发展的原则。在住宅布置时，居住建筑间距的确定，应保证正面向阳房间在规定的日照标准日获得的日照量。居住区道路的组织、绿地的布置、公共建筑的配套要考虑居住区的通风、防灾、安全、休闲、交往、停车等方面的使用要求。要为老人、残疾人的生活和社会活动提供条件。近年来，居住区的停车问题日益突出，需要认真解决。

③居住区不仅本身的使用功能很重要，良好的居住区形象也是城市景观的重要组成部分。社会越进步，经济越发展，对居住区美观的要求就越强烈，创造良好的居住区景观不仅是居民的需求，也是城市发展的需求。因此，居住区规划要考虑居住区整体形象的塑造，不仅要有优秀的建筑单体设计，而且更要有良好的群体组合与环境设计，还应综合考虑城市的性质、气候、民族、习俗和传统风貌等地方特点和用地环境特点来创造亲切宜人、适宜居住和具有当地特色的居住区形象。近年来，一些城市的房地产开发商肆意炒作居住区，脱离居民对居住区环境舒适、朴素、方便、安静的基本需求，盲目追求什么“贵族气魄”、“欧陆风格”，矫揉造作，形式主义，这是应当注意防止的。

2. 城市中心区规划。

(1) 城市中心区的基本概念

城市居民对自己生活的城市都有一个基本的心理认知与心理归属，它往往就是这个城市的核心地区。这个核心地区可能是城市的行政中心，也可能是商业中心，甚至是多种功能混合的中心，或者兼而有之。这无疑是城市中最有吸引力、最热闹的地方。

城市中心是“城市中供市民集中进行公共活动的地方，可以是一个广场、一条街道或一片地区，又称城市公共中心。城市中心往往集中体现城市的特性与面貌”[⑦]。城市中心也是“城市中重要市级公共设施比较集中、人群流动频繁的公共活动地段”[⑧]。

一般地讲，城市中心的构成和形态随着时代的变迁而发展变化。从古代以宫殿和神庙为主的城市中心发展到现代城市集行政、商务办公、信息、文化、商业等多种功能综合的城市中心，经历了漫长的历史过程。城市不同的规模和区域地位也形成不同的城市中心。城市规模越大，区域地位越高，城市结构越复杂，城市中心的构成和形态就越趋综合性，往往形成政治、经济、文化、商业为一体的城市中心。在大城市和特大城市，除了市一级的城市中心之外，还要设立若干分区中心，共同承担城市中心所肩负的职能。在特大城市，除了一个市中心外，往往还建设有副都心，如日本的东京，除了银座地区作为中心外，还建设了新宿作为副都心。

随着社会的不断进步，经济的迅速发展，城市规模的扩大，城市中心的内容也越来越丰富，职能高度集中，规模越来越大，城市中心的布局也从一条街、一个广场发展为几条街、多轴向的地区，逐渐形成一个片区，就是现在所说的城市中心区。一般规模较小的城市没有真正意义上的城市中心区，而大城市和特大城市的中心区就比较明显，像北京、上海这样的国际性大城市中，还有可能逐步形成所谓的中央商务区（CBD，指少数大城市中金融、贸易、信息和商务办公活动高度集中，并附有购物、文娱、服务等配套设施的城市中综合经济活动的核心地区）[9]。应当指出，CBD仅在很少数特大城市中才可能出现，并非所有的特大城市都可能形成CBD。在这方面也要防止盲目性。

(2）城市中心区的主要功能与特征

由于城市中心区在城市中的特殊地位，城市中心区的主要功能应包括商务办公、信息服务、生活服务和社会服务，并兼有行政管理和居住功能。它可能包括城市的主要零售中心、商务中心、服务中心、文化中心、行政中心、信息中心，集中体现城市的社会经济发展水平和发展形态，承担经济运作和管理功能[10]。城市中心区除上述综合功能特征外，还有如下主要特征：城市中心多是城市结构的核心，城市中心的职能高度聚集，城市中心人流大量汇集，城市中心的地价和租金相对于城市其他地区昂贵等。

(3）城市中心区的规划布局基本原则

①要有利于中心区基本功能的组织。要将最能体现城市中心区基本功能的内容规划布置在中心区，如城市的商务功能、高档次的服务功能、为高层次消费的商业零售功能、高水平的文化功能、信息功能和高效率的行

政功能等。要对这些基本功能进行有效的组织和科学的布置，功能相对集中、动静聚散有致，尽量避免交叉，同时要组织一定的居住功能、交通功能和绿化功能，形成有活力的中心区。

②要有便捷的交通条件。城市中心区是城市中建筑密度较大，车流、人流高度汇集的地方，要保持城市中心区的高效活力，便捷的交通条件十分重要。要方便来自四面八方的人流到达城市中心，又要使车流、人流集散迅速。在小汽车发展较快的今天，城市中心区要规划足够的停车场地。要修建停车楼和地下停车场。城市中心区的路网密度较高，一般都与城市主干路有方便的联系，有数条公交线路到达，周围要布置有足够的停车设施。在核心地区可划定一定范围的步行街区。较大的城市中心区与外围地区之间可以布置环路，采用多种交通方式，利用地下空间和立体交通组织车流和人流的集散。

③创造特色鲜明的空间艺术布局。城市中心区是很多城市标志和城市形象的具体体现。城市的中心区分布有不同历史时期的各式建筑，这些建筑组成了丰富多彩的历史画卷和城市空间，蕴涵着极其丰富的文化内涵。城市中心区的规划既要满足多种功能发展的要求，又要通过城市设计为建筑师提供充分展示其艺术才华的创作空间，并对中心区的空间环境与艺术布局做出科学的规划引导。

④延续与保护城市的历史文脉。城市中心一般都是经过一定的历史发展过程形成的，集中体现了城市的历

史和文化内涵。因此，在城市中心的规划中，要注意保护能反映城市历史文脉与特色的街区，切不可不顾城市的具体情况而随意全部拆除重建。在传统的城市中心区进行建设，要注重保存传统的城市结构和“肌理”，不可因盲目兴建高楼大厦而割断城市的历史文脉，破坏城市的“肌理”，甚至变成毫无特色的千城一面。在城市中心布局中有许多好的方法可以借鉴，例如：不少历史文化名城的市中心，为了保持传统城市中心的特色和完整性，保护历史古城的格局，同时又满足城市中心日益发展的需要，在保护传统城市中心的基础上，可以另辟新的城市中心。

⑤留有一定的发展空间。城市中心的规划一定要有灵活性，留有发展空间，而不能只顾眼前利益，过度开发城市中心的土地。

3. 城市广场规划。

(1) 城市广场的功能与特征

城市广场是由于城市功能上的要求而设置的，是供人们活动的空间。城市广场通常是城市居民社会活动的中心，广场上可组织集会、供交通集散、组织居民游览休息、组织商业贸易的交流等[11]。城市广场是城市中重要的公共活动空间，是城市生活的重要组成部分。城市广场还具有如下特征：

①广场的性质必须符合城市不同的功能要求。根据城市不同的功能要求，广场可分为市政广场、纪念广场、商业广场、交通集散广场、休闲娱乐广场和大型建筑物前广场等。例如：功能较单一的有交通集散广场，

如城市的火车站站前广场，主要供人流集散之用；功能较综合的如市政广场，也有许多城市称之为市民广场或城市中心广场，这类广场往往与城市中心或城市行政中心结合布置，平时供市民休闲、文化娱乐，必要时可供集会之用。

②广场的平面组合形式多样。广场的平面形式受地形、环境、设计观念、地域文化等多种因素的影响，可以呈多种形态，有规则和不规则之分，也有单一形式和复合形式之分。例如：古代自发形成的广场多呈不规则型，广场空间变化丰富。现代广场受城市规划的影响，多呈规则型，轴线特征明显。有时，广场的形状取决于一座特别重要的建筑物，在古代取决于教堂、庙宇或市政厅。现代的市民广场则多取决于政府办公建筑。

(2) 城市广场的规划设计原则

①确定合理的广场规模。合理的广场规模是创造广场空间艺术效果的基础。广场的大小与广场本身的功能要求、用地条件、环境条件、历史条件以及周边建筑的体量和高度有关，与城市的性质和规模也有密切关系。如果城市本身规模并不大，但是为了追求气派规划建设了一个很大的广场，不仅造成与城市的整体尺度的不协调，同时还造成城市用地和投资的浪费。例如，有一个小城市，本身只有几万人，却规划建设了一个面积达 22 公顷的广场，相当于天安门场面积的 60%，空空荡荡，无所用途，这完全是一种失误。另外，旧城中也不宜布置面积很大的广场，与传统的城市肌理不协调。总之，城市广场的规划要得体、得法、得当，规模要适度，规

划要精心，要讲求围合的效果，讲求空间的尺度，讲求宜人的气氛，切不可盲目攀比、盲目求大。更不可摆阔气，铺张浪费，造成失误。

②尊重地方特色和历史文脉。城市广场具有标志性，广场的空间艺术效果反映城市的特色与面貌。而城市的特色是城市传统文化长期积淀的结果，广场规划设计应尊重地方特色和历史文脉。不顾城市历史传统，盲目贪大、求洋，不仅使广场本身丧失个性，也会使城市面貌受到影响。

③以人为本、首先着眼于最大多数人的设计原则。城市广场主要是为了满足广大市民的交往、休闲、娱乐等需求而设立的，广场设计应从人的环境心理和行为特征出发，如广场空间环境要考虑具有宜人的尺度，便于不同年龄、不同文化层次的人群交往和休息，动、静分区，硬质铺装和绿化结合，不同气候、不同季节均能保持广场的舒适性等等。

第四节　城市规划的评价

一、城市规划评价概述

（一）城市规划评价的作用

城市规划评价是指为特定目的，在特定的规划设计阶段，对规划编制成果作出方案优劣和工程技术经济是否可行的判断。

由于城市规划涉及到方方面面的利益和许多错综复

杂的问题，需要从不同角度探讨不同的解决方案，并通过评价来综合分析各方案的优缺点，集思广益地归纳集中，最终选择一个经济上较为合理、技术上较为先进的综合方案。简而言之，评价的作用就是筛选和优化方案，使之更可行、可靠和可信。

(二) 城市规划评价的主要方法

1. 专家评议

这是目前最常见的一种方式。由于评价人具有基本一致的专业背景和丰富的实践经验，通过对不同方案的比较分析，可以揭示各方案的本质差异和优缺点，并选择出相对而言最佳的方案。

一般来说，专家评议内容涵盖三方面：一是规划作为一揽子计划在文件中所表达的工作内容，包括实证研究、目标、需求与问题、假设和推理、具体建议和实施措施等。二是规划方案所表达的具体内容。三是规划方案实施后的预期后果，并往往侧重于规划方案的先进性与科学性。

2. 业主评审

指委托方召集有关部门参加的对规划方案进行更为细致的评审。委托方通常包括城市政府、城市的领导和委托任务的业主。由于参加评审的各方均具有不同的背景，在城市规划中扮演着不同的角色，因而有必要在评审时确立比较客观的评价标准。城市规划的目的不应停留在研究决策阶段，更主要的是付诸行动和实施管理。业主评审要协调各部门、各方面的利益，只有各部门的矛盾协调好了，规划才能更加合理，实施才有保障。此外，规划文件的内容和深度是否达到委托方要求和相关技术规范管理规定，也需通过业主评审进行进一步的核审。所以，业主会审通常侧重于规划方案的合理性、规范性和可行性。

3. 公众参与

规划既是一个理性推理过程，也是一个民主决策过程。规划方案涉及到各种各样的群体、部门、组织和个人，他们在规划实施过程中均有各自的利益关联和影响。因此，通过适当途径认真倾听他们的呼声，吸收其合理建议，既有助于规划的完善，也有助于社会对规划实施的理解和配合。公众参与侧重于规划方案的公正性和广泛性。

（三）城市规划评价的一般程序

通常按三个步骤进行：一是规划编制单位提交规划成果并进行汇报讲解。二是评价人发表意见和建议。三是将意见和建议归纳总结，由编制单位据此完善方案。

由于以上三种评价的侧重点不同，编制单位的方案表达也应有所侧重。另外，外地专家对本城市了解不深，还需安排实地考察和补充介绍一些背景情况。

二、城市总体规划的评价

（一）评价的基本观点

1. 区域的观点

城市并非孤立存在，任何城市与周边地区均有着千丝万缕的联系。同样，城市中的某一地段也与其他地段紧密关联。在总体规划的评价工作中，首先要从规划方案所限定的地域范围跳出去，从大到小、从上到下、从外到内地研究编制的方案，而不能就方案论方案。如果一开始就“身在庐山中”，往往难以看清方案宏观决策的正误，开头若错，结果总是错的。所以，对一个城市的总体规划必须从更大的区域环境来研究。同样，城市某个地段的详细规划则应纳入城市整体考虑，避免出现大的失误。例如，20 世纪 90 年代初某县级市因发展势头好，拟建一保税区，市里提出的目标是国际一流，建设量高达 900 多万平方米。方案评议时专家并没有就方案本身的结构布局、交通组织和景观设计等发表过多意见，而是研究分析了该区域的经济发展和外贸量增长，通过类比分析得出建设量不宜超过 100 万平方米的结论。显然，原规划方案即使做得再好，也失去了存在的基础。时至今日，首期建设的几栋高层写字楼封顶几年尚未有人使用，证明了专家意见的正确。市里在听取专家意见后压缩了开发计划，从而避免了更大的损失。

2. 系统的观点

系统观点来源于系统论，它认为任何一种存在都是由彼此相关的各种要素所组成的系统，每一种要素都按照一定的联系性而组织在一起，从而形成一个有结构的有机统一体。系统中的每一个要素都执行着各自独立的功能，而这些不同的功能之间又相互联系，以此完成整个系统对外界的功能。规划认为城市就是一个开放的巨系统，它由许多子系统构成。城市总体规划评价就是通过对城市系统的各个组成要素及其结构的研究，揭示这些要素的性质、功能及其相互关系，全面分析城市存在的问题和相应对策，从而在整体上对城市问题提出解决的方案。

3. 整体的观点

城市是不可分割的有机整体，只有构成整体的各部分彼此协调，整体的效能才会最大，所以局部服从整体是规划的一个原则。规划的目的在于引导城市有序发展，以利于城市经济合理发展，以利居民健康、安全、舒适地生活，并实现其他社会、环境发展目标。因此，规划评价要对城市中各类组成要素之间的协调和相互关联的处理是否得当进行判断，尤其是对城市土地使用和各项建设之间的关系安排是否得当进行判断。

在城市规划过程中，局部与整体的利益冲突屡见不鲜。例如，某单位大院阻断了城市东西向的交通联系，使城市运营效率降低，整体效益受损，就有必要加以协调解决。现实中还会出现一些更复杂的情况，例如某大城市有一个区恰好位于城市的水源保护区及生态环境敏感区，由于经济增长的压力，区政府也想在这些地段进行大规模开发建设。显然，如果照此思路规划建设，其代价是城市水源受到威胁，生态环境遭到破坏，城市的整体效益受损。面对这种状况，规划应该运用调控手段，抑制不合理开发，同时，建议政府采用财政转移支付等手段，对因此不能开发的地区予以适当补偿。

4. 综合的观点

规划通常要考虑规划方案可能引发的各种后果，并从经济效益、社会效益、环境效益三个方面来综合评估。单纯实现其中一个或两个目标不是规划的追求，规划总是希望寻求三个效益之间的一个平衡点。例如，在旧城改造中，若对开发强度不加控制，可能会使地价较高，经济效益较好。但是，过度开发会加重旧城各项设施的负担，环境效益下降，市民也会有意见。同样，若将开发量控制在理想状态，又可能由于经济因素而不便操作。因此，最终的开发量可能就是三者之间的平衡点。

5. 动态的观点

规划评价不但应有长远的观点，而且还应有动态的观点，二者的差别在于，前者注重未来和终极状态，而后者注重从现在开始并不断向未来趋近的过程。

现实中经常出现的问题是决策者往往被眼前利益所迷惑，这可能与政府任期内的“政绩”压力有关。例如，某市开发区几年前引进了一个热电厂项目，准备向旧城企业供热，并选址在靠近旧城的西侧不远处的山峰下。该山是城市景观轴线的对景，又是城市近郊公园，山下环境优美，极具开发价值。但热电厂100多米高的烟囱占据了人们的视野，对周边景观环境将造成不良影响。此外，随着城市功能的调整，旧城工业将外迁至城西工业区，热电厂接近现状热负荷中心将会变成远离未来西部工业区的热负荷中心。基于此，规划建议将热电厂西移，但此建议最终未被采纳，只是象征性地西移了100米。三年后，开发区后悔了，高高的烟囱使众多开发商踌躇不前，使该区失去了许多开发良机，同时，旧城工业也所剩无几了，热电厂不得不酝酿搬迁。此类教训应当认真总结。

动态的观点可以使规划工作避免“短视”和“近视”，使规划在政府任期的近期政绩和长远目标之间找到一个契合点，既实现领导为官一任、造福一方的心愿，又做到前人种树、后人乘凉，使城市向更好的未来不断趋近。

(二) 评价的主要内容

由于规划涉及的内容很多，作为城市政府的领导和决策者在城市规划评价时要紧紧抓住主要矛盾，高屋建瓴，把握全局。

对城市总体规划方案评价时，应该重点把握城市性质、城市规模、城市发展方向和城市用地布局结构与道路网系统。

1. 城市性质

城市性质决定城市的特性，影响城市长远发展，影响城市用地的功能组织和设施水平。如果城市性质确定失误，城市发展可能走偏方向，城市建设可能盲目行事，反之，则依据充足，部署有序，特色鲜明。

确定城市性质的依据是区域分工和城市自身发展因素，要把握好宏观区位中城市的主导职能，定位要准确，表述要精练。

由于对城市性质理解不深，现实中常出现下面三类问题。一是内容空洞、缺乏个性。如某城市性质写为，根据我市自然地理条件、历史特点及现有基础和发展的可能性，将我市建设成为工业、交通发达，风景优美，环境整洁的社会主义现代化工业城市。这几句话显然大多数城市都可以套用。二是定位不当，人为拔高。一些城市，尤其是一些中小城市，不顾客观现实，贪大求高，给自己冠以一些“区域”、“全国”、甚至“国际”的头衔，其结果不是失去对城市建设的指导意义，就是因误导带来重大的损失与浪费。三是不分主次、罗列职能。如某城市性质拟写为地区所在地，是本省西部的政治、经济、文化中心，交通枢纽，是一个以支农、机械、基础工业为主，发展轻工、纺织为重点，并相应发展仪表、电子、化工原料的生产城市。这是典型的对城市性质与城市职能的曲解，认为不列入性质中就等于不发展该职能。

现简列几个由国务院批准的总体规划中对于城市性质的表述：

武汉市：湖北省省会，我国中部重要的中心城市，全国重要的工业基地和交通、通信枢纽。

宁波市：长江三角洲南翼经济中心，我国东南沿海重要的港口城市。

开封市：河南省东部地区重要的中心城市，国家历史文化名城，旅游胜地。

抚顺市：重要的能源、原材料工业基地，以石化工业为主导的现代化工业城市。

2. 城市规模

城市规模是规划的基本参数，影响城市发展全局，影响规划布局结构，影响各项基础设施和公共设施的数量和标准。

多年来，城市规划力求寻找科学的预测方法来把握城市的发展速度，力求较为合理地预测规划期末城市的大致人口规模，并在实践中探讨了多种预测方法。实践证明，在没有突变因素（政策因素和外来因素）的情况下，规划预测基本接近实际状况，反之，则差距较大。有鉴于此，在规划中常采用两个办法来弥补，一是多种预测方法互相校核，二是提倡双系列（宏观与微观）多因子（自然、经济、社会）分析法，尽量把某些可能出现的突变因素考虑进去。

对于城市规模的评审须掌握两个要点：一是看规划是否运用了多种方法预测并进行校核？其规模是否大致符合实际？有什么突变因素未加考虑？二是不要把规模当成目标。规划师是从预测的角度推算城市人口规模，城市的领导者往往是从经济社会发展的需求角度展望人口规模，不同的角度是需要的，只要是实事求是，科学预测，而非盲目求大就是可行的。在我国加快城市化进程的今天，要注意我国在城市规模预测方面的历史经验教训。唯物辨证地处理好规模预测很有必要，一方面切不可脱离实际人为地盲目求大，一方面又不可不顾实际需求，盲目地人为压缩。总体规划 20 年为期，要准确预测 20 年后的人口规模，存在很多困难，只能有一个大体符合实际的预测。由于不可预见因素很多，在人口和用地规模上适当留有余地，以适应变化，是很有必要的。

3. 城市用地发展方向

城市用地发展方向是指城市各项建设规模扩大所引起的城市空间地域扩展的主要方向。在缺乏规划引导的自发发展情况下，城市一般向四处蔓延，而随意蔓延的城市发展会带来许多弊端：缺乏合理的城市结构、远离城市的中心、低效的土地利用、中心区的过度拥挤、环境的破坏、绿化和休憩空间的缺乏、市中心各种设施的过度集中等等。城市规划最为关注城市的有序拓展，规划中所确定的发展方向应有利于调整城市结构、优化布局形态；应有利于城市功能组织、提高运营效率；应有利于节约开发成本，保护耕地和自然、历史文化遗产。

确定城市用地发展方向一般采用综合分析的方法，先对用地的自然条件作出评定，确定适建、不适建及有条件适建的用地，再根据城市形态演变规律分析城市的发展趋势，同时考虑内外部条件的改变对城市产生的影响，分析城市进一步发展的引力和阻力，最后根据城市结构布局的调整完善加以确定。

适用性评价主要依据工程地质条件得出，如山体、水域、地下矿藏及各种不良地质现象（断裂带、冲沟、滑坡、洪水淹设区等）都不宜作为建设用地。因此，在用地条件受到制约的城市（山区、河谷、滨海），用地发展方向选择的余地小，而平原城市选择余地则较大。

城市用地发展方向选择时，有两个要点应该把握：一是门槛问题，时机不到不轻易跨越门槛。如上海直到20世纪90年代才跨越黄浦江开发浦东，株洲到第四版规划才提出跨湘江发展构想，而哈尔滨跨松花江向北发展至今仍在酝酿中。二是经济流向问题，城市用地发展方向一定要着眼于区域经济流向来考虑，尽量趋近区域经济发展重心或与经济流向相一致。因为生产力布局总是沿着阻力最小的方向移动，把握这一规律有利于因势利导，避免出现规划选择与实际开发背道而驰的现象。例如芜湖市与北部的南京联系密切，历次规划均选择向北发展为主。嘉兴与上海联系密切，沪杭高速公路建成后，出入口在嘉兴南部，故南部引力增大，变为主要发展方向。常州位于沪宁交通轴上，城市形态呈东西向展开以适应这种经济流向，90 年代常州提出以港兴市战略，开发北部长江港口，货运主流向由东西向改为南北向（经港口出海)，故北面成为城市主要发展方向。

4. 城市用地布局结构与道路网系统

城市用地布局结构是指城市各功能区在数量、空间、时间上的分布特征和组合关系，它是城市社会经济活动在空间上的投影。一般来说，城市工业区、居住区、商业区、行政区、文教区、风景旅游区等要素的不同组合，形成不同的空间结构。城市空间结构可以概括为单核点状（团块状)、带状、多核组团状、星状和轴向发散状（指状）等几种基本形状。城市道路网系统主要有方格网状、放射状、环路加放射状等。城市道路系统不同的结构形式是城市用地布局结构的反映。城市总体规划评价时不但要关注城市用地布局结构和城市道路网结构，而且要重点评析这两种结构形式是否协调、是否统一。理想的城市空间布局形式不但要与自然环境的完美结合，而且要与城市道路系统结构协调一致。

一般来说，城市由小到大、功能由简单到复杂的发展过程中，其空间结构的演化遵循一定的规律，可以概略地划分为四个大阶段。首先是市中心和边缘带构成团块状城市；然后沿交通线延伸，形成星状城市；进一步发展后形成块状组群城市（大城市加周围卫星城）；最后形成大都市连绵区（带）。

处于第一阶段的城市，以向心集聚的团块状发展为好，不宜分散和多中心化。若人为进行分散规划往往会招致失败。处于第二阶段的城市，基本已进入大城市“门槛”，可考虑星状结构，不宜坚持单一中心的集聚。处于第三阶段的城市一般是特大城市，多中心是城市发展的较好选择，规划的关键是组合好各中心之间的功能联系。有可能演化到第四阶段的城市不会很多，长江三角洲、珠江三角洲和京津唐地区已具备一定的发展条件。

城市的空间结构是否适合于该城市，首先从结构核心（即中心区）入手。中心区是城市公共设施分布和居民进行各项公共活动最集中的地方，中小城市往往是综合中心，大城市往往分解为行政中心、商业中心和文化中心。在封建时期，行政中心占据城市构图中心，是城市的主要职能。现代城市的行政中心可不居中，但需环境清净优美，交通便捷，若拟新建则须有效地引导城市的开发方向。如青岛市将行政中心东移，既保存了原中心附近的城市传统风貌，又有力地带动了东部地区的发展，促进了城市空间结构的调整，是较为成功的一例。商业中心具有自我强化趋势，必须考虑市民认同，而且应该靠近人口分布的重心。文化中心具有象征性和纪念性，必须规划在恰当的位置。

中心区的发展要与城市发展相适应，随着城市的扩张，在规划中有三种对策：一是通过土地置换，在原中心基础上完善，这适用于发展较慢的城市。二是另建副中心，这适用于发展较快的大城市。三是另建新中心，这适用于发展很快的城市。如果城市发展较慢，又把新的市中心（行政）放在未开发的新区，既难以带动新区建设，又把市政府置于荒郊空地之中，不方便群众，不利于工作，甚至长期形不成应有的城市氛围，这种状况应当防止。

城市用地结构布局要认真处理好旧城改建与新区开发的关系，处理好城市各主要功能区之间的关系，处理好交通系统与各个功能区之间的关系。在把握了城市用地布局结构和城市道路系统结构后，还应进一步考察城市总体布局中各类用地的功能组织是否科学合理。要看各类用地的选择是否合理，各项用地之间的关系是否协调，城市的内外交通是否便捷，绿化系统是否完善，环保防灾是否可行，市区与郊区、近期与远期、新建与改建、需要与可能 、局部与整体等关系是否处理得当等等。此外，再看城市总体布局的艺术性，是否巧妙地将山形地势、河湖水系、名胜古迹、绿化林木、有价值的建构筑物等组织到城市中，城市的艺术骨架是否突出，形态是否优美，特色是否鲜明。

规划必须因地制宜。任何抄袭的规划都不可能是优秀的规划。只有因地制宜，才能提出符合实际的方案，才能有效地引导城市健康成长，才能创造城市特色。

（三）方案的综合比选

为了使方案评价更加科学，一般需将不同方案的各种条件用扼要的数据、文字说明制成表格，进行比较。通常比较的内容有：

1. 与相关规划的衔接关系
2. 对上一版规划问题的解决能力
3. 地理位置及工程地质条件
4. 占用土地（含农田）及其动迁情况
5. 城市总体布局与城市用地结构
6. 城市中心的选择
7. 生产条件与生产协作条件
8. 交通运输
9. 生态环境条件与环境保护
10. 居住用地的选择与组织
11. 历史文化保护
12. 综合防灾能力
13. 市政工程与公用设施
14. 影响城市发展的重大基础设施的经济评估与近期建设的投资估算

以上各点应文字条理清晰，数据准确明了，图纸形象正确。同时根据各城市的具体情况加以取舍，抓住重点，区别对待，经过充分讨论，提出综合意见。最后确定以某个方案为基础，吸收其他方案的优点再进一步修改完善。

三、详细规划的评价

（一）控制性详细规划

控制性详细规划是对城市用地和建设、对房地产开发直接进行调控的重要手段，是规划管理的直接依据。因此，对控制性详细规划的评价的要求应当十分严格，以确保其科学性、合理性和可行性。评价时应着重以下方面：

1. 与上一层次规划的衔接

控制性详细规划是对总体规划的深化、量化，必须处理好与上一层次规划之间的关系，如用地性质、人口分布、道路系统、交通组织、绿地系统、工程管线等内容应与总体规划衔接好，使总体规划的战略意图得以贯彻。同时要特别注意处理好与相邻地段的衔接与协调。

2. 用地布局

控制性详细规划要将用地分至小类，故需对各类用地作合理安排，并利用好地形地物创造出特色空间。

3. 交通组织

区内外交通应顺畅便捷，机非车流组织有序，出入口分布合理，停车位配置恰当。

4. 地块划分

地块划分应有利于开发管理，如性质单一，避免出现不相容使用性质用地之间的干扰；符合专业规划要求；尊重现有用地产权或使用权边界；考虑土地区位级差；有利于地块重组（小块合并为大块或大块细分为小块）等，并对某些地块提供相容性（指同一地块可以相容两种以上功能，如商业与居住）指导。

5. 控制指标

控制指标符合规范，与环境容量和市政容量相协调，并考虑了地方经济实力，体现了政府的政策意图（如适当放宽对开发强度的控制可以吸引更多的投资意向)。

6. 配套设施

包括生活服务设施、市政公用设施、交通设施等，避免由于开发商不关注公共配套设施建设，开发后带来一系列社会问题。

7. 可操作性

控制性详细规划直接用于日常规划管理，其文本和图则应具有很强的可操作性。

需要注意的是，控制性详细规划的编制也要有计划、有重点地进行，不要简单地采用全覆盖的办法。一般应结合总体规划中近期规划确定的开发时序展开，发挥引导城市发展方向的作用。

(二) 修建性详细规划

修建性详细规划是各类物质形态规划中最基础的一类，必须符合上一层次的总体规划、分区规划或控制性详细规划对它的要求，更要细致准确，以达到直接指导安排建筑和工程设计的需要。其评价分析的主要方面为：

1. 用地功能分工

规划应有准确细致的用地功能分工，做到规划地区内各类用地功能相互结合又不干扰，充分利用自然地形、交通干线、河流绿地等。

2. 道路系统规划

应与基地周边的城市道路及穿越基地的城市道路有很好的衔接关系，道路系统层次分明，主、次、支路的长度和比例恰当。道路走向及高程应充分利用基地的自然地形，节约工程投资。应设计充足的停车面积，满足小汽车增长的要求。注意适当地进行人车分流的规划，为人和车都创造良好的交通环境。

3. 建筑空间布局

首先要处理好基地与其他地区的设计关系，在城市轮廓、景观、外部空间等方面有机结合，融为一体。其次要处理好基地本身的整体空间布局关系，做到结构清晰，主次有序，高低建筑搭配合理。第三应注重细部或小尺度的外部空间处理。

4. 绿地及景观规划布局

应充分利用基地的自然地形条件、原有河流水系进行绿地系统建设。绿地系统布置要切合所在地段的性质和尺度。建筑外部空间环境和绿地系统规划，要突出地方及基地特色。

5. 工程管线规划及竖向规划

首先要注意与城市的大市政管网合理衔接。工程管线的布置、走向、高程应在满足功能要求的基础上，尽量利用自然地形地势接近用户、利用重力流。各类管线的布线，间距要满足规范要求。竖向规划应满足基本的功能要求，充分利用自然地形地势，不破坏生态环境，以最少的填挖方达到规划要求。

6. 各类经济技术指标

这方面包括估算工程量、拆迁量和总造价，分析投资效益等。应对规划的总用地面积、总建筑面积、住宅建筑总面积、平均层数、容积率、建筑密度、绿地率等指标进行比较、核算，以达到科学合理。

第五节　城市设计

城市设计（Urban Design），古已有之。人类在最初营造自己的居民点时，就已经孕育着一定的城市设计概念了。18世纪工业革命以后，随着城市化进程的加剧，城市人口急剧膨胀，工业污染、交通拥挤带来了一系列的城市问题，也就相应产生了现代城市规划理论和对策，同时，城市设计也得到重视。先是19世纪末、20世纪初开始的“城市美化运动”，注重城市的气派和外观形象；到了20世纪60至70年代，针对城市高速发展时期只重“量”忽视“质”，只重“速度”忽视“环境品质和历史文化内涵”的弊病，提出“以人为本”的思想，从而揭开了现代城市设计新的一页。

我国悠久的文化历史，包括城市建设历史，为我们留下很多宝贵遗产，如追求人与自然和谐统一的“天人合一”，强调城市空间的完整与有序，以及不同地域和民族的多元性等等，这些思想在我国过去的城市设计中均有所体现。而现代的城市设计也只是新开始的一项工作，正在建立之中。

一、城市设计的涵义与现代城市设计理论思潮

（一）城市设计的涵义

城市设计是对城市体型和空间环境所作的整体构思和安排，贯穿于城市规划的全过程[12]。城市设计是城市规划有机组成部分，可以理解为包含以下三个方面的内

涵：①城市设计是对城市体型和空间环境所进行的三维空间的合理设计。②城市设计要考虑空间环境艺术处理和美学原则。③城市设计的目的是为市民创造一个良好的有秩序的生活环境，必须以人为本，考虑市民社会生活和精神文明建设。除此基本认识之外，西方国家对城市设计还有一些其他方面的认识。

（二）现代城市设计理论思潮

现代城市设计理论思潮流派众多、内容丰富，现就其中四种经典学说，简述如下：

1. 田园城市理论与新城建设实践

1898年英国人霍华德鉴于资本主义大城市出现的种种弊病，提出了建设“田园城市”的理论。他的理论基础是建立一个既有城市的繁荣、高效和方便的就业与生活条件，又有农村的卫生和优美自然环境的新型城市，称之为“城乡磁体”。要建设这种新型的城乡结合的城市，必须控制城市规模，以若干田园城市围绕一座中心城市，形成一个城乡一体化的城市组群。

田园城市理论在二次大战后的新城建设运动中起了很大作用，其规划设计思想经过不断的完善，在战后的英国得到了较大推广，首先在伦敦周围建成了八座新城，哈罗新城、密尔顿·凯恩斯新城就是其中的杰出代表。此外，德国、北欧、日本以及前苏联、东欧和我国都建成了不少新城或卫星城（前苏联、东欧和我国叫卫星城），对于疏散特大城市人口、改善环境、优化城市工业布局起到了积极的作用。实践证明，要建设一座有吸引力的新城必须具备众多条件，其中有两条是基本的：一是本身要达到近乎中等城市的规模；二是与母城有十分便捷的交通联系，不仅要有高速公路联系，更重要的是要有大容量的快速交通体系，即轨道交通。综观世界特大城市，东京、伦敦、纽约、莫斯科等，莫不如此。另外也要看到新城建设还是有局限性的，因为大城市的主要矛盾，仍然在母城本身，新城建设得再好也不能代替母城。

2. 勒·柯布西耶的城市集中建设理论

现代建筑大师勒·柯布西耶对现代建筑、艺术、城市设计都作出过杰出贡献。1922 年出版的《明日的城市》一书集中反映了他的城市规划与城市设计观点。与霍华德避开大城市本身矛盾建设田园城市不同，他认为大城市本身具有巨大吸引力和发展潜力，对大城市矛盾，他提出可以依靠现代技术和管理手段，改造城市原有空间。他主张采用建筑高层化的方法减少城市中心区建筑密度并增加人口密度；用快速道路、步行道和立体交叉来解决交通拥挤，实现人车分流；用大片绿化来改善城市环境；以几何形体组合的建筑群体来体现现代城市的形式美。1925 年他还为巴黎中心区改造提出了一个名叫“伏埃森”的规划方案，主张用这套办法彻底改造巴黎中心区。这种主张完全忽视了巴黎的历史文化传统和现存社会结构，在经济上也是不现实的，遭到了社会各界的严厉批评和坚决反对。勒·柯布西耶的主张也不是从天上掉下来的，而是他在本世纪初去美国后受到了美国摩天楼的启发，同时他的主张也适应了世界大城市经济技术、社会发展的客观规律，顺应了潮流，因此具有划时代意义和超前性。但他过于迷信技术，迷信管理，忽视了社会，忽视了历史文化和传统，带有很大的片面性。因此，对于他的理论需要一分为二，汲取他的精华，克服片面性，避免误导。比如对于摩天大楼、高架路、立交桥等，不能简单看作为现代化的标志，而是要结合国情加以考虑，不能盲目追求。

3. E. 沙里宁的有机分散理论和体形环境设计

E. 沙里宁是著名美籍芬兰裔建筑大师，也是著名城市规划师。他的名著《论城市——它的成长、衰败与未来》提出了两个著名理论：一是城市规划方面的“有机分散”理论，二是城市设计方面的“体形环境设计”理论。他强调城市是一个有机整体，和整个宇宙一样都按有机秩序这一原则，不断进行新陈代谢。城市过分拥挤，就要进行有机疏散，即沿城市发展轴向外发展；旧城内衰败地区，也要进行有机更新。无论新区和老城，都要考虑人工和自然（绿化）相互融合，不要形成过大的密集市区，以保持生态的平衡和城市环境的可持续发展。他的“体形环境设计”理论也是如此，强调城市是个有机整体，如同在自然中长出来一样，从全城到局部，应该是一个整体。他提出的城市设计原则是：①表现原则，即城市形象要反映出城市的本质和内涵。②相互协调的原则，包括城市和自然之间，城市各部分之间，城市建筑群之间要相互协调。③有机秩序原则，这是最根本的“宇宙结构的真正原则”，生物如此，城市也是这样。

4. 凯文·林奇“城市意象”理论

凯文·林奇是当代美国著名城市设计大师，麻省理工学院城市设计研究中心的创始人，他的名著《城市意象》第一次把环境心理学引入城市设计。他认为城市意象是城市形象在人的心目中的反映，虽然有见仁见智之不同，但一种“公共意象”常常是人们评价、记忆某一城市的重要标准。他通过调查和采访市民，归纳出代表城市意象的五项要素，即通道、节点、边缘、地区和地标。一些市民和游客就是通过对这五项因素来认识、感知某一城市的风貌特征的。一般来讲，一座结构清晰、特点明显的城市很容易被人们感知和记忆；相反，结构混乱、使人迷惘、平淡无奇、毫无特色的城市则令人生厌。因此规划师和建筑师应该努力探索每座城市的自然和历史形成的特点，加以引导和发展，通过这五项要素，使每座城市都具有鲜明的特色。

除以上四种经典理论外，还有很多理论，如图底理论、连续理论、场所理论以及近年来开始受到关注的新功能主义、新城市主义城市设计理论等等。

二、城市设计与城市规划的关系

城市设计是城市规划工作的一个有机构成部分，是城市规划工作应有之内涵。有一种误解，认为城市设计就是详细规划，其实城市设计和详细规划是两个不同的概念。详细规划是城市规划编制程序中的一个阶段，而城市设计则是城市规划中有关空间环境和城市体型方面的规划设计，它是贯穿于城市规划全过程的。从城市选址开始，城市总体规划、详细规划、修建设计一直到建成后的环境整治，每个层次都有特定的城市设计内容。它对城市总体、分区、局部地段的空间环境建设起着指导和控制性的作用。

在我国近几十年的城市设计实践中，从“一五”时期开始，在城市规划中就同时考虑了城市设计的要求，如总体规划中强调艺术布局，在详细规划中更要求有街景鸟瞰和模型等等。改革开放20年来，我国城市化发展随着经济腾飞产生了质的变化，但也带来发达国家所经历过的一些问题。在城市设计上主要表现在：千城一面、缺乏特色；建筑群缺乏应有的协调，各自为中心，整体形象差；传统风貌遭到破坏；空间拥挤、缺乏绿地；视觉环境质量下降等。90年代以来，从中央到地方，各级领导开始重视城市环境和城市特色，提出塑造城市形象问题。1991年颁布的《城市规划编制办法》第八条规定：“在编制城市规划的各阶段，都应当运用城市设计的方法，综合考虑自然环境、人文因素和居民生产、生活的需要，对城市空间环境做出统一规划，提高城市的环境质量、生活质量和城市景观艺术水平。”国务院2000年3月发布的《关于加强和改进城乡规划工作的通知》中又专门强调：“在城市规划编制和实施过程中，要根据本城市的功能和特点，开展城市设计，把民族传统、地方特色和时代精神结合起来，精心塑造富有特色的城市形象。”因此，在城市规划中开展城市设计，成为具有法律依据、各级政府应当做的事情。但是有些城市没有从本质上认识到，城市形象应当从城市自身的性质、特点、条件等内涵上来挖掘、认识、提炼，结合城市功能的建设和完善来逐步实行，而是简单地模仿、照抄，搞所谓“包装”、“形象工程”等，走了一些弯路。比如“仿古一条街”就没有真正地继承传统城市街道的活力所在，而是过多地注重仿古的建筑形式，缺乏对传统街道的宜人尺度、多种多样的街道内容的关注。“广场热”在给城市带来大片开敞空间的同时，大而不当的空间尺度却降低了公共空间的亲和力。只重形象、不重功能的大片草坪使市民失去了遮荫休憩的良好场所，也不能更好地起到改善生态环境的作用。至于有的城市脱离经济社会实际，脱离群众实际需求，盲目追求气魄，追求高楼大厦和大马路，花大钱搞形式主义的“形象工程”，劳民伤财，更是必须坚决纠正和防止的。

三、城市设计的内容、性质和基本要素

（一）城市设计的内容

城市设计既然是对城市空间环境的一种创造，是城市空间环境设计，那么，首先要了解一下城市空间的分类。概括起来，城市空间可以归纳成三个主要方面：表现城市形态格局以及空间结构的骨架空间；表现城市功能区域、满足市民生产生活的目的空间；表现城市风貌特色以及历史文化内涵的象征空间。城市设计内容就是合理处理好骨架空间、目的空间和象征空间，使之协调发展。这三类空间也不是截然分开，有时是互相兼容的。如北京长安街，它既是北京城内一条重要的东西向干道，属骨架空间，又是一条节假日举行庆典活动的大

街，属目的空间，同时还是代表首都性质（全国政治中心、文化中心）的礼仪大街，被称为“中华第一街”，属象征空间。因此，长安街的城市设计就要综合考虑三类空间要求，从空间强度到空间质量两个方面进行协调处理。比如，既要考虑干道行车速度，又要考虑两侧行人的参观、漫步、游览，而两侧建筑空间布局、建筑形象、环境设计都要反映“中华第一街”的特性，要适应不同速度条件下的观瞻。

城市设计的具体对象一般可以概括为下列内容：

1. 城市总体空间设计
2. 城市中心和广场空间设计
3. 城市干道和商业街空间设计
4. 城市居住空间设计
5. 城市园林绿化空间设计
6. 旧城保护与更新空间设计
7. 城市地下空间设计
8. 城市细部和空间环境小品设计

以上八个方面常常体现在总体环境、重点片区和重点地段三个空间层次上。

城市设计的规划工作类型又可分为两个方面。一是空间体形环境的实体设计，一般范围较小、任务比较具体或近期拟建设项目，位于重点地段的一类城市设计，称为工程设计型，它是以具体方案设计为主的。二是公共政策和控制导则一类的城市设计，一般是以规模较大的中心区、旧城区、开发区乃至整座城市为对象。对这一地区自然景观、人文景观、历史街区、空间环境特色、建筑风貌、街道类型，以及夜间照明、绿化等在深入调查研究的基础上作出一系列分析，提出控制对策，为城市今后发展提出设计与控制的原则、方法与管理条例。

（二）城市设计的性质

城市设计是城市规划对城市空间环境发展的调控手段，它是对建筑设计直接的引导和调控，通过这种调控，达到城市整体形态的完美，并与城市功能相协调。

（三）城市设计的基本要素

在城市设计领域中，“城市中一切看到的东西，都是要素”。建筑、地段、广场、公园、环境设施、公共艺术、街道小品、植物配置等都是具体的考虑对象。城市设计研究的基本要素一般可以概括为以下几个方面：

1. 土地使用

土地使用是城市设计中的一个重要要素，土地使用功能布局得是否合理，对空间环境品质、交通流线组织、城市景观环境、城市运行效率都有直接的影响。因此，在城市设计中应注意加强城市土地的合理利用研究，同时注意对自然形体要素的积极保护，提倡“设计结合自然”。

2. 建筑形态及其组合

建筑群体环境是城市空间主要的决定因素。城市中建筑物的风格、体量、尺度、比例、空间、造型、材料、色彩等都对城市空间环境有重大的影响。城市设计虽然不直接设计建筑物，但建筑形态及群体组合是它的工作的重点之一，它要为单体建筑设计提供建筑形态及组合的具体规划控制条件。

广义上讲，建筑群体还应包括城市环境中的重要构筑物，如：电视塔、水塔、桥梁、堤坝等。建筑群体只有组成一个有机整体时才能对城市环境的建设作出贡献。因此，城市设计最基本的特征是将不同的建（构）筑物联合起来，使之成为一个新的设计，设计者不仅要考虑单个实体本身的设计，而且要考虑一个实体与其他实体之间的关系。建筑设计往往考虑单体建筑本身，而城市设计着重于城市整体，并对单体实行引导和控制。因此，建筑设计应当尊重城市设计的指导和调控。

3. 开放空间和城市绿地系统

开放空间是指城市的公共外部空间。包括自然风景、硬质景观、公园、休闲空间等。城市设计中要充分考虑开放空间的基本功能：提供公共活动场所提高生活环境的品质；维护人与自然环境的协调，维护和改善生态环境；有机组织城市空间和人的行为，体现文化、教育、游憩的职能；改善交通，提高城市的防灾功能。

4. 步行街区

步行是市民最普遍的行为活动方式。步行系统是组织城市空间的重要元素。步行系统包括：商业步行街、林荫道、地下步行街等，其中商业步行街是步行系统中最典型的内容。很好地组织商业步行系统，能够减少市中心人们对汽车的依赖，改善城市人文环境，保障市民的安全，促进城市商业繁荣。

5. 交通与停车

交通与停车是城市空间环境的重要构成，当它们与城市公交系统、步行系统、轨道交通系统组织在一起时，就对城市的布局形态产生了很大的影响。现代城市中，机动车的快速发展已经成为影响城市环境的主要因素之一。因此，重视对交通与停车要素的研究已经成为现代城市设计的重要课题之一。便捷的道路交通系统可以促进城市空间结构的良性发展，宜人的道路景观可以美化城市环境，有效的停车组织则可以对城市生活，尤其是城市商业中心区的发展起到重要的保证作用。

6. 保护与改造

城市发展的实践表明，优美的城市景观需要时间的积淀，城市的风貌特色需要历史文化的内涵来体现。不断发展的城市环境中，保护与改造已经成为永恒的主题。今天的保护与改造已经不同于传统意义上的仅仅对文物建筑的保护，而是涉及到更广义的传统建筑、空间场所、历史地段乃至整个城镇。在我国，对传统街区历史环境的保护与改造正逐渐受到人们的重视。南京夫子庙、天津古文化街的实践重新唤起了市民心中对往日的回忆和地方文化的认同，同时也给城市注入了新的活力。这一方面的认识和实施尚待大力加强。

7. 环境设施与建筑小品

环境设施是指城市外部空间环境中供人们使用，为人的活动服务的一些设施。建筑小品在功能上可以给人们提供休息、交往的方便。因此，城市环境设施与建筑小品虽非城市空间的决定要素，但在空间实际使用中给人们带来的方便和影响是不容忽视的，小小的点缀依然要体现应有的实用性和艺术性。

8. 城市标志系统

清晰的城市标志系统会给城市带来明确的指向性。我国传统城市中的招幌、牌匾、灯笼、旗杆等是富有东方色彩的标志；在欧洲传统的装饰图案与简单明了的文字招牌受到广泛的运用。城市环境中无序的标志牌、广告栏、霓虹灯会给人带来混乱的信息，而标识系统的简单统一又会使城市环境变得单调无味。因此，现代城市设计中常常将城市标志系统的设计原则加以强调，丰富而不混乱，有序而不单调。

9. 使用活动

城市设计应"以人为本"，从多数人需要出发。一方面，设计城市空间形式、功能布局和形象特征应从人的需求出发，另一方面，人们融入城市空间环境的行为也是城市设计应关注的重要问题。因此，城市设计空间和人的行为的相互依存构成了城市设计的重要要素之一。

四、总体环境城市设计

（一）总体环境城市设计的性质

总体环境城市设计属宏观层次的城市设计，应结合总体规划进行。要重点研究城市总体的风貌和特色，对城市自身的历史、文化传统、资源条件和风土人情等风貌特色资源进行挖掘提炼，组织到城市整体空间发展策略中去，创造鲜明的城市特色。要宏观把握城市整体结构形态、竖向轮廓、视线走廊、开放空间等系统要素，对各类空间环境，包括居住区、中心商务区、工业区等提出专项目标，形成不同区域的环境特色，并对建筑风格、色彩、环境小品等各类环境要素提出整体控制要求。要参与构筑城市整体社会文化氛围，关注市民活动，组织富有意义的行为场所体系，建立各个场所之间的有机联系，发挥场所系统的整体社会效益。

（二）总体环境城市设计的内容

总体环境城市设计工作主要以制定宏观控制导则为主，其主要内容包括：

1. 城市风貌特色引导：城市风貌特色涉及城市风格、建筑风格、自然环境、人文特色等方面，要重点分析其资源特点，提出整体设计准则。

2. 城市景观环境控制：对城市空间形态（自然地理特征、历史文化特色）、城市景观轮廓（城市天际线、建筑高度、景观视廊）、城市建筑景观（建筑风格、色彩、尺度、质感）以及城市标志系统的控制。

对城市空间形态的控制是根据自然环境及城市历史发展的积淀，在现有规划的基础上，构筑城市空间形态特色，包括对自然地理条件特征的运用，对城市历史文化特色的保护与发展，对城市空间形态艺术处理等。对城市景观轮廓的控制包括对城市天际线的控制，利用地形条件，处理好城市空间布局、建筑高度控制、景观轴线和视线组织等方面的关系，结合地形特征、建筑群与其他构筑物等方面内容，创造城市良好的天际线。对建筑高度分布的控制，要布置好建筑高度分区，提出标志性建筑高度要求、重要视线走廊范围内建筑高度、形式、色彩的规划要求，提出重要标志物周围建筑高度、特色分区的控制原则。对景观视廊的控制，要合理组织重要的景观点、观景点和视线走廊，通过限制建筑物、构筑物的位置、高度、宽度、布置方式，保证城市景点的景观特色。对城市建筑景观的控制，是在分析城市现状建筑景观综合水平的基础上，提出民用建筑、公共建筑和工业建筑在建筑风格、色彩、尺度、材质使用等方面的设计原则。对城市标志系统的控制，是对标志性构筑物、标志性建筑物和标志性城市空间环境等进行研究，提出标志系统的框架和主要内容。

3. 城市开放空间系统规划与控制：对城市公园绿地、城市广场、城市特色街道的规划设计提出系统安排与控制。

城市公园绿地设计的任务是对现有公园绿地空间进行系统的调查分析，从公共空间和场所意义角度进行综合评价，确定发展目标，结合城市性质和功能提出发展对策和控制引导措施。城市广场的规划设计目的是组织好城市中心广场以及各种不同规模不同类别的中小型广场，确定各主要广场的性质、规模、尺度、场所意义特征。城市特色街道的规划设计是对城市整体街道空间的布局结构和功能组织，城市步行街、步行区系统的组织，街道的建筑物、构筑物、绿地等元素构成的整体景观效果提出控制要求与目标。

4. 城市主要功能区环境控制：对主要的功能区域进行特色、风格和环境等方面的具体研究和引导。这些功能环境主要包括：居住区、中心商业区、历史文化保护区、城市滨水地区、工业区等。

五、重点片区城市设计

(一) 重点片区城市设计的性质

城市重点片区是形成城市空间结构的主要内容，是展现城市风貌特色的集中代表，是继承和发扬城市历史文化的重要物质载体，是市民进行公共活动的重要场所。一般可以分为以下几种类型：

1. 城市中心区：城市中心区是指城市中市级公共设施比较集中，人群流动频繁的公共活动地段。根据其功能特点，一般城市中商业设施比较集中的地区是商业中心区；很少数特大城市中金融、贸易、信息和商务活动高度集中，并附有购物、文娱、服务等配套设施的城市中经济活动的核心地区是中央商务区；此外，还包括以行政办公为主要功能的行政中心区等。大城市中为分散市中心活动强度而设置的次于市中心的市级公共活动中心，则被称为城市副中心。

2. 历史文化保护区：城市中文物古迹比较集中连片，或能完整地体现一定历史时期的传统风貌和民族地方特色的街区或地段，被称为历史地段。经县级以上人民政府核定公布的应予重点保护的历史地段被称为历史文化保护区。

3. 城市滨水地区：城市滨水地区是指城市范围内水域（江、河、湖、海）与陆地相接的一定范围内的区域，是由水域、岸线和陆域三部分组成，是城市建设地区中的特殊地带。

4. 城市主要轴线：历史性城市轴线、城市礼仪性大道、林荫大道、商业步行街、主要景观带等。

5. 风景区：城市范围内自然景物、人文景物比较集中，以自然景物为主体，环境优美，具有一定规模，可供人们游览、休憩的地区。

（二）重点片区城市设计的任务

重点片区城市设计的任务是：①以总体城市设计为依据，对城市重点地区在整体空间形态、景观环境特色等方面所进行的综合设计。②对片区内的土地利用、街区空间形态、景观环境、道路交通以及绿化系统等方面做出专项性设计。③对建筑小品、市政设施、标识系统以及照明设计等方面进行整体安排。重点片区内单体建筑、环境小品、园林绿化的设计由建筑师、园林设计师承担，不属于城市设计的工作范畴，但应符合城市设计提出的整体控制性要求。

重点片区城市设计的工作主要以制定中观层次的控制导则和项目设计为主，与城市分区规划、控制性详细规划紧密协调，构成规划管理的引导和依据。

（三）重点片区城市设计的内容

1. 重点片区城市设计研究范围的确定：重点片区城市设计研究范围的确定应依据不同性质、规模城市的不同情况和特点进行划定，应包括突出体现城市风貌特色的主要片区，城市居民活动的最集中片区等。

2. 重点片区的形态特征研究：①总体布局，强调重点片区空间形态的完整性，使城市空间艺术布局与市民活动紧密融合，创造出合理的总体空间布局。②功能分区，理想的城市空间格局的形成，应以合理的功能分区模式为基础，重点片区中不同功能组团的混合或分离应以城市发展的客观需要为依据，进行综合分析。③风貌特色，重点片区的城市设计的一个重要目标，就是对于城市风貌特色的保护与创造，既包含对传统文化的保护与发展，也体现对地方特色的挖掘与创新，并最终通过物质空间形态的规划设计加以体现。

3. 重点片区的空间结构分析：①空间结构分析：对重点片区中主要轴线、节点、特色区域等内容的综合分析。②开放空间系统：对城市广场、各种步行街、公园绿地等城市公共开放空间的系统分析。③建筑形态研究：对重点片区城市肌理、标志建筑等内容的综合研究。

4. 重点片区的交通系统组织：包括重点片区与城市总体交通系统的联系，重点片区的道路交通网络与交通流线，重点片区的静态交通和公共交通组织。

5. 重点片区的景观环境设计：包括对景点、景区、观景点、景观视廊的用地范围、协调区范围的规划设计及综合控制；对开放空间系统中的广场、步行街、公园绿地的主题内容、布局特点以及风格特色提出景观设计要点；对规划地区的天际轮廓线提出控制设想，对城市街景立面的规划设计提出导引。

6. 重点片区的人文活动安排：包括空间景观环境中的人文特色规划，不同类型人文活动的空间分布，游人休憩散步及观光活动路线、宜人活动空间的详细规划设计。

7. 重点片区的综合环境设计：包括环境设施（街道

小品、市政设施、标识系统等)、照明设计（街道照明、区域照明、建筑照明等)、绿化景观（街道景观绿化、公园绿地等)。

8. 重点片区概念性城市设计：①整体设计，以强调重点片区整体空间形态为目标的概念性设计。②专题设计，对重点片区城市景观环境中某一专项内容进行的概念性设计。③重点设计，对重点片区中的主体内容（轴线、节点或组团）进行的概念性设计。

六、重点地段城市设计

（一）重点地段城市设计的性质

重点地段城市设计是以城市总体环境城市设计、重点片区城市设计为依据，对城市重点地段或重要节点的环境空间形态进行的设计。主要包括对建筑体量、建筑高度、建筑界面、容积率、公共开敞空间、建筑风格和色彩、绿化配置、树种选择、及人文活动等城市设计要素，进行深入研究和具体组织，为引导和调控场地设计、建筑设计和环境整治，提出相应的开发与保护的控制要求和意象性方案及管理细则。重点地段城市设计应结合详细规划进行。

（二）重点地段城市设计的任务

主要以制定微观层次的规划导则和详细设计为主。应针对规划地段的不同类型，确定相应的保护与发展的设计原则、对策指引和设计重点。为了便于规划管理，提高规划成果的可操作性，重点地段城市设计的控制性要求和指引应尽量量化或用图表表达。

（三）重点地段城市设计的内容

重点地段城市设计的主要内容包括街道空间、城市广场、城市滨水空间等。

1. 街道空间：街道是一种城市线形开放空间，街道空间作为支持城市活动的基础设施及作为城市空间的主要组成部分，具有多样、复合的功能。根据街道的通行功能、空间功能、沿道状况，以及远景的种类，可以将街道分成多种景观类型。街道空间城市设计中，为了克服街道景观繁杂的通病，在把握各景观构成要素的基础上，应尽量舍去那些不必要的要素，使街道空间的景观构成更为清晰。由于街道的路线、线形及道路结构等街道的基本形态难以变更，城市设计的重点应放在街道横断面构成的改造、路面铺装及绿化上，同时应避免过度装饰。

步行空间城市设计的内容包括：步行空间的功能构成、步行空间的形态规划、步行专用道路与绿道的设计、商业步行街的设计、人车共存型街道设计、消防车和急救车通过措施、残疾人通行辅助设施设计等。

2. 城市广场：城市广场是城市中人为设置以提供市民公共活动的开放空间。城市广场城市设计要注意到城市广场的功能趋向综合性和多样性。应通过合理的设施配置、和谐的空间组织、完善的市政配套，实现城市广场的使用功能，创造丰富的广场空间意向，并综合解决城市广场内外部的交通与联系。在设计中应充分体现时代特征和地方特色以及以人为本的原则，继承城市历史文脉，追求灵巧、自由、实用；适应地方风俗文化和生活方式，增强广场的凝聚力；强化地理特征，体现地方特色；适应资源气候条件，创造地方特色；体现市场经济特色，鼓励多方参与、共建广场。

城市广场设计内容主要包括：广场规模、尺度的确定，广场空间形式的处理，广场景观设施的设置，广场服务设施的配置，广场交通的有机组织，广场的竖向设计和市政配套等。

城市广场的城市设计应紧密结合修建性详细规划进行，以利指导建设。

3. 城市滨水空间：水是城市的宝贵自然资源，水边是眺望景色的良好场所，水边是可供人们活动的开敞空间。较小的河川水系由于可清晰地观望到周边的建筑物，河川的形态以及周边环境都是城市设计的重点。较大的河川具有宽阔的水面和较高的河床，具有开放的景观特性，对岸的建筑物或远景的山脉可被眺望，周边的建筑物看上去相对较小，而水面、较高的河床和护岸对景观影响较大，因此对护岸周边景观要素的设计可产生很强的修景效果。海滨地区最大的景观特点是可以体会大海的魅力，海滨与水上活动的规划设计可以提高亲水性，眺望大海的视线的设计是海边景观设计的重点，而滨海地区的城市景观轮廓线也是体现城市风貌特色的重要构成要素。

城市滨水空间城市设计要注意水利工程的合理与景观美好相结合，生态上的合理与地域风土和历史文化的继承。

城市滨水空间城市设计的内容包括：①水边设计：

护岸及构筑物设计，近水设施设计，水边道路设计，水边建筑设计以及水边小品设施设计等。②绿化设计：树种植栽的构成，水边绿化，有堤河道的绿化，滨水空间与邻接地的境界部绿化，局部修景绿化，既有树木的保存等。③夜景照明：水面照明设计，沿岸道路照明设计，滨水公园照明设计，临水建筑物照明设计，夜景演出小品设计，夜景观赏场所设计（包括散步道）等。④重要节点设计：桥与桥头平台，滨水公园与绿地，游艇停靠场，水边小广场，其他眺望场所等。⑤周边环境与公众活动的设计：周边良好景观的借景，周边景观的诱导，可眺望建筑物与桥梁等的设计，具有历史文化传统的水边活动的设计等。

七、城市设计的评价

学术界对城市设计的评价标准分为可度量的和不可度量的两种。从技术角度看，更看重功能和效率，多使用可度量的评价标准，如绿地率、建筑密度、体量、高度、道路面积、交通效率等。从艺术角度看，更注重美学水平，多使用不可度量的评价标准，如舒适、视觉趣味、活动、清晰和便利、特色、空间确定性、多样性、协调性、尺度等。从城市规划的综合角度看，对城市设计的评价应注重以下方面：

1. 是否以功能和当地城市的经济社会实际为基础

城市设计决非就形象论形象，而是使功能与形象相统一，只有功能完善的环境才是美好的环境，离开功能，孤立地追求形象，是城市设计的大忌。城市设计决不能脱离当地的经济社会实际，盲目追求所谓“形象”、“政绩”，而必须建立在必要的经济社会发展基础上。否则必然陷入形式主义的泥潭，并造成建设中的错误。

2. 是否结合环境

城市设计应将城市空间视为一体，强调其组合及秩序，而不是将个别空间视为孤立的个体，因此，设计必须注重整体环境。这包括三方面含义：一是结合自然环境。通过基地分析，寻找地貌、植被、阳光、水流和天空景色等所赋予的感受，保护、结合并创造富有意义的自然表现。二是历史文化环境的结合。城市是建筑物连续变迁的历史记录，人们的行为也都是依据先前的经验而来，因此，当人在城市空间移动时，应使人产生一种时间的连续感。因而设计要照应到四周现在的环境或建筑，如风格、体量、色彩、质感、空间个性等，不能作剧烈变动，尤其是在历史街区不能沿袭以往现代主义推倒重来的做法。三是空间结构的结合。局部地区的结构应是整体结构的有机组成部分，是内生而不是外力强加的。如功能主义醉心于国际样式的建筑与空间组合，其迷人之处仅仅来自单个建筑物及其构图上的完美，而不是来自街道或广场的有机空间组合，相反，由于空间过于空旷，无法作为交往场所，实际上是对城市空间的破坏。所以，无论建筑手法多么伟大、高明，也不能超越所在区位城市环境的外在限制。

3. 建筑与空间是否匹配得当

传统城市空间往往是可度量的，边界明确，封闭稳定并构成一系列组合，更重要的是可以和实体分割和融合，以提供功能上和视觉上的延续性，可以说建筑与空间形成密不可分、相互结合的关系。今天我们依然要寻求建筑与空间二者在功能和形式上的匹配得当。当然，现代城市要复杂得多，规模也要大得多，城市空间要满足建筑、交通、防火、人流集散、停车、观赏等要求，建筑也应满足不同空间的功能和形式要求。如纪念性空间建筑应庄严肃穆；标志性空间建筑应体现城市特色；传统空间应体现地方民俗生活气息；市民空间要突出休闲性；商业空间要展现繁华热闹；风景空间要优雅宁静，建筑应与自然协调；交通空间要纯净，避免安排吸引大量人流的建筑。

4. 交通组织是否清晰有序

首先是可达性，外部交通是否能便捷地进入。其次是内部交通组织，是否清晰有序，并与外部衔接。再是步行，追求连续完整的步行系统往往是城市设计的目标，步行道应连接各个活动空间，并且方位感强，沿线环境品质高，安全舒适，以获得良好的步行体验。

5. 是否充满活力

能够吸引市民经常光顾并使游客流连忘返的空间就是好空间。人的活动使空间充满生气，给城市带来活力。因此，是否有活力是检验城市设计成功与否的一个重要标志。可以从四个方面来评价：一是多样性，在功能使用上是否综合，满足不同人群的需要，吸引更多的人参与。二是尺度是否适宜，让人感到亲切、容易理解和认同。三是否塑造有特色的空间，让人有兴奋点。四是空间环境是否舒适、清洁、安全。

6. 是否具有特色

城市特色是大家普遍关心的问题，它强调提供城市结构和空间的可识别性、特征或个性，让人一眼判断出是“这里”而不是别处。显然，特色应从城市自身的自然、历史、文化、生活中去挖掘，而不是靠奇思妙想，异想天开来获得。现代主义的泛滥使相同的材料、颜色、建筑形式迅速地统一着每个城市、每条街道的面容和表情，结果使城市遭遇特色危机。人们来到一个城市新区，很难判断“这里是哪里”，因此，塑造城市特色是城市设计的当务之急。若潜心挖掘城市本身的自然、人文财富，再加以创造性发挥，经过长期坚持不懈的努力和积累，是可以创造城市自身特色的。比如城市周围的山体水流，城市内部的文物古迹、历史遗存，地方的传统工艺、建筑材料与式样，空间组合模式，市民的生活情趣、行为习惯等，都是可供利用的元素。评价城市设计水平如何，应考察它在这方面是否有系统和完整的构思以及可操作的步骤和方案。应当指出的是，城市特色的形成是一个长期的历史过程，急于求成是无济于事的。

无数事例证明，塑造城市特色的元素不是没有，它就隐藏在你的城市中，关键在于发现。那种依靠舶来品来创造特色的想法是不会成功的。如某市几年前建了一个“天安门”，新任市长有些艺术素养，想拆除它又面临经济问题，遂成“鸡肋”，“食之无味、弃之可惜”，立在那里时常遭人讥评。众所周知，文物也罢，艺术品也罢，总是原物值钱，仿制品再精致也不值几何，城市设计又何尝不是这样呢？某市领导喜欢欧洲城市，追求欧陆风格，在讨论本市的风貌规划时竟说：不必那么费事，派人去欧洲十几个城市拍些照片，回来按照片建设就有特色了。且不说每个建筑有不同功能，即使从美学上看，若将那些建筑精品集中在一起能美得了吗？

7. 是否远近结合

城市设计不同于修建设计，稍具规模的城市设计都须若干年甚至几十年才能完成。它须提供一套准则供建筑师参考和管理部门使用，效果图的美丽景色并不解决城市设计的本质。远期要有打算，近期要可操作，评价方案的水平，应该衡量其在这方面的功力和深度。

本章注释

① 中华人民共和国建设部．中华人民共和国国家标准：城市用地分类与规划建设用地标准（GBJ 137－90）

② 同①

③ 国务院关于加强城市绿化建设的通知．2001 年 3 月。

④ GB/T50280－98《城市规划基本术语标准》3.0.14

⑤ 中华人民共和国建设部．中华人民共和国国家标准：城市用地分类与规划建设用地标准（GBJ 137－90）．北京。

⑥ GB 50180－93《城市居住区规划设计规范》2.0.1

⑦ 中国大百科全书．北京：中国大百科全书出版社，1988。

⑧ GB/T50280－98《城市规划基本术语标准》。

⑨ GB/T50280－98《城市规划基本术语标准》4.4.9。

⑩ 吴明伟等．城市中心区规划．南京：东南大学出版社，1999。

⑪ 同济大学．城市规划原理（第二版）．北京：中国建筑工业出版社，1991。

⑫ 《城市规划基本术语标准》，第 4 页，中国建筑工业出版社

第五章　城市规划法制

第一节　城市规划法规体系

法规体系就是在国家的根本大法《宪法》的统率下，由既有分工、又有内在联系、相互协调的各种法规组成有机联系的统一体系。城市规划法规体系，就是用以调整城市规划制定和规划实施管理方面所产生的社会关系的法规的总和。按照我国的立法制度，我国城市规划法规体系是以全国人大颁布的《城市规划法》为中心，包括城市规划的行政法规、地方性法规、部门规章和地方性规章所构成的体系。与这一体系相密切联系的还有相关法规及城市规划技术标准。

一、城市规划法规体系的构成

根据2001年7月1日起开始施行的《中华人民共和国立法法》，我国的城市规划法规体系应由以下5个部分构成。

（一）法律

指由全国人民代表大会及其常委会制定的调整城市规划中各种社会关系的法律规范的总称。它由基本法

《中华人民共和国城市规划法》和单行法规等组成。1990年开始施行的《城市规划法》对于我国城市规划的制定和实施管理作了系统的规定，是我国城市规划法规体系中的基本法，对各级各类城市规划法规与规章的制定具有不容违背的规范性和约束力。

（二）行政法规

指国务院根据《宪法》和法律制定的关于城市规划方面的法律性文件。具体名称有条例、决定、规定、办法等，内容要比法律具体、详细。行政法规与法律虽然是两个不同的层次，但它们都是国家意志的体现，同样是地方性法规和部门规章以及地方性规章制定的基本依据。国务院于1984年1月5日颁发了《城市规划条例》，这是当时的行政法规，随着1990年4月1日《城市规划法》的施行，该条例同时废止。

（三）地方性法规、自治条例和单行条例

由省、自治区、直辖市的人民代表大会及其常务委员会根据本行政区域的具体情况和实际需要，在不与宪法、法律、行政法规相抵触的前提下，可以制定城市规划的地方性法规。较大的市的人民代表大会及其常务委员会根据本市的具体情况和实际需要，在不与宪法、法律、行政法规和本省、自治区的地方性法规相抵触的前提下，可以制定城市规划地方性法规，报省、自治区的人民代表大会常务委员会批准后施行。

较大的市是指省、自治区的人民政府所在地的市，经济特区所在地的市和经国务院批准的较大的市。国务院批准的较大的市有：唐山、包头、大连、鞍山、抚顺、吉林、齐齐哈尔、青岛、无锡、淮南、洛阳、宁波等。

民族自治地方的人民代表大会有权依照当地民族的政治、经济和文化的特点，在不违背城市规划法和有关行政法规的基本原则的条件下，制定城市规划方面的自治条例和单行条例。自治区的自治条例和单行条例，报全国人民代表大会常务委员会批准后生效。自治州、自治县的自治条例和单行条例，报省、自治区、直辖市的人民代表大会常务委员会批准后生效。

各地根据《城市规划法》制定了一批地方性法规，比如北京市人大常委会通过颁布的《北京市城市建设规划管理暂行办法》、上海市人大常委会通过颁布的《上海市城市规划条例》、河南省人大批准的《河南省城市建设规划管理办法》、四川省人大批准的《四川省城市规划法实施办法》等，一些较大的市也制定了实施城市规划法的地方性法规。

(四) 部门规章

国务院各部、委员会等具有行政管理职能的直属机构，可以根据法律和国务院的行政法规、决定、命令，在本部门的权限范围内，制定规章。部门规章规定的事项应当属于执行法律或者国务院的行政法规、决定、命令的事项。

建设部是国家城市规划行政主管部门。建设部根据《城市规划法》制定了一系列的城市规划部门规章，如：《城市规划编制办法》（1991 年 9 月 3 日建设部令第 14 号发布）、《城市国有土地使用权出让转让规划管理办法》（1992 年 12 月 4 日建设部令第 22 号发布）、《城镇体系规划编制审批办法》(1994年8月15日建设部令第36号发布)、《开发区规划管理办法》(1995年6月1日建设部令第43号发布)、《建制镇规划建设管理办法》(1995年6月29日建设部令第44号发布)、《城市地下空间开发利用管理规定》(1997年10月27日建设部令第58号发布)、《城市规划编制单位资质管理规定》(2001年1月23日建设部令第84号发布)等。

此外，还有一些与城市规划关系密切的部门规章是由建设部和国务院有关部门共同制定发布的。比如：1991年8月，由建设部和国家计委共同发布了《建设项目选址规划管理办法》等。

(五) 地方性规章

省、自治区、直辖市和较大的市的人民政府，可以根据法律、行政法规和本省、自治区、直辖市的地方性法规，制定城市规划方面的规章。比如：湖北省人民政府颁布的《湖北省城市建设管理条例》(试行)，上海市人民政府颁布的《上海市城市规划管理技术规定》，天津市人民政府颁布的《天津市城市建筑规划管理细则》，《天津市违章建设处理细则》，深圳市人民政府颁布的《深圳市城市建设管理暂行办法》等。

二、直接组成部分与相关法规

(一) 直接组成部分

由上述以城市规划法为主体的，由行政法规、地方性法规、部门规章和地方性规章所构成的以城市规划为主要内容的法规，构成了我国城市规划法规体系的直接组成部分，直接为城市规划编制、审批和实施管理服务，它们是城市规划法规体系的主体部分。

（二）相关法规

指与城市规划制定与实施管理有较为密切关系的国家有关法律和行政法规。主要有：《土地管理法》、《环境保护法》、《城市房地产管理法》、《文物保护法》、《建筑法》、《水法》、《防洪法》、《消防法》、《防震减灾法》、《公路法》、《军事设施保护法》等法律以及《城镇国有土地使用权出让转让暂行条例》、《风景名胜区管理暂行条例》、《村庄和集镇规划建设管理条例》、《城市绿化条例》、《城市房地产开发经营管理条例》、《城市房屋拆迁管理条例》、《基本农田保护条例》、《城市供水条例》等行政法规。以上为全国性相关法规。各地方亦有地方性的相关法规。

三、城市规划法规体系尚待完善

改革开放以来，从 1980 年的全国城市规划工作会议上就提出制定《城市规划法》，到 1984 年 1 月，先颁布实施《城市规划条例》，经过几年实践，到 1989 年 12 月正式颁布、1990 年 4 月 1 日正式实施《城市规划法》。

建设部在 1986 年提出研究城市规划法规体系，并于 1987 年进行了有关课题研究，1988 年召开了全国城市规划法规体系研讨会。之后，建设部正式发出了《关于建立健全城市规划法规体系的意见》，为制定城市规划立法规划，建立城市规划法规体系，推进规划立法工作奠定了基础。

自《城市规划法》颁布实施以来，相继颁布了一系列关于城市规划的地方性法规、部门规章和地方性规章，实践表明，成效显著。相关法规制定工作亦有相当进展，我国城市规划法规体系已初步建立起来，但尚有若干重要法规仍未制定（如《〈城市规划法〉实施细则》等），而且随着我国政治经济体制改革的不断深化，特别是随着社会主义市场经济体制的逐步建立与完善，《城市规划法》的一些条文已经不适应市场经济的需要，有待修订和完善，相关法规也有待进一步完善。

四、关于城市规划技术标准

以上所述属于国家行政立法范畴。此外，从技术立法方面，国家还实行技术标准与规范管理，也可称之为技术立法管理。在城市规划方面，90 年代以来，先后制定了一批国家标准，主要有：《城市用地分类与规划建设用地标准》（1990 年 7 月）、《城市用地分类代码》（1991 年 9 月）、《城市居住区规划设计规范》（1993 年 7 月）、《城市道路交通设计规范》（1995 年 1 月）、《城市道路绿化规划与设计规范》（1997 年 10 月）、《城市给排水工程规划规范》（1998 年 8 月）、《城市工程管理综合规划规范》（1998 年 12 月）、《城市用地竖向规划规范》（1999 年 4 月）、《城市电力规划规范》（1999 年 6 月）、《城市规划基本术语标准》（1998 年 8 月）等，为建立健全我国城市规划技术规范体系奠定了基础。

第二节　城市规划法

一、《城市规划法》的重要性与法律地位

建国50年来，特别是改革开放20多年来，我国城市的发展取得了很大成就，城市以其所创造的巨大物质财富和精神财富，以其聚集功能和辐射作用成为国家和地区政治、经济、文化发展的中心。实践证明，只有规划好城市才有可能建设和管理好城市。提高城市规划建设管理水平，已逐步成为各级城市人民政府的主要职责。

市场经济是法制经济。随着改革开放的深入和社会主义市场经济体制的逐步完善，我国各级城市的发展面临着前所未有的机遇和问题，而变化了的形势也使我国城市规划工作必须应对新的局面。城市规划作为建设和管理城市的基本依据必须以法律来保证。因此，加强城市规划法制建设，坚持依法行政成为国家和各级人民政府做好城市规划工作的根本任务。

《城市规划法》是涉及我国城市建设和发展全局的一部基本法。它于1989年12月26日经七届全国人大十一次常委会通过，1990年4月1日正式实施。《城市规划法》历经10年的总结、论证与起草，它的通过颁布和实施，标志着我国城市规划工作进入法制轨道，是一个重要里程碑，从此我国拥有了第一部全面规范城市规划各项工作的基本法律。

由于《城市规划法》以法律的形式规范了我国城市规划工作必须遵循的基本原则，确立了城市规划工作的法律地位，因而是我国城市规划工作依法行政的基本依据，同时也为建立健全我国城市规划法规体系，完善我国城市规划法制建设创造了根本前提。

二、《城市规划法》发挥的作用

《城市规划法》颁布实施行以来，对促进我国城市规划各项工作的规范化、法制化和保障我国城市规划的科学制定、有效实施，指导城市合理发展等方面发挥了巨大的作用。

（一）城市规划的重要性受到了广泛的认同和高度的重视

由于《城市规划法》的实施，社会与公众对于城市规划在城市经济社会发展中的重要作用和权威性不断加深了认识，尤其是随着社会主义市场经济体制的逐步建立和完善，城市化的加快，城市的中心地位和作用日益增强，中央领导和各级政府对于规划工作的重视程度越来越高。1996年国务院发出了《关于加强城市规划工作的通知》，提出了新时期规划工作的基本性质和地位，强调了依法行政的严肃性。2000年3月，国务院又发出《加强和改进城乡规划工作的通知》，进一步明确了新时期加强城乡规划工作的基本原则。这些重要的决策的提出，都充分说明中央对我国城市规划工作给予了极大的关注，同时也对新世纪我国城市规划工作提出了更高的要求。

（二）城市规划法制建设有了较大发展

建设部作为国务院城市规划行政主管部门，依据《城市规划法》先后制定、发布了一系列城市规划工作的部门规章和技术规范性法规。各省、自治区、直辖市和以省会城市为主体有立法权的较大城市，也相继制定了实施《城市规划法》的地方法规和地方规章。

（三）城市规划的制定得到了规范

按照《城市规划法》和国务院的有关规定，我国各级城市新一轮跨世纪的总体规划得到了更加严格、缜密的审批，同时，详细规划的重要性也开始得到各级人民政府的重视。目前，城镇体系规划的制定工作已经取得了实质性的进展，新一轮城市总体规划的审批已经进入尾声，各地在实践中不断深化详细规划和专业规划。城市规划制定工作所取得的进展，提高了我国城市规划的科学性和权威性，也为各级人民政府引导和调控城市建设与发展提供了基本的依据。

（四）城市规划实施管理的基本程序得到了规范

随着《城市规划法》的贯彻实施，以"一书两证"即：建设项目选址意见书、建设用地规划许可证、建设工程规划许可证为核心的城市规划实施管理程序全面实行，为协调城市规划管理与相关行政管理的关系提供了法律依据，有力地保障了城市规划实施的有序性。

（五）城市规划执法力度得到了加强

依据《城市规划法》的规定，各地城市规划行政主管部门充实了执法力量，加强了对于城市规划实施过程的监督检查，严肃地查处各类违法用地和违法建设行为，执法力度不断加强。1999 年度，北京市拆除违法建筑达 400 万平方米，上海市达 100 万平方米。对于典型违法建设案例在全国性新闻媒体中曝光，引起了较大的反响，取得了较好效果。同时，一个自上而下的行政执法监督机制正在逐步形成。

三、《城市规划法》的调整对象与效力范围

《城市规划法》的调整对象与效力范围包括城市的法律界定、适用地域范围、行为范畴及行为主体等几个方面。

（一）关于城市的法律界定

《城市规划法》明确规定其所调整的“城市”，包括国家按照行政建制设立的直辖市、市和镇。也就是说，我国城市的法律界定是指我国的直辖市、建制市和建制镇。

改革开放 20 多年来，我国农业经济快速发展，农业产业结构发生重大变化，乡镇企业蓬勃兴起，促使小城镇在很大程度上自发形成并高速发展。我国原有的乡村行政管理体制也随之出现了变化，大量的乡建制改为镇建制，镇的数量因此大大增加。据统计，1978 年我国建制镇的数量不足 3000 个，到 1988 年增至 9000 多个，而到 1999 年则超过了 19000 个。小城镇即指建制镇。“小城镇，大战略”是指我国小城镇将容纳未来农村转移出来剩余劳动力的大部分，因此，我国建制镇的发展，将成为中国特色的城市化道路的重要内容。依据国家关于城乡划分标准的规定，在《城市规划法》中明确

界定建制镇属于城市的范畴，这对我国城市化的推进是有重要的意义。

（二）关于《城市规划法》的适用地域范围

从实施管理的角度，《城市规划法》的调整范围十分明确地限制在城市规划区内。因此，“城市规划区”成为一个十分重要的法律概念，它是本法约束的地域范围，是执法的有效区域，现在已为一些相关的城市建设法规所采用。城市领导如何从保障城市总体规划有效实施出发，科学地确定城市规划区的范围，具有十分重要的意义。

《城市规划法》对城市规划区的划定原则有明确的规定，即城市规划区，“是指城市市区、近郊区以及城市行政区域内因城市建设和发展需要实行规划控制的区域。城市规划区的具体范围，由城市人民政府在编制的城市总体规划中划定”（见本法第三条）。这就是说，城市规划区不仅包括城市总体规划确定的需要进行开发建设的地域，还必须包括对于保证城市开发建设有效进行具有重要意义的、需要控制的地域，如水源保护区、风景名胜区，以及机场、港口、铁路枢纽、公路枢纽等重要基础设施的建设地域等。因此，城市政府在编制城市总体规划，划定城市规划区范围的过程中，必须对城市规划区的科学合理界定给予足够的重视。

《城市规划法》实施以来的实践经验证明，能否保障城市规划顺利实施的关键，是能否严格按照《城市规划法》的规定，依法切实加强城市规划区内的统一规划管理。在一段时期内，我国不少城市出现了随意设置各类开发区、国有土地使用权出让失控、城乡结合部滋生大量违法建设等混乱情况，曾经严重影响了城市规划的有效实施。这其中固然有高速发展的建设形势、缺乏调控的市场机制的失控等多种因素，但十分重要的原因之一就是一些地方在新的形势下，忽视了城市规划区内的土地利用和各项建设必须符合城市规划，并实行统一的规划管理这个法律的基本原则。这个教训是深刻的，必须汲取。

（三）关于行为范畴

《城市规划法》调整的行为范畴，包括制定城市规划、实施城市规划、在城市规划区内使用土地和进行建设。

制定城市规划，必须符合《城市规划法》规定的基本发展方针，基本原则，基本阶段及其城镇体系规划、总体规划、分区规划、详细规划等内容，审批程序，以及与相关规划相协调的原则等法律规定。

实施城市规划，必须符合《城市规划法》规定的基本原则、实施管理程序，以及建设项目的规划管理、建设用地规划管理、建设工程规划管理和对违法用地、违法建设查处的内容和程序等法律规定。

在城市规划区内使用土地和进行建设，必须符合《城市规划法》规定的"必须符合城市规划、服从规划管理"的原则。

总之，《城市规划法》对于制定和实施城市规划，在城市规划区内使用土地和进行建设确立了必须遵守的法律行为规范。

（四）关于行为主体

《城市规划法》规定了城市政府及其城市规划行政主管部门是制定与实施城市规划的行为主体。比如该法第十二条规定："城市人民政府负责组织编制城市规划。县级人民政府所在地镇的城市规划，由县级人民政府负责编制"等等。《城市规划法》涉及的行为主体都必须遵循法定行为规范，这是保证城市规划制定与实施全过程科学、合理的前提。

《城市规划法》实施以来，各级人民政府及其城市规划行政主管部门在依法制定规划和实施规划方面做了大量工作，为保证城市建设发展有序进行提供了基本的保证。但是，也应当看到，随着我国改革开放的不断深化，社会主义市场经济体制的逐步完善，我国城市建设与发展在面临巨大机遇的同时，也必须应对比以往复杂得多的局面：一方面，由于城市规划工作一时还难以适应高速发展的建设形势；另一方面，又有市场经济的发展和企业追逐超额利润等新情况的出现。面对这些新情况，部分地方政府急于求成，往往忽视城市规划制定的科学性和规划管理的严肃性，有的甚至擅自修改已经批准的总体规划，随意制定详细规划和放松规划管理，导致一些城市的新区盲目拓展、旧区开发强度过大、违法建设屡禁不止。国务院对此十分重视，并及时采取了措施。国务院多次指示，一再强调了依法制定和实施城市规划的严肃性。根据《城市规划法》的规定，各级城市政府是制定城市规划和城市规划的实施管理的行为主体；保证规划的科学性、实施管理的严肃性是政府及其城市规划行政主管部门基本行政职责；必须采取切实有效的措施，加强和改善城市规划制定与实施管理工作。同时应当注意的是，城市规划是一项涉及各方面各单位和广大群众基本利益调整、具有极强社会属性的政府职能。随着国家民主与法制建设的进展，提高城市规划工作的透明度，使社会与公众能够对城市规划的制定和实施进行有效监督，在此基础上，形成对进行建设的行为主体的自我约束机制，是城市规划工作的必然趋势，也是城市规划工作依法行政的基本要求。

四、城市规划法的基本内容

《城市规划法》共分为六章、六十四条。基本内容包括：

1. 第一章　总则。本章的主要内容是：立法目的，法律的适用范围，城市发展的基本方针，城市规模的划分，城市及城市规划区的概念，城市规划工作的基本原则，城市规划与外部关系协调的要求，国家和地方的管理体制，公众的义务和权力等。

2. 第二章　城市规划的制定。本章的主要内容是：各级人民政府组织编制城镇体系规划和城市规划的职责，编制城市规划必须遵循的基本原则，城市规划阶段的划分，不同阶段城市规划的基本内容，城市规划实行分级审批及其审批城市规划的职责和程序，调整城市规划的原则和程序等。

3. 第三章　城市新区开发和旧区改建。本章的主要内容是：在实施城市规划过程中，新区开发和旧区改建的基本原则以及建设项目选址、定点和各项建设合理布局的基本要求。

4. 第四章　城市规划的实施。本章的主要内容是：城市规划批准后应当公布的原则，城市规划区内实行统一的规划管理的基本原则，城市规划区内建设项目选址规划许可程序，城市规划区内建设用地规划许可程序，城市规划区内建设工程规划许可程序，明确规定了实行“一书两证”的法律制度，规定了对各项建设工程的用地和建设从可行性研究、选址定点、设计审查、放线验线、竣工验收全过程进行规划管理和监督的基本程序等。

5. 第五章　法律责任。本章的主要内容是：规定了违反本法规定的单位和个人应承担的法律责任，对违反程序占用城市规划区内土地的处罚办法，对违法建设行为的认定和相应的行政处罚措施、行政处罚程序，违法建设直接责任人的行政责任，城市规划行政主管部门工作人员违法行为的行政和刑事责任等。

6. 第六章　附则。本章的主要内容是：参照本法执行的地域，对国务院和地方立法的授权，本法的施行日期等。

《城市规划法》的内容十分丰富，下面重点介绍两项基本制度：城市规划审批制度和城市规划许可制度。

五、城市规划审批制度

根据《城市规划法》的规定，城市规划的审批已经纳入法制管理。城市规划编制完成以后，要依法进行规划的审批、公布并予以实施。编制完成的城市规划，只有按照法定程序报经批准之后，方才具有法定约束力。必须强调，一定要尊重规划的严肃性，保证规划的延续贯彻，避免有的城市新领导一上任就随意否定过去的城市规划的做法。

我国的城市规划依法实行分级审批。

（一）城市规划审批的主体

根据《城市规划法》的规定，我国城市规划的审批主体是国务院和省、自治区、直辖市和其他城市人民政府及其城市规划行政主管部门。

1. 城市总体规划的审批主体

（1）国务院审批直辖市、省和自治区人民政府所在地城市、城市人口在100万以上的城市及国务院指定的其他城市的城市总体规划。1996年，国务院根据本法又决定：50万人口以上的城市总体规划也由国务院审批，其他所有设市城市总体规划中的建设用地和人口规模，须先报经建设部商国家计委、国家土地局（现为国土资源部）核定。

（2）省、自治区、直辖市人民政府审批其管辖范围内除上述城市以外的设市城市和县级人民政府所在地镇的总体规划。

（3）市人民政府审批市管辖的县级人民政府所在地镇的总体规划。

（4）县级人民政府审批其他建制镇的总体规划。

（5）城市人民政府审批城市分区规划。

2. 详细规划的审批主体

城市详细规划由城市人民政府审批。编制分区规划的城市的详细规划，除重要地区的详细规划由城市人民政府审批外，一般地区的详细规划由城市人民政府城市规划行政主管部门审批。

(二) 城市规划的审批内容

1. 城市总体规划审批内容

城市总体规划重点审核以下几个方面的内容：

(1) 城市性质。要审核城市性质是否科学、合理；是否经过充分论证；是否符合国家或区域对该城市职能的要求，并与上一级城镇体系规划相协调。城市性质表述要准确、简明、扼要。

(2) 发展目标。要审核发展目标是否明确；是否从当地实际情况出发，实事求是；是否有利于促进经济的繁荣和社会的全面进步；是否有利于可持续发展；是否符合国民经济和社会发展规划并与国家产业政策相协调。

(3) 城市规模。人口规模和建设用地规模的确定是否经过科学预测并经专题论证。应当充分考虑当地经济社会发展的客观需要，充分考虑土地、水资源等环境条件的制约因素，实事求是地予以确定。

(4) 空间布局和功能分区。城市空间布局是否科学合理，功能分区是否明确；是否与城市产业结构保持协调；是否有利于提高环境质量、生活质量和城市景观艺术水平；是否有利于保护历史文化遗产、城市传统风貌、地方特色和自然景观。

(5) 交通。城市交通规划的发展目标是否明确；交通体系和布局是否合理；是否符合现代化管理的需要；城市对外交通系统的布局是否与市域交通系统及城市长远发展相协调。

(6) 基础设施建设和环境保护。城市基础设施的发展目标是否明确并相互协调；是否合理配置并正确处理好远期发展与近期建设的关系。城市环境保护规划目标是否明确；是否符合国家的环境保护法律、法规、标准及保护政策；是否有利于城市及周围地区环境的综合保护。

(7) 协调发展。总体规划编制是否做到统筹兼顾、综合部署；是否与国土规划、区域规划、江河流域规划、土地利用总体规划以及国防建设等相协调。

(8) 规划的实施。总体规划实施的政策措施和技术规定是否明确；是否具有可操作性。

(9) 其他内容。是否达到了建设部制定的《城市规划编制办法》规定的基本要求；是否符合审批机关事先提出的指导意见等。

2. 控制性详细规划的审批内容

重点审核以下几方面的内容：

(1) 规划用地性质。规划用地性质是否符合城市总体规划（含分区规划）的要求；是否符合国家规定的用地分类标准。

(2) 规划控制指标和控制要求。规划控制指标是否符合城市总体规划和城市有关的规划技术规定。控制要求是否全面并具有可操作性。

(3) 空间布局和环境保护。城市空间布局是否科学合理；是否符合产业结构调整需要；是否有利于提高环境质量、生活质量和城市景观艺术水平；是否有利于保护城市传统风貌、地方特色和自然景观。

(4) 道路交通。道路交通规划是否满足城市详细规划目标的实施；其系统和布局是否合理；是否符合现代化管理的需要；道路的规划控制线是否合理、可行。

(5) 市政基础设施建设。地区市政基础设施是否合理配置并正确处理好远期发展与近期建设的关系；市政基础设施用地规模、位置是否恰当。

(6) 规划的实施。规划实施的措施是否明确；是否具有可操作性。

(7) 其他内容。如区别居住区、工业区、风景区和历史风貌地区详细规划的不同要求；需要审核的其他有关内容；城市人民政府或城市规划行政主管部门指导意见中的其他要求等。

(三) 城市规划的审批程序

1. 总体规划的审批程序

(1) 由上级人民政府的城市规划行政主管部门组织召开专家评审会，责令规划编制单位根据专家意见，对总体规划进行修改、完善。

(2) 城市人民政府对总体规划进行审核。

(3) 城市人民政府报请同级人民代表大会或者其常务委员会审查并通过。

(4) 城市人民政府报请有权审批该城市总体规划的上级人民政府批准。

(5) 城市人民政府将上级人民政府批准后的城市总体规划予以公布。在公布时要删除需要保密的内容。

(6) 城市人民政府组织规划实施。

2. 控制性详细规划的审批程序

(1) 重点地段的控制性详细规划

①城市人民政府组织召开专家评审会，责令规划编制单位根据专家意见，对规划进行修改、完善。

②城市人民政府对规划进行审查并审批。

③城市人民政府公布批准的规划并组织实施。

(2) 已编制分区规划的非重点地段的控制性详细规划

①城市人民政府组织召开专家评审会，责令规划编制单位根据专家意见，对规划进行修改、完善。

②城市人民政府城市规划行政主管部门对规划进行审查并审批。

③城市人民政府公布批准的规划并组织实施。

(四) 城市规划的调整程序

城市人民政府可以根据城市经济建设和社会发展所产生的新情况和新问题，按照实际需要，对已经批准的城市规划进行局部的或重大的变更。城市规划的调整，同样需要按照法定程序进行审批。

1. 城市总体规划的调整程序

(1) 对城市总体规划进行局部变更，应当由城市人民政府审批，并报同级人民代表大会常务委员会和原批准机关备案。

(2) 涉及城市性质、规模、发展方向和总体布局产生重大影响的调整，须经同级人民代表大会或者其常务委员会审查同意后，报原批准机关审批。

2. 详细规划的调整程序

(1) 对城市详细规划中的局部变更，如局部用地性质的变更，可以在征得原规划批准机关同意以后，以专题的形式进行报批。

(2) 对于重大的规划调整，应当征得原批准机关的同意后，重新编制详细规划，并按照法定的程序报原批准机关审批。

六、城市规划许可制度

城市规划许可制度是《城市规划法》的核心制度，这一制度的建立从根本上规范了城市规划的实施管理，它对于依法行政，保证城市规划顺利实施具有不可替代的重要地位和重要作用。

城市规划许可制度具体由“一书两证”制度构成。“一书”是指“建设项目选址意见书”，“两证”是指“建设用地规划许可证”和“建设工程规划许可证”。这“一书两证”是城市规划法中的“法律硬件”，极为重要。

(一) 建设项目选址意见书

《城市规划法》第三十条规定“城市规划区内的建设工程的选址和布局必须符合城市规划。设计任务书报请批准时，必须附有城市规划行政主管部门的选址意见书。”这一法律规定，正式将城市规划对建设项目的选址管理纳入了我国的基本建设程序。

早在1985年，原国家计委和原城乡建设环境保护部在《关于加强重点项目建设中城市规划和前期工作的通知》中就指出："凡与城镇有关的建设项目，应按照《城市规划条例》的有关规定，在当地城市规划部门的参与下共同选址。各级计委在审批建设项目的项目建议书和设计任务书时，应征求同级城市规划主管部门的意见。"这一规定是完全正确的。《城市规划法》第三十条的规定正是对上述规定的法制化。为了进一步加强这一制度的管理，2000年3月，国务院《关于加强和改进城乡规划工作的通知》再次强调，要"坚持建设项目选址意见书审查制度"。国务院指出："国家审批的大中型建设项目选址，由项目所在地的市、县人民政府城乡规划行政主管部门提出审查意见，报省、自治区、直辖市及计划单列市人民政府城乡规划行政主管部门核发建设项目选址意见书，并报建设部备案。对于不符合规划要求的，建设部要予以纠正。"这一规定正是对《城市规划法》关于选址意见书制度的贯彻与具体化，应当引起有关部门和领导的重视并认真贯彻执行。有些同志，包括一些领导同志，误认为城市规划只是管修马路、建住宅的事，与建设项目无关，更与大中型建设项目无关，这是他们对城市规划了解不够，也是城市规划宣传普及不够所造成的误识。在城市规划区内，一切建设项目包括大中型项目都应当服从城市规划管理。上述法律规定和国务院的要求不仅反映了城市规划对大中型项目选址规划管理的必要性，也反映了城市为大中型项目建设提供规划服务的要求。

（二）建设用地规划许可证

《城市规划法》第三十一条规定“在城市规划区内进行建设需要申请用地的，必须持国家批准建设项目的有关文件，向城市规划行政主管部门申请定点，由城市规划行政主管部门核定其用地位置和界限，提供规划设计条件，核发建设用地规划许可证。建设单位或者个人在取得建设用地规划许可证后，方可向县级以上地方人民政府土地管理部门申请用地。”该法第三十九条还规定：“在城市规划区内，未取得建设用地规划许可证而取得建设用地批准文件、占用土地的，批准文件无效，占用的土地由县级以上人民政府责令退回。”上述法律规定，为城市规划依法对城市土地实行管制提供了明确的法律依据和手段，这是城市规划对城市土地依法进行管理的最核心、最实质的法律制度。《城市规划法》实施十多年来的实践雄辩地证明这一制度的建立是十分正确、十分必要的。许多城市在用地上发生混乱，尤其是20世纪90年代初一些地方发生房地产热，乱批地、乱卖地，多与违反城市规划法的这一法律制度有关。今后的任务是认真执行和不断强化这一制度，使城市规划对土地利用的调控和管制进一步法制化。

（三）建设工程规划许可证

《城市规划法》第三十二条规定：“在城市规划区内新建、扩建和改建建筑物、构筑物、道路、管线和其他工程设施，必须持有关批准文件向城市规划行政主管部门提出申请，由城市规划行政主管部门根据城市规划提出的规划设计要求，核发建设工程规划许可证。建设单位或者个人在取得建设工程规划许可证和其他有关批准文件后，方可申请办理开工手续。”建设工程规划许可证是城市规划对建设工程实施规划管理的法律凭证。这一制度是保障规划实施的又一核心法律制度。执行这一制度是保证建设活动严格按照城市规划进行的需要，实施以来，成效显著。

（四）认真执行城市规划许可制度

“一书两证”这一城市规划“法律硬件”的实施，有赖于各级领导的关心、重视和支持。

在我国大规模建设、高速度发展的时期，对城市用地和建设的规范更加迫切。许多城市严格执行《城市规划法》所确立的许可制度，认真实行“一书两证”制度，城市规划的权威性不断加强。城市规划寓服务于管理之中，各用地单位、建设单位在认真执行“一书两证”的过程中，既保证了自身的合法权益，又获得了城市规划的有效服务，既实现了各项建设的任务，又维护了城市整体利益。未领取或按照规划许可证所进行的用地和建设，均属违法用地或违法建设。减少和防止违法用地和违法建设是城市规划的长期任务。必须指出，一些地方、一些城市，在执行城市规划“一书两证”方面还存在不少问题，违法用地、违法建设仍时有发生，这是必须认真纠正的。在这一进程中，关键在于领导，在于领导尊重和带头严格实施城市规划许可制度。那种“规划规划，纸上画画，墙上挂挂，不如领导一句话”的人治现象，必须根除。

第三节　城市规划相关法规

城市规划的编制、实施，除遵循《城市规划法》外，还与一些其他法律相关，主要与《土地管理法》、《环境保护法》、《文物保护法》、《城市房地产管理法》、《建筑法》的关系更为密切。这有两层意思：第一，涉及城市发展、规划、建设、管理的因素很多，《城市规划法》选定了城市的最核心、最本质的内容作出了法律规定，相关的法律与《城市规划法》应当相互协调，相互衔接，以保证城市的可持续发展。第二，城市的发展和规划、建设、管理同时也应当遵照相关的法律规定，以保证城市整体功能的不断完善。

一、与《土地管理法》的关系

《城市规划法》规定，“编制城市规划应当贯彻‘合理用地、节约用地的原则’”（见本法第 16 条）；“城市总体规划应当和土地利用总体规划相协调”（见本法第 7 条）；“城市规划区内的土地利用必须符合城市规划，服从规划管理”（见本法第 29 条）；“在城市规划区内进行建设需要申请用地的，必须持国家批准建设项目的有关文件，向城市规划行政主管部门申请定点，由城市规划行政主管部门核定其用地位置和界限，提供规划设计条件，核发建设用地规划许可证。建设单位或者个人在取得建设用地规划许可证后，方可向县级以上人民政府土地管理部门申请用地，经县级以上人民政府审查批准后，由土地管理部门划拨土地”（见本法第31条）；“任何单位和个人必须服从城市人民政府根据城市规划作出的调整用地决定”（见本法第34条）；“在城市规划区内，未取得建设用地规划许可证而取得建设用地批准文件、占用土地的，批准文件无效，占用的土地由县级以上人民政府责令退回”（见本法第39条）。从以上规定看出，国家法定了城市土地管理必须符合城市规划的原则。

修订后的《中华人民共和国土地管理法》，自1999年1月1日起施行，与城市规划相关的条文主要在第一章、第三章、第四章和第五章。此外，《土地管理法实施条例》第十九条也与城市规划相关。

1.第一章总则中规定：“十分珍惜、合理利用和切实保护耕地是我国的基本国策。”对土地国策，土地部门要全面贯彻，城市规划也要全面贯彻。合理用地是土地管理和城市规划管理的共同目标。在城市规划编制和实施中，必须控制建设用地总量，使用建设用地必须十分珍惜，农用地转为建设用地应当严格限制，必须认真保护耕地。

2.明确了土地利用规划与城市规划的关系。第22条中规定了：“城市建设用地规模应当符合国家规定的标准，充分利用现有建设用地，不占或尽量少占农用地”，这个标准即建设部1990年7月发布实施的《城市用地分类与规划建设用地标准》。“城市总体规划、村庄和集镇规划，应当与土地利用总体规划相衔接，城市总体规划、村庄和集镇规划中建设用地规模不得超过土地利用总体规划确定的城市和村庄、集镇建设用地规模”，“在城市规划区内、村庄和集镇规划区内，城市和村庄、集镇建设用地应当符合城市规划、村庄和集镇规划。”这样，就将城市规划和土地利用规划的关系作了原则的规定。

3. 对改变土地建设用途作了严格的规定。在第五章建设用地中确定，任何单位和个人进行建设，需要使用土地的，必须依法申请使用国有土地，并按规定申报、审批，确定划拨或补偿。确需改变土地建设用途的，要经过批准。第56条规定“在城市规划区内改变土地用途的，在报批前，应当先经有关城市规划行政主管部门同意。”《土地管理法实施条例》第19条对于使用“建设用地”进一步作了相互衔接的具体规定：“建设占用土地，涉及农用地转为建设用地的，应当符合土地利用总体规划和土地利用年度计划中确定的农用地转用指标。城市和村庄、集镇建设占用土地，涉及农用地转用的，还应当符合城市规划和村庄、集镇规划，不符合规划的，不得批准农用地转为建设用地。”

二、与《环境保护法》的关系

《城市规划法》规定，“编制城市规划应当注意保护和改善城市生态环境，防止污染和其他公害，加强城市绿化建设和市容环境卫生建设”（见本法第14条）；“各项建设工程的选址、定点，不得妨碍城市的发展，危害城市的安全，污染和破坏城市环境，影响城市各项功能的协调”（见本法第23条）。规定了城市规划与环境保护目标相一致的关系。

《中华人民共和国环境保护法》于1989年12月26日公布实施，该法第二条对于环境给予了明确的规定："是指影响人类生存和发展的各种天然的和经过人工改造的自然因素的总体。包括大气、水、海洋、土地、矿藏、森林、草原、野生生物、自然遗迹、人文遗迹、自然保护区、风景名胜区、城市和乡村等。"与城市规划相关的主要有第十三条、第十九条、第二十二条和第二十六条。

1. 第二十二条规定："制定城市规划，应当确定保护和改善环境的目标和任务。"城市是环境污染的集中地，又是人口集中地，因此城市应当是国家环境保护的重点。城市环境的保护和改善，既是城市规划的目标，也是环境保护的目标，二者任务完全一致。

2. 国家实行建设项目环境保护管理制度。《环境保护法》第十三条规定："建设污染环境的项目，必须遵守国家有关建设项目环境保护管理的规定。"建设项目必须制定环境影响报告书，并且明确环境影响报告书经批准后，计划部门方可批准建设项目设计任务书；国务院发布施行的《建设项目环境保护管理条例》进一步具体确定了："国家实行建设项目环境影响评价制度"，即将"环境影响报告书"、"环境影响评价"作为一种制度确定下来。同时在第三十一条中规定了这项制度与城市规划的关系，即："流域开发、开发区建设、城市新区建设和旧区改建等区域性开发，编制建设规划时，应当进行环境影响评价。"这样涉及城市规划部门的具体任务之一——新区建设规划、旧区改建规划，都必须进行环境影响评价，并作为一项制度坚持执行。

3.建设项目防治污染实行“三同时”制度。《环境保护法》第二十六条规定：“建设项目防治污染设施，必须与主体工程同时设计、同时施工、同时投产使用。”这一“三同时”制度，是要保证新建和改建项目不再加重污染程度，对城市、对区域都有重要的意义。

4.保护生态环境。该法第十九条规定：“开发利用自然资源，必须采取措施保护生态环境。”城市是人工改造自然因素的集中地之一，也是人工生态脆弱之区。近些年来，城市规划部门已探索运用生态系统理论来规划城市。城市在发展进程中必然涉及到一定区域，尤其对区域生态环境有重大影响，城市规划、建设、管理必须促进城市和区域生态环境的保护和改善，这是城市规划和环境保护的共同任务。

三、与《文物保护法》的关系

《城市规划法》规定，编制城市规划应当注意“保护历史文化遗产、城市传统风貌、地方特色和自然景观。编制民族自治地方的城市规划，应当注意保持民族传统和地方特色”（见本法第14条）；城市新区开发应当避开地下文物古迹等（见本法第25条）。规定了城市规划在历史文化遗产保护方面的任务。

《中华人民共和国文物保护法》于1982年11月19日公布施行，1991年6月29日有所修改。它是针对大规模经济建设中如何保护我国悠久、丰富的历史文化遗产不受损失并发扬光大的法律。与城市规划相关的主要有第二条、第八条、第十条、第十一条、第十二条、第十三条、第十四条和第三十条。

1. 确定文物保护单位。第二条中所列的文物包括具有历史、艺术、科学价值的古文化遗址、古墓葬、古建筑、石窟寺和石刻；具有重要纪念意义、教育意义和史料价值的建筑物、遗址、纪念物。它们有的分布在城市建成区内，有的则分布在城市规划区范围，通称“文物保护单位”。它们在城市中有特殊的地位和作用，有的还是城市的标志，具有不可替代和极其珍贵的价值。一切机关、组织和个人都有保护国家文物的义务。第十条还规定了城乡规划部门和文物行政管理部门共同的责任，即由这两个部门商定本行政区划内各级文物保护单位的保护措施，纳入规划。

2. 保护历史文化名城。第八条规定：“保存文物特别丰富、具有重大历史价值和革命意义的城市，由国务院核定公布为历史文化名城。”迄今，我国已有99座国家历史文化名城。它们除了按通用的城市规划要求制定城市规划外，还要专门编制历史文化名城保护规划，分等级地采取保护措施。

3. 排除其他建设对文物保护单位的干扰。第十一条规定，“文物保护单位的保护范围内不得进行其他建设工程”，“如有特殊需要，必须经原公布的人民政府和上一级文化行政管理部门同意”；还特别强调了，在全国文物保护单位范围内进行其他建设工程，必须经省、自治区、直辖市人民政府和国家文化行政管理部门同意。第三十条规定：违反第十一条规定，在文物保护范围内进行建设工程的，由城乡规划部门或者由城乡规划部门根据文化行政管理部门的意见责令停工、责令拆除违法修建的建筑物、构筑物或者处以罚款。

4. 划定建设控制地带。第十二条规定，“根据保护文物的实际需要，经省、自治区、直辖市人民政府批准，可以在文物保护单位的周围划出一定的建设控制地带。在这个地带内修建新建筑和构筑物，不得破坏文物保护单位的环境风貌。其设计方案须征得文化行政管理部门同意后，报城乡规划部门批准。”同时，在第十三条中还规定，“建设单位在进行选址和工程设计的时候，因建设工程涉及文物保护单位的，应当事先会同省、自治区、直辖市或者县、自治县、市文化行政管理部门确定保护措施，列入设计任务书。”

5. 不改变现状的原则。第十四条规定：“核定为文物保护单位的革命遗址、纪念建筑、古墓葬、古建筑、石窟寺、石刻等（包括建筑物的附属物），在进行修缮、保养、迁移的时候，必须遵守不改变文物原状的原则。”

6. 保护文物保护单位周围环境。第三十条规定：“在文物保护单位周围的建设控制地带修建建筑物、构筑物的，由城乡规划部门或者由城乡规划部门根据文化行政管理部门的意见责令停工，责令拆除违法修建的建筑物、构筑物或者处以罚款。”

四、与《城市房地产管理法》的关系

《城市规划法》规定，“城市新区开发和旧区改造必须坚持统一规划、合理布局、因地制宜、综合开发、配套建设原则”（见本法第23条）；“城市规划区内的土地利用和各项建设必须符合城市规划，服从规划管理”(见本法第29条)。可以说，规定了城市房地产开发应当符合城市规划、服从规划管理的基本关系。

《中华人民共和国城市房地产管理法》于1994年7月5日公布，1995年1月1日起施行。与城市规划相关的主要有第二条、第九条、第十一条、第十七条、第二十三条、第二十四条、第七十一条。此外，《城市房地产开发经营管理条例》第十一条、第十二条也与城市规划相关。

该法律所称房屋是指土地上的房屋等建筑物及构筑物；房地产开发是指在依据本法取得国有土地使用权的土地上进行基础设施、房屋建筑的行为。因此，第二条规定：“在城市规划区国有土地范围内取得房地产用地的土地使用权，从事房地产开发、房地产交易，实施房地产管理，应当遵守本法。”

已有的建筑物、构筑物等是建设行为的产物；正在进行建设的房屋及房地产开发是建设行为的重要组成部分。而在城市中的房地产开发行为必须在城市规划的调控和管理下来进行，这样，两法的关系就十分密切了。

1. 土地使用权出让必须具备城市规划设计条件。第九条规定，土地使用权出让必须符合城市规划；同时，第十一条规定，土地使用权出让，“由土地管理部门会同城市规划、建设、房产管理部门共同拟定方案”。在《城市房地产开发经营条例》中，将土地使用权出让或划拨前由城市规划行政主管部门提出“城市规划设计条件”作为依据之一。

城市规划设计条件应当包括：地块面积、土地使用性质、容积率、建筑密度、建筑高度、停车泊位、主要出入口、绿地比例、须配置的公共设施、工程设施、建筑界线、开发期限等。附图应包括：地块区位的现状、地块坐标、标高、道路红线坐标、标高、出入口位置、建筑界线以及地块周围环境与基础设施条件等。

2. 改变土地使用权用途，必须经过城市规划部门审批同意。第十七条规定了“土地使用者需要改变土地使用权出让合同约定的土地用途的，必须取得出让方和市、县人民政府城市规划行政主管部门同意。”这就给城市规划行政主管部门以重要的法律支持。因为土地用途改变直接影响城市用地功能和布局，重大的改变甚至会关系到城市性质，这些已属于城市规划的实质内容，必须由城市规划行政主管部门决策，保证城市性质、功能、布局的合理性和稳定性。

3. 严格掌握划拨土地。第二十三条规定：“可以由县级以上人民政府依法批准划拨土地”。这主要是指国家机关用地和军事用地，城市基础设施用地和公益事业用地，国家重点扶持的能源、交通、水利等项目用地，法律、行政法规规定的其他用地。在法律确定城市规划区国有土地有偿、有限期使用制度后，为了城市发展的需要，划拨一定的土地进行公共事业的建设是必要的。

4. 城市规划为房地产开发创造基本条件。第二十四条规定：“房地产开发必须严格执行城市规划，按照经济效益、社会效益、环境效益相统一的原则，实行全面规划、合理布局、综合开发、配套建设。”《城市房地产开发经营条例》第十一条还具体规定了：“确定房地产开发项目，应当坚持旧区改建和新区建设相结合的原则，注重开发基础设施薄弱、交通拥挤、环境污染严重以及危旧房屋集中的区域，保护和改善城市生态环境，保护历史文化遗产。”

此外，由于城市的发展和房地产的开发都会有可能延伸到城市规划区之外，因此，法律还对此作了相应的规定，即第七十一条：“在城市规划区外的国有土地范围内取得房地产开发用地的土地使用权，从事房地产开发、交易活动以及实施房地产管理，参照本法执行。”这条规定有利于城市的发展，也有利于房地产开发。因为在城市规划区外进行房地产开发也必须遵守相关规定，以保证城市与区域的协调发展。

五、与《建筑法》的关系

《城市规划法》规定，城市规划区的“各项建设必须符合城市规划，服从规划管理”（见本法第 29 条）；“在城市规划区内新建、扩建和改建建筑物、构筑物、道路、管线和其他工程设施，必须持有关批准文件向城市规划主管部门提出申请，由城市规划行政主管部门根据城市规划提出的规划设计要求，核发建设工程规划许可证。建设单位或者个人去取得建设工程规划许可证件和其他有关批准文件后，方可申请办理开工手续”（见本法第 32 条）；“城市规划行政主管部门有权对城市规划区内的建设工程是否符合规划要求进行检查”（见本法第 37 条)。这就规定了在城市规划区内各项建筑活动必须符合城市规划、服从规划管理的关系。

《中华人民共和国建筑法》于 1997 年 11 月 1 日公布，1998 年 3 月 1 日起施行。与城市规划相关的主要有第二条、第七条、第八条。

1. 城市规划要了解、掌握建筑活动的水平和发展趋势。第二条规定："本法所称建筑活动，是指各类房屋建筑及其附属设施的建造和其他配套的线路、管道、设备的安装活动。"

建筑活动是实施城市规划的主体行为，一切城市规划"蓝图"都通过建筑活动使之变为实体。因此，城市规划必须了解、掌握建筑活动的现状、水平和发展趋势。

2. 城市规划与建筑许可制度的衔接。第七条、第八条规定了建筑许可制度。申请领取施工许可证，应当具备的条件中列出了："在城市规划区的建筑工程，已经取得规划许可证。"这一规定保证了建设行为法律程序的衔接。《城市规划法》规定的"两证"(建设用地规划许可证、建设工程规划许可证件)是建设行为的"上游程序"，有了这个"上游程序"的许可，才能申请"下游程序"的设计、施工许可。这就保证了城市规划和建筑活动上下有序，协调一致。

第四节　城市规划技术标准

城市规划技术标准是我国工程建设标准化的重要组成部分。改革开放以来，我国加强了城市规划标准化工作，初步地建立起城市规划技术标准、规范体系。

一、标准、规范的概念

工程建设标准化是全国标准化工作的一个重要组成部分。在国民经济发展和建设中，对于促进技术进步，保证和提高工程质量，加快建设速度，节约资源，节约建设资金，保障国家和人民生命财产安全，保护人民身体健康以及提高劳动生产率等都具有重要作用。根据《中华人民共和国标准化法》的规定，对需要在全国范围内统一的技术要求，应当制定国家标准。对于没有国家标准而又需要在全国某个行业范围内统一的技术要求，可以制定行业标准。

国家标准和行业标准分为强制性标准和推荐性标准。保障人体健康、人身财产安全的标准以及法律和行政法规规定强制执行的标准都是强制性标准。其他标准是推荐性标准，可以自愿采用。

在我国社会主义市场经济体制下，强制性标准和推荐性标准都具有法律属性。强制性标准一经批准发布，就是技术法规，有关各方必须强制执行，对违反强制性标准的要追究法律责任。推荐性标准一经批准发布是自愿采用的标准。但是，当事人各方应当在签订经济合同中约定并确认，各方受合同法的约束，如违反了约定的推荐性标准，根据合同法追究其法律责任。

标准、规范的基本概念如下：

(一) 标准

系指对重复性事物和概念所做的统一规定。它以科学、技术和实践经验的综合成果为基础，经有关方面协商一致，由主管机构批准，以特定形式发布。作为共同遵守的准则和依据。

（二）规范

系指对设计、施工、制造、检验等技术事项所做的一系列统一规定。它是标准的一种形式。

（三）工程建设标准

系指对基本建设中各类工程的勘察、规划、设计、施工、安装、验收等需要协调统一的事项所制定的标准。

工程建设国家标准由建设部审批，由国家质量技术监督局和建设部联合发布；工程建设行业标准由建设部审批、发布。

（四）城市规划技术标准

城市规划技术标准是工程建设标准的重要组成部分，是贯彻实施城市规划法律、法规和技术政策的一项重要措施，是城市规划实行科学管理的重要手段，是进行城市规划设计和实施监督管理工作共同遵守的技术准则和依据。它应当覆盖城市总体规划、分区规划、详细规划等各规划阶段以及各专业领域规划的所有标准和规范。

城市规划标准化的任务，就是依据我国国民经济和社会发展的总体目标，为合理地制定、修订城市规划和进行城市建设，建立和健全城市规划技术标准体系，协调和指导城市规划的编制和实施监督管理，以使我国城市的经济和社会发展取得最佳秩序和效益。

二、城市规划技术标准、规范的作用

城市规划技术标准、规范的制订、修订工作，是加强和改进城市规划工作的一项重要基础性工作，其主要作用是：

（一）保证城市规划设计质量，提高城市规划管理水平

随着我国社会主义市场经济体制的建立和国民经济高速发展，对城市的发展和建设提出了新的和更高的要求。城市规划既要科学预测城市远景发展的需要，又要使城市的发展规模与建设适应经济技术的发展水平。城市规划技术标准是在统一、简化、协调、择优的原理指导下，在总结了城市规划、科研成果和实践经验的基础上制定的，为城市规划设计与实施监督管理提供科学的技术依据。科学制订和严格实施城市规划技术标准对保证城市规划设计质量，使城市规划实施科学管理有章可循，不断提高管理水平有重要意义。

（二）改善城市环境，提高城市居民的生活和工作质量

城市规划设计和实施监督管理的优劣，直接影响着城市环境和城市居民生活和工作质量。城市规划要有利生产，方便生活，促进流通，繁荣经济，促进科学技术和文化教育事业的发展；要使城市的各项建设符合防火、防爆、抗震、防洪、防泥石流、治安、交通管理以及人民防空建设等安全要求；要协调和控制各类建设项目的规划与实施，从整体上提高环境质量与建设水平，为城市居民提供良好的生活和工作条件，满足人们不断增长的物质与精神的需求。为此，城市规划技术标准对

总体规划、分区规划、详细规划以及各专业领域规划，都提出了相应的统一和协调的技术要求。技术标准规范的实施，有利于改善城市环境和提高城市居民的生活和工作质量。

（三）贯彻实施可持续发展战略，推动经济、社会、生态环境协调发展

城市规划应当在合理用地、节约用地，合理利用城市现有设施，保护和合理利用资源，改善生态、保护环境、综合治理城市污染，保护历史文化遗产等方面发挥先导作用。当前，在城市规划技术标准中，对于控制城市规模，合理和节约用地，节约水资源，节约能源，保护历史文化遗产等方面，虽然有了一些统一的规定，发挥了一定作用，但是，仍然需要切实加强有关课题的研究和组织相关标准的制定，以便更好地指导城市规划设计与管理，将实施可持续发展战略和推动经济、社会、生态环境协调发展落在实处。

（四）促进科技进步，推动城市建设现代化

城市规划技术标准是我国城市规划工作者长期实践经验的总结，同时，结合我国国情广泛地吸收了国内外在规划领域的新技术和新标准，促进了科技进步和城市现代化发展，实践证明是行之有效的。

现代高新技术的发展，要求城市规划和建设树立新的理念，同时也为城市规划设计和实施监督提供了新的手段，促进了城市规划的信息交流和信息化发展。城市规划技术标准，有赖于依靠科技进步，有赖于有关的社会科学和自然科学相结合的科学研究，有赖于城市规划新理论和科学技术积累，以使技术标准具有适度的超前性和先进性，不断提高城市规划设计和管理水平，以推动城市现代化建设取得最佳的经济秩序和最佳的综合效益。

三、城市规划技术标准体系

（一）城市规划技术标准体系的基本概念

城市规划技术标准是一项系统工程，它覆盖了各规划阶段和各专业领域规划的统一技术要求。各标准之间存在着内存的联系，它们相互依存、相互衔接、相互补充、相互制约，形成一个系统性很强的有机整体，这就构成了城市规划技术标准体系。

制订和修订城市规划技术标准的目的，是要为城市规划的设计和实施监督管理提供科学的统一的技术依据，以此规范城市规划工作。要为取得城市规划技术标准的最佳效益，需要建立标准体系和标准体系的合理构成。建立标准体系及其结构构成应当符合下列原则：

1. 配套原则。技术标准基本分为基础标准、综合性标准（通用标准）、专用标准三类。每类标准在不同的层面上，发挥各自的作用。同时，规划行业与工程建设的其他行业、专业关系密切，与城市规划有关的其他行业或专业的标准称为相关标准。为了发挥技术标准的预期效果，各标准之间要合理配套。

2. 协调原则。城市规划技术标准要认真贯彻国家的有关法律、法规，要体现国家有关的技术、经济政策。

首先，各类标准要在同一技术基准上协调一致。如果有的标准技术水准高，与其有关的标准技术水准低，将造成无所适从的局面。其次，各项有关标准的具体内容、技术要求及其有关的数据、系数等都要协调一致，既要衔接好，又要不重复、矛盾。协调反映了标准之间的统一与和谐，是标准体系应具备的重要特征。

3. 预见性原则。一个国家的技术标准水平反映了该国家整体的技术经济水平。技术标准不是一成不变的，要随着国民经济和科学技术的发展，适时进行增补和修订。新技术、新工艺、新产品以及新理念不断涌现，但是，只有经过实践检验的成熟的技术，才能制定标准。因此，选择制定技术标准的时机是十分重要的，标准制定早了或晚了都会给国民经济带来损失。同样，在建立城市规划技术标准体系过程中要广泛收集、研究新技术的发展动态及其适用条件，将预见的未来标准纳入标准体系。并组织力量，为拟编制的标准做好技术积累和储备工作，通过组织调研，采取组织制订技术措施、技术指南、技术导则等方式，推动新技术的应用，待时机成熟，适时制定标准。坚持预见性原则，就能及时调整技术标准体系的构成，缩短了新技术的转化和普及过程，促进技术进步，充分发挥技术标准的整体效果。

（二）城市规划技术标准体系表

在建立城市规划技术标准体系中，为了做到标准全面配套和力求标准构成合理，组织制定技术标准体系表，将已有的标准、拟新制定的标准、未来需要制定的标准以及相关标准等进行统一协调和规划，纳入标准体系表中，以便全面掌握城市规划所需要的标准、规范的名称、数量、类别、应用范围以及相互之间的关系。尽可能做到能统一的统一，该合并的合并，应分开的分开，使体系表的构成既满足城市规划设计和实施监督管理的需要，又避免标准之间的重复或残缺不全。只有这样，才能使标准构成合理，便于实行科学管理，发挥技术标准的整体效益。

城市规划技术标准体系表是开展城市规划标准化工作的指导性文件，是制订技术标准、规范的长远规划和年度计划的主要依据，是加强城市规划技术标准管理的一项基础工作。

根据国家标准《标准体系表编制原则和要求》（GB/T13016）和《全国工程建设标准规范体系表》的统一规定，标准体系表要按照共性提升的原则划分层次。城市规划技术标准体系表分为三个层次，亦即：

第一层次：基础标准。城市规划技术标准体系中的基础标准包括已经颁布的《城市规划基本术语标准》（GB/T50280）、《城市用地分类代码》（GJ46）等。

第二层次：综合标准（或称通用标准）。城市规划技术标准体系中的综合标准（或称通用标准）包括已经颁布的《城市用地分类与规划建设用地标准》（GBJ137）、《城市居住区规划设计规范》（GB50180）、《城市工程管线综合规划规范》（GB50289）、《城市用地竖向规划规范》（CJJ83）等。

第三层次：专用标准。城市规划标准体系中的专用标准包括已经颁布的《城市给水工程规划规范》(GB50282)、《城市电力规划规范》(GB50293)、《城市道路交通规划设计规范》(GB50220)、《城市道路绿化规划与设计规范》(JJ75) 等。

综上所述，不难看出，这些标准、规范都是相互依存、相互衔接、相互补充和相互制约的。随着我国国民经济高速发展和高新技术的日新月异，现行的标准、规范，已不能适应城市规划工作的发展要求，需要根据我国《“十五”计划纲要》对城市规划和城市建设提出的要求，在总结改革开放以来城市规划工作经验的基础上，组织研究和修订城市规划技术标准体系表，进一步充实和完善城市规划技术标准体系，推动城市规划工作，适应我国城市现代化建设的需要，为实施城市化战略，提高城市化水平，提高城市管理水平，作出应有的贡献。

第五节 城市规划依法行政

国家行政机关遵循依法规范的原则行使行政权的过程，称为依法行政。在城市规划、建设、管理领域，城市规划行政主管部门依法对城市规划的编制、审批和实施行使行政权，综合指导和安排城市各项建设用地和建设工程活动的全过程，称为城市规划依法行政。即在城市规划编制、审批、实施的全过程中各个方面，城市规划的各项工作必须纳入法制的轨道，做到有法可依，有法必依，执法必严，违法必究。

城市规划行政主管部门依法进行城市规划方面的行政立法、行政执法和行政司法的行为是城市规划依法行政行为。依法行政行为是根据法律法规的规定或上级行政机关的决定和命令实施的，是具有法律效力、产生法律后果的行为。这也就要求城市规划机构和工作人员应当保持相对的稳定性和必要的延续性。

一、行政立法

城市规划行政立法是指城市规划行政主管部门根据《中华人民共和国立法法》和《中华人民共和国城市规划法》的有关规定，依法制定有关城市规划方面的具有法律效力的规范性文件的活动。

行政立法主要是制定城市规划法规文件。城市规划行政主管部门制定法规文件（包括起草法律、行政法规和地方法规、地方规章草案）是一项十分重要的工作。国务院城市规划行政主管部门具有制定和颁布部门规章的立法权限，例如1991年8月23日建设部、国家计委联合发布《建设项目选址规划管理办法》，1991年9月3日建设部发布《城市规划编制办法》等。此外，国务院城市规划行政主管部门负责起草有关城市规划的法律和行政法规草案，各省、自治区、直辖市和具有立法权城市的城市规划行政主管部门负责起草有关城市规划的地方法规和地方规章草案。

在立法过程中要注意相关法规的协调。还要根据国家有关规定，对现行法规进行清理和修改、授权解释和废止。

二、行政执法

城市规划行政执法是具体的行政行为，即城市规划行政主管部门依据有关法规和批准的城市规划，在规划管理权限范围内，按照法定规划管理程序，对建设单位和个人行使的执法行为，主要包括核发“一书两证”、行政监督检查、行政处罚、行政处分、强制执行等方面。

（一）核发“一书两证”

根据《城市规划法》规定，城市规划行政主管部门在建设项目可行性研究报告阶段负责核发建设项目选址意见书，在建设项目用地审批过程中负责核发建设用地规划许可证，在具体建设工程审批过程中负责核发建设工程规划许可证，以及对临时用地和临时建设负责核发临时用地许可证和临时建设许可证。城市规划行政主管部门依法核发“一书两证”是依法行政、严格执法、保证各项建设用地和建设工程符合城市规划，确保城市规划实施的关键环节，也是一项大量性的日常行政执法工作。

（二）行政监督检查

行政监督检查包括上一级城市规划行政主管部门对下一级城市规划行政主管部门的考察、了解、催办、纠正、指令等内容，提高行政质量水平，及时纠正不正之风；也包括城市规划行政主管部门对建设单位和个人关于建设用地、建设工程方面的申请、审查、发证和建设、使用全过程中的行政监督检查，以便及时制止和查处违法用地和违法建设行为。

（三）行政处罚

行政处罚是城市规划行政主管部门依法对违反城市规划、违反法规规定的有关单位和个人所进行惩戒的行政行为。《城市规划法》第四十条对建设工程违法行为的行政处罚作了明确的规定，县级以上地方人民政府城市规划行政主管部门有权对各项建设工程的违法行为依法作出行政处罚决定，包括责令停止建设、限期拆除、没收和责令限期改正、并处罚款等。

（四）行政处分

《城市规划法》第四十一条规定，在未取得建设工程规划许可证件或者违反建设工程规划许可证件的规定进行建设的单位的有关责任人员，可以由其所在单位或者上级主管机关给予行政处分。城市规划行政主管部门有责任依法要求并督促有关单位或其上级主管机关对违法建设的直接责任人给予必要的行政处分。

（五）行政强制执行

《城市规划法》第四十二条规定，当事人逾期不申请复议，也不向人民法院起诉，又不履行处罚决定的，由作出处罚决定的机关申请人民法院强制执行。城市规划行政主管部门对其作出的行政处罚决定依法申请人民法院实施强制执行，它也是行政执法行为，是人民法院配合行政机关执行行政管理法规的一种形式。

三、行政司法

《城市规划法》第四十二条对城市规划行政主管部

门的行政司法权限作了规定；“当事人对行政处罚决定不服的，可以在接到处罚通知之日起十五日内，向作出处罚决定的机关的上一级机关申请复议。”这就是说，城市规划行政主管部门具有城市规划方面的行政复议裁决权。

行政复议是由作出具体行政行为的机关或者其上一级机关，根据公民、法人或者其他组织的申请，依一定程序审查具体行政行为，从而解决行政争议的行为。行政复议机关不仅可以维护合法的行政行为和撤消或变更违法的行政行为，还可以对具体行政行为中不尽合理之处，即不当的具体行政行为进行纠正，使争议能够得到合理的解决。行政复议机关受理复议案件后，经过调查、询问、取证、审查、调解，应当在收到申请书之日起两个月内作出决定，发出行政复议裁决决定书。

除行政复议（裁决）外，依法进行行政调解和仲裁也属于行政司法的范畴。

四、执法监督

自《城市规划法》施行以来，成绩显著，但存在不少问题，突出的是一些地方、一些城市的有关部门、单位，甚至领导，无视城市规划法制，随意使用城市土地和进行建设，单位违法、法人违法、领导违法的现象时有发生，这给城市规划的实施带来相当的困难。

依法治国，依法治市，首先要求各级领导依法办事。朱镕基总理指出：“我们讲要做到依法治国，首先，要做到依法治官，依法制权，而不是依法治老百姓。对当官的要有监督，对手中的权利要有制约，权利没有制约，是很危险的。现在有些人有思路，有魄力，胆子大得很，但是不懂法，非常危险。”这对实现城市规划的法治十分重要。

为此，国家必须努力建立起城市规划的执法监督机制和体制。主要由以下三个方面构成：一是人大对政府的监督，各级人大对各级政府规划执法情况进行监督，各级政府，特别是城市政府要向市人大做出依法行政情况的报告，主管行政首长在离任时，要就城市规划工作对人大做出报告等。二是上级政府对下级政府的监督，从国务院城市规划行政主管部门到省、市、区，从县到镇的规划行政主管部门，上级对下级要认真监督，实行定期的检查和临时的抽查，下级政府对上级政府要作出报告。三是广大人民群众对政府的监督，要开辟有效的渠道，发挥群众的监督作用。同时，还要注意发挥新闻媒体的重要的舆论监督作用。

五、责任制度

要加快建立和完善城市规划责任制度，努力提高规划执法水平。要加强对行政单位和首长在城市规划执法方面的检查，防止行政随意性，要建立健全城市规划管理行政过错追究制度，坚决防止因领导人变更或领导个人好恶而随意变更规划的现象。

第六章　城市规划实施和管理

第一节　城市规划实施的一般知识

一、城市规划实施的概念

城市规划的实施就是把城市规划制定的城市未来发展的目标，诸如城市性质、规模、发展方向、布局结构、环境状态、道路系统、市政设施等一系列内容变为现实。用一句通俗的话来说，就是城市规划落实、落地。

二、城市规划实施的目的

（一）促进城市发展与经济发展相适应

城市是经济活动的主要载体。经济的结构、规模、发展阶段和水平等内涵的不同，对城市的要求也不同；经济发展是城市发展的主要动力，经济不发展城市也难以发展。城市规划实施的首要目的，就是要促进城市经济健康发展，使城市的发展与经济发展形成互动的良性循环。

（二）促进城市发展与社会发展相适应

城市建设的根本目的是不断地满足市民日益增长

的物质和精神生活需求。城市社会由不同的人群和利益集团所组成，随着经济发展和人民生活水平的不断提高，不同社会阶层对城市物质设施和城市生活环境的要求也会不断提高。满足不同人群、首先满足最大多数人的需要，并协调不同利益集团的要求是城市规划实施的重要任务。

（三）使城市各项功能不断优化并保持动态平衡

城市的发展是一个新陈代谢和持续不断的过程。城市空间的拓展要与交通设施的建设相匹配，建筑量的增加要与市政基础设施的扩容相结合，居民生活水平的提高要与环境质量的改善相呼应，城市物质财富的积累要与城市精神文明建设相同步。这一切都与城市规划的实施关系密切。

三、城市规划实施的特点

城市规划的实施远不同于某一项工程计划的实施。城市是一个巨系统，城市规划的实施是一项庞大的系统工程。它所涉及的内容极为复杂，空间十分广阔，时间跨度也很长。

（一）城市规划实施是综合性很强的工作

城市规划的实施有赖于城市各项建设，涉及到各个不同的行业，例如经济建设方面涉及到工业、金融、贸易、商业、房地产业等等；市政建设方面涉及到对外交通、市政交通和水、电、煤气、通信等各类公用设施建设等等；在社会事业建设方面涉及到文化、教育、体育、卫生和科技事业的建设等等。如何将这些建设纳入到城市规划的轨道，则必须加强城市规划实施管理。又如，城市总体规划在制定中，包含了道路系统等主要的专业规划，但由于专业内容较多，很多专业规划要在城市总体规划批准后才能进一步深化，协调各项专业规划与城市总体规划关系是城市规划实施中一项非常重要的工作。再如，近几年各地设立了很多开发区，有些开发区独立于统一的城市规划管理之外，实行“封闭式”管理，很难协调与城市中其他建设（如市政公用设施系统等）的关系。这种肢解规划统一管理，各自为政的做法，极不利于城市规划的实施，应尽快纠正。城市规划实施涉及的各项建设还关系到不同的管理部门，这就要求在规划管理中加强与相关管理部门的协调与综合。在社会主义市场经济条件下，城市建设的投资主体趋于多元化，产生了许多不同的利益集团，这就要要求在规划管理中加强协调，维护相关方面的合法权益。

（二）城市规划实施是一项长期的工作

城市的发展是一个历史的过程。城市总体规划的目标是对未来5年、10年、20年城市发展和建设目标的预测。城市总体规划目标的实现必然是一个长期的过程。城市的发展总要与社会、经济的发展相适应，与能够提供的财力、物力、人力相适应，因此，城市总体规划目标的实现具有阶段性特点。城市总体规划也是根据经济、社会发展要求，定期修改、调整而形成的，上一轮城市规划实施的结果，形成了下一轮城市规划实施的起点，如此向前发展。因此，城市总体规划远期目标的实现是一个连续不断的发展结果。城市规划实施的不同阶段正确的决策所产生的成就，可以成为城市发展的里程碑；而在这方面的决策失误，则会造成千古遗憾，难以挽回。例如，20 世纪 90 年代初，房地产开发过热，有些城市违反城市规划，盲目批地，盲目扩大城市规模，造成大量土地长期闲置；有些房地产项目则因财力不济，造成“烂尾楼”，形成后遗症。这些深刻教训值得永远记取。

在城市规划实施过程中，影响城市发展和建设的各种因素总是不断变化的。例如，党的十三大提出的改革开放战略，使当年确定的 14 个沿海城市取得了长足的发展；党的十五大提出的西部大开发战略，使得我国西部城市发展面临新的机遇。又如，在计划经济和市场经济两种不同经济体制条件下，城市建设和管理方式有很大的不同，城市规划的实施必须与之相适应。我国加入世界贸易组织后，城市规划实施又将面对许多新情况。再如，信息化的发展，影响到人类社会和经济生活的各个领域，生产和管理方式产生新的变革，并深刻地改变着人们的生活方式和交往方式，以至可能影响到城市的空间布局。这些因素的发展和变化，在城市规划制定阶段，有些虽有所预料，但应对措施不尽完善；有些则还没有预料到。这就使城市规划实施面临许多新的情况，产生许多新的问题。例如，在一些经济发展较快的城市，外来打工人员急骤增加，多住在市区边缘，带来严重的社会问题。城市规划在实施过程中作局部的调整，不仅是可能的，而且是需要的。这就要求在实施中，必须坚持科学的态度，采取科学的方法，提出切实可行的应对方案，按照法定程序进行调整。从这层意义上说，城市规划的实施也是一种动态规划的过程。人称“三分规划、七分管理”，其道理也正在这里。

四、现阶段我国城市规划实施的经济、社会环境

（一）充分认识市场经济条件下城市规划实施面临的新问题

在市场经济条件下，城市规划的实施环境有了很大的变化，城市规划实施面临许多新的问题，这是因为市场经济存在着自身难以克服的缺陷，主要表现在以下五个方面：

1. 外部不经济性的存在。经济活动的外部性是普遍存在的。在土地开发中，房地产开发企业追求的是自身利益，往往把外部不经济性推给社会。例如，一些房地产开发商为了追求最大利润，总是尽可能提高建筑容积率。然而，过高的开发强度会使街道的日照和通风受到影响，不适当的过密建筑群体对城市小气候及视觉协调性等产生负面效应。显然，这些矛盾和利益关系是不能靠市场本身得到调节的。若任其发展，不仅违背了公共利益和公平的原则，还会使土地资源无法得到合理的配置。

2. 近期利益的驱动。房地产开发项目的经营有一定的时间阶段性，房地产开发企业追求的是开发期内的经济收益，所以往往不能客观地预计宏观经济形势和城市长远发展目标，总是趋于尽快、最大限度地利用自然资

源，而不顾对环境可能造成的危害和对城市远期发展付出的代价。

3. 忽视城市公共设施建设。公共设施的价值在于为城市活动提供基础条件，带来为社会所需要的积极外部效应。城市的公共设施涉及社会的整体利益，但是，往往没有直接的经济效益或效益很低，这显然是与最大利润的市场原则是相违背的，所以难以用利润刺激市场的运作和投资，市场不能保障社会公共设施的充分开发。

4. 合成谬误的出现。在现代经济学的发展过程中，以凯恩斯学说为代表的宏观经济学揭示了另一种类型的市场失灵——“合成谬误”。在土地开发中，个别地块的最优配置并不一定能带来城市整体的最优效果。例如，城市中心区土地的区位条件好，经济效益高，开发商希望尽可能多地开发商业用地，这是合理的行为。然而，如果商业用地开发过多和用地比重过高，将会使中心区用地结构失调，环境质量下降，这反而会降低中心区土地的经济价值。就房地产市场而言，过多地开发某一类用房，会形成供过于求的局面，造成大量空置甚至导致市场滑坡。

5. 缺乏社会价值判断。市场机制完全建立在价格体系基础上，缺乏社会价值判断。例如，在城市更新中，城市历史文脉和特色风貌的社会价值是无法简单地以货币来衡量的，它是属于整个社会范畴的价值。但是在经济利益的驱动下，一些项目建设会不顾历史文脉维系和特色风貌保护，甚至会带来破坏。又如，城市旧居住区的改造中，一些旧住宅年久失修，建筑破旧，环境恶劣，亟待改造，但由于建筑密度高，拆迁量又大，不具有商业化的开发价值。这时政府有义务从社会公平和安定的角度出发，引导开发活动，以改善居民的居住环境质量。国外的各种福利房计划及我国目前正在实施的“经济适用房”等计划，就是从社会目标出发，在政府干预组织下进行的。

在市场经济条件下，城市规划的实施，正是代表国家和全民的利益，对城市开发中的市场机制进行必要的调控，发挥市场机制的积极作用，克服市场机制的缺陷，使城市土地空间资源等得到优化配置，促进城市合理发展。

（二）充分认识城市发展中存在的问题

改革开放以来，我国城市迅速发展，城市规划实施成绩显著。城市规划在促进经济建设和社会发展、调整城乡布局、完善城市功能、合理利用土地、改善居住环境和投资环境、协调各项建设等方面，发挥了重要作用。

另一方面，我们要看到近年来我国城市发展中还存在着不少问题。主要表现在：一是有些城市不顾城市发展的客观规律，脱离实际，盲目追求扩大规模。二是违法用地、违法建设数量很多、屡禁不止。仅1990年以后的10年中，全国设市城市违法建设总量超过2.5亿平方米。城乡结合部是违法建设的重点地带，大量的流动人口聚集，带来许多社会问题。三是旧城区超强度开发建设，环境恶化。许多城市的旧城区，特别是一些大城市中心区，建筑与人口过度密集，城市绿地被大量侵占，居住环境质量下降。市区人流、车流集中，废水和固体废弃物大量增加，加重了环境污染。四是交通规划和建设管理滞后。由于机动车迅速增长，道路严重不足，普遍缺乏停车场，加上管理跟不上，大城市普遍出现交通阻塞现象。五是城市发展与区域发展不协调，基础设施重复建设严重。沿公路两侧随意建房，占用良田，破坏环境，影响交通。六是小城镇建设缺乏合理规划，管理松弛，建设混乱，不利生产，不便生活。乡镇企业建设过于分散，大量占用耕地，严重污染环境。七是历史文化风貌和自然景观受到破坏。在旧城改造中，一些有价值的历史街区被拆除，有的古城不恰当地拓宽马路，许多新的建筑突破规划对建筑高度和体量的限制，破坏了古城的传统格局和风貌。八是不少城市建筑体型环境不理想，缺乏特色、缺乏协调，片面追求高楼群、宽马路、立交桥和玻璃幕墙，建筑和城市形象缺乏应有的文化品位。

造成以上问题的原因是多方面的。从客观上说，20世纪80年代以来我国城市经历了前所未有的发展，建设的规模和速度都是空前的，又处于体制转轨的时期，在城市规划和建设中出现一些问题是难免的。从规划工作方面看，一是不少地方领导干部对搞好城市规划的重要性认识不足，缺乏规划意识和知识，还没有真正把城市规划作为政府的重要工作和手段。二是城市规划管理体制不顺，一些部门专业规划和一些开发区实行“封闭管理”，从“条条”和“块块”方面肢解着城市规划的结合职能。城市规划力量薄弱，规划编制水平不高，实施力度不强。三是城市规划的法制不健全，规划缺乏权威性，一些领导干部法制观念淡薄，决策随意，不按规划办事。这些问题，必须切实加以解决。

五、城市规划实施的法制化

党的十五大提出的依法治国方略已载入我国宪法。城市规划作为城市建设和管理的依据，也是依法治城的依据，城市规划的实施需要向法制化方向推进。城市规划实施的法制化主要体现在以下几个方面：

（一）完善城市规划法规体系

完善城市规划法规体系，首先要根据我国社会主义市场经济发展的新形势，及时修订《城市规划法》，同时，要制定城市规划法的实施细则和有关法规。各地人大和人民政府特别是城市人民政府要结合本地实际，制定和完善地方城市规划法规，逐步形成一个较为完整的城市规划法规体系。

（二）增强城市规划的法律地位

提高城市规划法律地位的目的是，使城市规划的编制、审批、实施的全过程都纳入法制的轨道，并使其不因领导人的改变而改变，不因领导的注意力的改变而改变，从而确保城市总体规划目标的实现。这是依法治国在城市规划工作上的具体体现，也是依法治市对城市规划工作提出的基本要求。增强城市规划的法律地位要做到：

1. 各级领导要提高对城市规划地位和作用的认识，提高对维护城市规划法律地位的认识。城市人民政府的主要职责是抓好城市的规划、建设和管理。把城市规划工作列入政府的重要议事日程。坚持把城市规划作为城市建设和管理的基本依据。城市规划区内一切建设用地和建设活动必须遵守批准的规划。地方人民政府的主要领导，特别是市长、县长，要对城市规划负总责。各级领导要带头学习城市规划知识。要向社会各界普及城市规划知识，充分利用电视、广播、报刊等新闻媒体加强宣传，提高全民的城市规划意识。

2. 发挥详细规划对于优化城市土地资源配置和各项建设活动的调控和管制作用。由于城市规划是城市建设和管理的依据，发达国家和地区大都在城市规划一定层面上立法，使城市规划成为法定规划，具体指导实践。如英国的地区规划、美国的区划条例、德国的分区建造规划、日本的土地利用分区和地区规划、新加坡的开发指导规划和香港的分区计划大纲图等。这些国家和地区城市规划的实施是严肃的、稳定的，很值得我们借鉴。城市总体规划的实施要落实到控制性详细规划的实施。只有在控制性详细规划层面上立法，比如通过所在城市人大的批准，使之具有相当的法律效力，才能保证总体规划的实施。我国正处在法制建设不断完善的过程中，结合我国《城市规划法》修改，应当解决在控制性详细规划层面立法问题。当前应该明确，凡是建设项目所在地段没有经法定程序批准的详细规划，或者建设项目不符合详细规划的，不得办理规划许可证。

3. 完善城市规划审批和调整程序。未经法定程序不得随意审批和调整详细规划。地方人民政府在修改规划时，凡涉及城市总体规划中确定的城市性质、规模、发展方向、布局等主要内容的，必须报送原审批机关审批。

（三）加强城市规划实施的监督管理

城市规划实施的经验表明，加强城市规划实施的监督管理是促进城市规划实施法制化的一个重要方面。一是统一组织实施城市规划。省域和县域城镇体系规划分别由省级和县级人民政府统一组织实施，各有关部门要密切配合，加强协调，采取有效措施，确保城镇体系规划的顺利实施。城市规划由城市人民政府统一组织实施。市一级规划管理权不得下放，擅自下放的要立即纠正。城市行政区域内的各类开发区和旅游度假区的规划建设，都要纳入城市的统一规划管理。二是严格规划许可制度。城市规划区内的各项建设要依法办理建设项目选址意见书、建设用地规划许可证和建设工程规划许可证。国家审批的大中型建设项目选址，由项目所在地的市、县人民政府城市规划行政主管部门提出审查意见，报省、自治区、直辖市及计划单列市人民政府城市规划行政主管部门核发建设项目选址意见书，并报建设部备案。对于不符合规划要求的，要予以纠正。三是加强建设工程实施过程中的规划管理。城市规划行政主管部门要加强对规划实施的经常性管理，对建设工程性质变更和新建、改建、扩建中违反规划要求的，应及时查处、限期纠正。工程竣工后，城市规划行政主管部门未出具认可文件的，有关部门不得发给房屋产权证明等有关文件。四是建立健全城乡规划实施的监督检查制度。各级人民政府要对其审批规划的实施情况进行监督检查，认真查处和纠正各种违法违规行为。地方人民政府特别是城市人民政府每年要对规划实施情况，向同级人民代表大会常务委员会作出报告，同时报上级城市规划行政主管部门备案。建设部要着重对经国务院批准的省域城镇体系规划、城市总体规划、国家重点风景名胜区规划的实施情况进行检查。

第二节　城市规划实施与城市政府行政

一、城市规划实施是城市政府的一项基本职能

早在 1984 年中央就指出："城市政府应集中力量做好城市的规划、建设和管理"。随着改革开放的深入发展，城市规划对经济、社会发展的调控作用进一步突现出来，城市政府是通过经济社会发展计划和城市规划"两只手"，调控经济、社会、可持续发展。城市规划的调控作用，只有通过城市规划的实施，才能表现出来。城市规划实施成为城市政府的一项基本职能。在城市规划实施方面，城市政府具有以下基本职能：

（一）加强城市规划法制建设

城市规划的法制建设主要是通过立法手段，确立城市规划的法律地位，并通过辅助的立法手段，建立起以城市总体规划实施为核心的城市建设和管理的法规体系，使得城市建设都能够围绕实施总体规划的实施而展开。同时，还要通过司法的手段，维护城市规划的法律地位和城市总体规划在决策过程中的权威地位，确保城

市规划对各项城市建设活动的控制，保证城市规划的全面实现。法制是城市社会各要素相互作用的基础，只有从法制的角度为城市总体规划实施提供保障，才能从根本上消除对城市规划实施的不利因素，强化城市规划对社会各要素的协调。

在城市规划法制建设方面，需要特别强调以下三个方面的内容：首先，决策程序的确定。决策是否合理，在很大程度上取决于决策程序是否合理。而决策程序并非随意确定的，也不应当是在进行某项决策时再来确定决策的程序，而应当事先规定普遍适用的基本规则，如决策过程的参与机构或人员、基本的顺序、议事的规则等，从而能够保证决策过程的合理性。其次，通过法制的建设，对各类决策的依据进行基本的规定。这种规定应当确立城市规划的法律地位，要求所有决策的依据都要明确陈述，有关城市建设和发展的行为都必须遵守和符合总体规划的基本规定，与城市规划实施相匹配。第三，对城市规划加强执行的监督。所有的法规制定都必须界定哪些行为是可为的，哪些是不可为的。对于所有不可为的行为要明确予以怎样的惩处，对于所造成的后果如何承担相应责任等，使规划执行有所依据。

（二）制定城市规划政策

制定方针政策历来是城市政府管理城市的主要行政行为。它和加强法制建设是刚柔相济的两个侧面的行政行为。法律规范更多地侧重于强制性，方针政策更多地侧重于引导性。实践证明，通过政策能更好地指导人们的社会行为和经济发展行为，实现城市政府管理城市的意图。但是，作为城市管理的各项政策应该“聚焦”。城市规划的内容，在一定程度上已经涵盖了城市发展的有关方面，它们互相交织在一起，因此，其基本内容应当是城市其他有关政策的起点和归结。城市各有关方面的未来发展必须纳入到城市规划所确立的基本框架之中，这应当是城市政府政策框架的核心。所有关于城市建设和发展的政策应当是一个完整的系统，相关政策相互匹配、相互促进。

城市规划的实施是全方位的，涉及到经济、社会和环境建设的各个方面；其实施又是一个长期的动态过程，规划的实施必须与一定时期的经济、社会发展水平相适应。多年来的实践证明，如果仅仅依靠反映城市发展20年后的总体规划图纸来规范城市建设活动，由于缺少对实施内容和过程的关注，是难以达到预期目标的。必须通过城市发展不同阶段的政策引导，并通过详细规划的安排，一步一步地去实现城市规划目标。这既是城市规划工作改革的任务所在，也是城市政府促进城市规划实施的重要行政措施。

城市规划的实施政策是为了实现城市规划而制定的相关政策。这些政策一部分是城市规划的内容直接转换而成的；另一部分则是为了保证城市规划的实施而制定的政策。这些政策包括了许多方面，应当保证按规划所确立的政策在城市各类政府部门、管理机构和经济实体发展的政策中得到全面体现。为了保证规划的实施，这些政策应对这些部门、机构和经济实体的行为提供引导和控制，引导其在规划所确立的方向上发展，控制逾越规划所允许的行为。以下简要地描述主要几个方面的政策：

1. 土地供应政策。在市场经济条件下，城市土地供应政策和供应方式决定着城市土地资源在城市空间和时间上配置方式。城市土地供应政策的制定和推行是否科学、合理，直接影响城市总体规划的实施。20 世纪 90 年代初，在经济快速发展、房地产开发一哄而起、计划和土地审批权限下放的大环境下，土地批租遍及城乡。许多地方政府为吸引外资竞相降价批地，导致土地供应总量和布局失控，土地作为政府调控经济、社会发展的作用被严重削弱，带来重大损失和不少后遗症。这方面的教训使我们认识到，政府的宏观调控、制定合理的土地供应政策对城市的有序发展和是多么的重要。制定土地供应政策并非限制发展，而是从引导市场出发，优化土地资源配置，保证市场的健康发育和城市可持续发展的措施，并为城市建设取得资金。土地供应政策与产业布局、旧区改建、小城镇发展密切相关，即与城市规划实施密切相关。因此，城市土地供应政策，应促进城市规划的实施。首先是应当依据城市规划及当时的经济形势，认真做好土地供应总量控制，同时，要依据城市规划在空间和时间上加以引导和控制。为此，一是必须充分发挥详细规划对于优化城市土地资源配置和利用的调控作用，依据按法定程序批准的详细规划所确定的土地使用性质和开发强度使用土地。二是强化市政府对土地一级市场的垄断与控制。土地出让推行土地拍卖方式，按照城市规划有重点地向规划发展地区倾斜。这样做与国际惯例接轨，有利于城市规划有效实施，并且可增加政府财政收入。三是城市土地基准地价应依据城市规划实施要求制订，使土地地价成为促进城市规划实施的经济杠杆。城市规划部门最了解城市土地使用性质和强度，因此，对地价最有发言权。例如浙江省温州市由城市规划行政主管部门牵头，会同土地、财政等有关部门，按照城市规划确定城市土地基准地价，已形成工作机制，取得良好的效果。这一做法值得推广。城市规划的核心是土地利用。通过城市规划调控土地使用，这是市场经济条件下城市规划的基本功能，也是合理实施规划的保障。这也是城市规划改革的核心。

2. 产业布局政策。在城市发展历史中，产业布局是影响城市形态和结构，影响城市发展的重要因素。城市总体规划已将产业发展规划纳入其内容，对包括产业政策在内的有关政策进行了协调和统筹安排，并体现城市用地布局之中。在规划实施的过程中，需要对这些纲领性的内容进行分解，形成有关部门的具体政策，使其成为规划实施的重要组成部分。因此，有关经济部门应依据总体规划的内容和要求，调整、完善相关的产业布局政策，使这些政策与城市总体规划实施有机地结合起来。在今后相当长一个时期，国家以实行经济结构调整为主线，加大产业结构调整力度，城市作为经济中心，这方面的任务十分艰巨。城市规划以用地结构调整为其服务，任务也很艰巨。城市领导将这两方面的工作密切结合起来，就显得重要而迫切。

3. 旧区改造政策。制定旧区改造政策，需要认真总结这些年来各地城市旧区改造中的经验，根据城市规划目标制订科学的旧区改造政策。比较重要的旧区改造政策：一是适度控制高层建筑并使其有序布局的政策。二是加强环境建设的引导政策和相关措施。三是注意历史文化风貌保护。四是与土地供应政策相结合，改变旧区改造无序插建的矛盾，引导按规划成片改造的政策。

4. 小城镇建设政策。“小城镇、大战略”，加快小城镇的发展是我国城市化的必由之路。发展小城镇(即建制镇)，推进城市化要充分认识我国农村土地集体所有制这一特点，探讨我国城市化的规律，这是一个重大课题。小城镇的发展涉及城镇发展战略、城镇基础设施建设投融资政策、乡镇行政区划的调整、土地使用制度的改革和农民进城后的就业政策、户籍管理政策、社会保障政策等等。应按照“十五”纲要的精神，积极稳妥地推进。小城镇的规划建设，其标准一定要从实际出发，要与经济发展水平相适应，切忌盲目套用大中城市的标准，脱离实际。

5. 历史文化遗产保护政策。近年来，在城市旧区更新改造过程中，许多历史文化遗产遭到破坏或毁灭。抢救我国丰富的历史文化遗产是城市政府的当务之急。当前，迫切需要制订既有利于旧区更新改造，又能富有成效地推进历史文化遗产保护的政策。例如，可否考虑建立国家财政补贴、社会捐助、企业支持、税费返还相结合的资金筹措政策，历史保护建筑修缮补贴政策等等。

（三）制定城市经济、社会发展计划和其他相关计划

城市规划的实施是通过城市各项建设来实现的。需要政府投资的各项建设的时序和规模需要通过城市政府统筹安排。不论经济和社会发展计划，还是年度建设计划，以及其他的相关计划，如土地供应计划、市政公用设施发展计划等。这些计划的制定应当与城市总体规划中的近期建设规划相协调，并通过财政拨款或信贷等手段，促进城市规划所确立的市政、公益事业的建设，使城市规划所确定的目标得以具体落实。

（四）组织政府各部门之间的协同管理，促进城市规划实施

政府部门的协同是城市规划实施的关键。虽然政府各个部门行政的基本原则都是为了城市整体的发展和为社会公共利益服务，但是，由于部门考虑问题的局限性，往往会在解决本部门问题的同时造成与其他部门的某些不协调，或者由于只考虑了近期效应，而忽视了长远或整体，需要在各部门之间建立起相互协同的管理机制。首先，要在建制上建立相互融合的结构。在我国的行政建制中基本上是采用横向管理层与纵向管理体系相结合的混合结构，这种结构保证了体系的上下贯通和地方的综合职能。但也存在相应的问题：一是一些综合部门尤其是城市规划部门，难以真正起到全面的综合协调作用。二是纵向的体系仍然具有较强的作用。在这样的状况下，地方综合职能的发挥受到制约。从体制改革的角度，首先，要加强地方横向的综合管理职能，也就是通常所说的管理属地化。

这种改革必然会加强城市政府整体的综合协调能力。其次，综合管理部门的职能也要进一步加强，加强综合部门与职能部门、职能部门与职能部门之间的联系。对于城市规划实施而言，城市政府一方面要强化城市规划部门的工作，并对其提出严格要求；另一方面要建立和完善城市规划实施连带责任制度，使城市规划成为各个部门决策的共同基础。此外，各个部门的政策应当注意与城市规划政策相协调。

二、城市规划行政主管部门

目前，国家建设部主管全国的城市规划工作；各省、自治区建设行政部门主管行政范围内的城市规划工作；各市、县城市规划行政主管部门主管行政范围内的城市规划工作。国家和各省、自治区、直辖市规划管理机构相对比较健全，一般城市的城市规划行政主管部门的机构设置则尚待完善和加强。根据我国城市化发展战略，很多地方的小城镇将会有较大的发展，这些小城镇政府，急需配备一定的城市规划管理人员。

（一）城市规划行政主管部门的地位和作用

城市规划行政主管部门是城市政府领导下的主管城市规划工作的行政职能部门，是城市政府中一个重要的综合管理部门。它在城市规划实施工作中的作用，一是对城市政府有关城市规划的决策进行参谋、咨询；二是按照城市规划，对规划区内各项建设使用土地和各类建设活动进行组织、管理、控制、引导和协调；三是对城市规划的实施情况进行监督。

（二）市一级城市规划行政主管部门的主要职责

根据城市规划工作的任务，市一级城市规划行政主管部门负有以下主要职责：

1. 组织编制城市详细规划。

2. 对各项建设用地和建设活动实施统一的规划管理，核发“一书两证”（建设项目选址意见书、建设用地规划许可证，建设工程规划许可证）。

3. 对城市规划的实施情况进行监督检查。

4. 制定城市规划管理相关规范性文件。

5. 组织开展城市规划科研工作和城市建设和发展中的专题性调查研究工作。

6. 管理城市建设技术档案和城市测量工作。

（三）城市规划行政原则

城市规划实施需要遵循的原则很多。例如促进城市经济、社会和环境协调、可持续发展的原则，维护公共利益、保护相关方面合法权益的原则，合理用地和节约用地的原则，统一规划、合理布局、因地制宜、配套建设的原则，正确处理近期建设与长远发展、局部利益和整体利益、经济发展和环境保护、旧区更新与历史保护等关系的原则等等。这里讲的是城市规划行政主管部门在城市规划实施管理工作中的行政原则。

1. 依法行政原则。一是规划管理人员和管理相对方都必须严格执行和遵守法律规范，在法定范围内依照规定办事。二是规划管理人员和管理相对方都不能够享有不受行政法调节的特权，权利的享受和义务的免除都必须有明确的法律规范依据。三是规划实施管理行政行为必须有明确的法律规范依据。一般来说，一个国家的法律对行政机关行为的规定与管理相对人的规定不一样。对于行政机构来说，只有法律规范规定的行为才能为之，即“法无授权不得行、法有授权必须行”。而对于管理相对人来说，只要法律规范不禁止的行为都可以为之，只有法律规范规定禁止的行为才不能为之。因为行政权力是一种公共权力，它以影响公民的权益为特征。为了防止行政机关行使权力时侵犯公民的合法权益，就必须对行政权的行使范围加以设定，制约行政权力，防止滥用职权。四是任何违反行政法律规范的行为都是行政违法行为，它自发生之日起就不具有法律效力。一切行政违法主体和个人都必须承担相应的法律责任。

2. 合理原则。合理原则的存在有其客观基础。行政行为固然应该合法，但是，任何法律的内容都是有限的。由于现代国家行政活动呈现多样性和复杂性，特别是像城市规划实施这类行政管理工作专业性、技术性很强，立法机关没有可能制定详尽的、包罗万象的、周密的法律规范。为了保证城市规划的实施，行政管理机关需要享有一定程度的自由裁量权，即根据具体情况，灵活应对复杂局面的行为选择权。此时，规划管理机关应在合法性原则的指导下，在法律规范规定的幅度内，运用自由裁量权，采取适当的措施或作出合适的决定。

行政合理性原则的具体要求是，行政行为在合法的范围内还必须合理。即行政行为要符合客观规律，要符合国家和人民的利益，要有充分的客观依据，要符合正义和公正。例如，抢险工程可以先施工后补办规划许可证。

3. 效率原则。遵循依法行政的种种要求并不意味着可以降低行政效率。廉洁高效是人民群众对政府的要求。提高行政效率是许多国家行政改革的基本目标。在法律规范规定的范围内决策，按法定的程序办事，遵守操作规程，将大大提高行政效率，有助于避免失误和不公，并可减少行政争议。

4. 集中统一管理的原则。所谓集中统一管理原则，是指实行城市的统一规划和统一规划管理。实行城市的集中统一的规划管理，是城市本身发展规律提出的客观要求。城市是一个完整的不可分割的整体。城市建设和发展对于建立社会主义市场经济体制，促进经济、社会和环境的协调发展关系重大。城市规划是指导城市合理发展、建设和管理城市的重要依据和手段。进一步加强城市规划工作，就是要求城市建设和发展要严格按照经法定程序批准的城市规划逐步实施，对城市规划进行局部调整和重大变更的，必须依法报审批机关备案或审批。城市人民政府应当集中精力抓好城市的规划、建设和管理，切实发挥城市规划对城市土地和空间资源的调控作用，促进城市经济、社会和环境的协调发展。因此，城市规划应该由城市人民政府集中统一管理，不得下放市一级规划管理权。对此国务院曾三令五申。否则，会造成各自为政的局面，城市规划就难以正确实施。

5. 政务公开的原则。《宪法》规定“中华人民共和国的一切权力属于人民。”人民依照法律规定，通过各种途径和形式管理国家事务，管理经济和文化事业，管理社会事务。城市规划的实施事关全体市民的利益，城市规划的制定和实施应当让全体市民知晓，政务公开是情理中的事。城市规划实施实行政务公开的原则是，提高规划实施管理的透明度。规划管理行政行为除法律规范特别规定的以外，应向社会公开。具体要求为：一是城市规划实施管理的依据、程序、时限、结果、管理部门和人员、投诉渠道向社会公开。二是市民或建设单位向规划管理部门了解有关的法律、法规、规章、政策和规划时，规划管理部门有提供和解释的义务。

城市规划实施政务公开还有一个公众参与的问题。所谓公众参与，就是在政府部门进行某些决策时，采取举行社会公众听证会等多种方式，广泛听取市民意见。公众参与是规划决策民主化在城市规划实施中的体现。城市规划实施的公众参与，是城市规划本质所决定的，是城市规划实施目的所决定的，也是规划决策科学性的重要前提。早在20世纪80年代初，世界上某些发达国家在城市规划制定和实施过程中，已经采用了公众参与制度。我国从80年代开始，在北京、上海等大城市，在制定城市总体规划的过程中，采用展示会或讨论会的方式，广泛征求社会各界和市民的意见。1999年青岛市举办了城市总体规划展览，参观市民达60万人次，许多人填写了反馈意见。1999年，上海市政府通过立法的形式规定，在详细规划编制和审批阶段，将公众参与制度纳入管理程序，使当地居民更加关注地区的发展，也使规划实施具备群众基础。同时推行在核定某些建设工程的设计方案过程中组织专家论证。我国在城市规划实施中实行公众参与有了良好的开端，仍有待发展、完善。各地要结合我国国情、各地市情，积极创造条件，推行公众参与制度。

这里必须强调，城市规划涉及城市发展的全局，有些城市规划的内容涉及城市甚至国家的安全，城市规划还涉及到房地产开发和地产市场，某些一定超前性的规划信息具有一定经济情报属性，因此，城市规划内容具有一定的机密性。在城市规划政务公开和实行公众参与的过程中，应当慎重决定什么时候公开什么内容和公开的深度。应当公开的要公开，不能公开的就不要公开，应当保密的要严格保密。

三、城市政府首长在城市规划实施中的角色

一个城市的城市规划经过精心组织编制并按法定程序批准之后，如何贯彻执行城市规划，城市政府首长起着决定性的作用。城市政府首长既是实施城市规划的责任人，又是城市规划实施重大问题的决策者。城市政府首长只有深刻地认识到实施城市规划的历史责任，才能担当起实施城市规划决策者的重任。城市规划的实施，是一个长过程，绝不是一两届政府可以完成的，城市政府首长是在实施城市规划的“接力赛”，起着承上启下的作用。只有沿着城市规划的轨道“跑”下去，才能保证城市建设协调、有序和可持续发展。为此，应该了解城市规划决策的特点，提高慎重决策的观念，要维护规划的权威性，认真实施城市规划。

(一) 城市规划决策的特点

城市规划决策是一种行政决策。城市规划决策具有一般管理决策和行政决策的共性，同时还具有不同于其他管理决策和其他行政决策的个性。这是因为城市规划决策相对与其他行政决策，存在着以下不同的特点：

1. 城市规划决策关系城市发展的整体，关系城市发展全局。城市规划是为了实现一定时期内城市经济和社会发展目标，确定城市性质、规模和发展方向，合理利用城市土地，协调城市空间布局和各项建设的综合性部署和具体安排。城市规划这样的性质决定了城市规划制定和实施过程中的决策都会涉及到城市整体和全局的发展。

2. 城市规划决策涉及到城市发展的未来。尽管经济计划、建设项目决策等也具有前瞻性，但相比较而言，规划一般是指长远的计划，也就是说，规划决策所考虑问题的时限要远远大于建设项目决策和计划决策。

3. 城市规划的决策集中在城市发展的土地和空间资源利用。土地和空间是社会、经济发展的载体，这种安排要求慎重、合理，一旦失误，难以纠正，有的甚至无法纠正。

4. 城市规划的决策涉及到社会公众利益的调整。例如，哪些用地可以作某些用途，哪些却不可以；哪些用地可以进行高强度开发，另一些却不可以等。这些决定实质上是对土地使用的经济性的规定，有的是对社会福利条件的规定，如绿化用地和公共设施的布置等。而这种利益调整的结果，往往对社会公众利益产生深远的影响。

5. 城市规划的决策往往通过规划的法制化过程而得到固定，因此，对后续的规划（包括下层次规划的编制和同层次规划的修编，甚至是对上层次规划的修编）和建设具有法定的控制力，具有严格的规定性。

6. 城市规划决策还涉及到城市规划的技术问题。城市规划既是一项政府行为，但同时也是一门科学。在决策的过程中，既涉及到决策本身的方法与技术问题，也涉及很强的技术内容，如土地使用的配置，交通网络的设计，市政设施的安排，建筑物的高度、体量、色彩、形式的确定等等。这些内容都具有很强的技术性，是否尊重这种科学技术，往往也是决策成败的基础。

（二）城市规划决策的类型

城市是一个复杂的巨系统，组成这样一个巨系统的要素众多，而且相互之间的关系极为复杂。正如系统科学家所指出的：城市系统的组成要素要远远超出宇宙飞船，达到 108 个数量级。作为一个系统，其整体功能决不只是各个要素简单的相加，而是产生系统功能的组织效果。例如计算机的组成单元非常简单，但其功能却相当复杂，这里的关键在于组织结构。城市的组成要素极其众多而复杂，由此所产生的相互关系及功能作用就更为复杂。城市规划决策的复杂性突出体现在以下几个方面：一是城市规划决策的内外环境因素；二是城市现象的综合性；三是城市问题的复杂性；四是城市管理组织的多样性。

一般而言，管理系统都可分为战略、协调和作业三个层次。各个层次之间在管理的职能上是不同的，它们的决策也就会有不同的内容和要求。就城市规划的决策而言，决策也同样可以分为不同的层次。就整体而言，可以分为宏观决策、中观决策和微观决策：

1. 宏观层次的决策。宏观层次的决策主要涉及到城市发展目标和发展战略的确定，城市发展总体布局的确立，城市性质的研究与确定，城市建设和发展重大政策的制定，城市规划实施的组织和影响到城市发展战略实现的重大建设项目的审定。这些都是关系到城市未来发展的关键性内容。

2. 中观层次的决策。中观层次的决策包括，城市社会经济结构与空间布局相互关系的确立，城市空间结构的组织与完善，城市交通设施和基础设施的基本架构以及城市中各片区发展的方向与组织，此外还包括详细规划的审定等。

3. 微观层次的决策。微观层次决策是指城市规划实施的日常工作及其决策，涉及到局部地段和具体建设项目的规划决策。

管理的职能划分是保证管理效率和质量的基础。同样，就决策而言，不同层次的决策分工也是保证管理效率和质量的关键。多层次的组织结构就是为了保障这样一种管理职能的划分，因此，一旦发生跨越层次的决策就会带来一系列的混乱。城市政府主要负责宏观层次的决策。但从现实情况来看，经常出现上层次的管理者来作下层次的决策。由于不同层次的管理者所掌握的信息的层次、内容和数量不同，所作决策的内容也不同。城市规划还涉及到相当多的不同层次的技术要求，因此很有可能出现这样的现象：在上层次看来合理的决策，在下层次却无法操作，其中存在着不可行的因素。这样就会对城市发展的整体性带来问题，而这一决策还会导致产生更多的不合理决策。现实中，有些城市政府领导往往不问城市规划的全局而直接干预具体项目的决策，甚至随意拍板定案，导致了城市规划实施的困难，有的则带来了极大的后遗症，这是应当纠正和防止的。具体地说，市长不应当介入到由城市规划局长决策的权限范围，比如介入到一般建设项目具体决策中去。至于有些城市沿街一般建筑物的形式、色彩，甚至垃圾桶的样式都要由市长来拍板，则是完全不必要的了。应当牢记，任何对权限的逾越就都会导致对整体制度的破坏。

（三）城市政府首长正确进行城市规划决策应具备的基本认识和观念

1. 城市政府首长对城市规划决策的基本认识

城市领导者为正确进行城市规划决策，在基本认识上，须明确三个问题：

(1) 城市政府首长对城市规划所作的决策对城市发展负有头等重要的责任。实践证明，要把城市建设好、管理好，首先必须把城市规划好。在城市建设和发展中，城市规划处于十分重要的“龙头”地位。随着社会主义市场经济制度的确立和完善以及现代化城市的发展，城市规划的重要地位和作用越来越被人们所认识，特别是引起城市政府首长的极大关注和重视。城市政府首长正确进行城市规划决策，是事关整个城市发展的关键，而且城市政府首长的决策往往集中在城市长远发展和综合发展的战略性内容上，因此城市规划决策的正确与否，对城市的当前和以后的发展起到举足轻重的作用，有的甚至影响到城市的命运。可以说，正确进行城市规划的决策，是城市政府首长的首要任务，也是对城市发展负有头等重要的责任。

（2）城市政府首长对城市规划的决策应十分重视其特殊性和复杂性。城市规划的科学决策不是城市政府首长凭个人的经验、智慧和魄力所能承担的。现代化的城市建设是一项极为复杂的系统工程，具有很强的综合性和前瞻性。城市规划实施有其特有的要求和复杂的因素，需要专门研究和分析。城市规划的制定与实施，必须符合我国的行政领导体制与法定程序的规范；必须遵循城市建设和发展规律，体现"三个代表"的要求，坚持可持续发展的原则。为此，必须组织各方力量，深入研究，经过民主和法制的程序，才能制定出可供城市政府领导班子审议的方案。城市政府首长要正确发挥好决策职能，必须充分发挥领导集体的智慧，而且还要注意以下几个要素：一要明确决策的目标、决策的条件、决策的方案。二要明确决策的层次和决策的类型，抓住决策的重点。三要确定决策的主体和为决策服务的智囊及各自职责。四是把握可靠准确的信息。所有这些都是城市政府首长实行正确决策的基本要素。

（3）已经法定程序批准的城市规划是城市政府首长进行相关决策的基本依据。这既是依法行政的必然要求，而且也是保证决策科学性的需要，这是由城市规划的性质所决定的。城市规划制定的过程是将城市中各个组成要素的发展，在城市发展目标和战略的指导下，结合国家和城市的发展政策和发展要求、城市的现状和发展前景、城市规划的技术经济要求，在城市空间上进行了综合平衡，从而形成一个未来发展的基本纲领和行动步骤，为城市的建设发展以及城市各组成要素指出了行动的方向和基本方略。城市规划作为一种政策规划，在制定的过程中已经得到了充分的协调，获得了各方面的认可，并得到权力机构的批准，这也就意味着具有了一定的法律效力，因此，必须在城市的各个部门、在城市发展的各个时期都得到认真贯彻，任何个人、任何团体都必须遵守城市规划的基本规定。

2. 城市政府首长在城市规划决策中必须确立的观念

（1）必须确立面向未来的长远发展观念。城市规划的基本要求是要面对现实，面向未来，指明城市的发展目标和发展方向，体现前瞻性，安排未来的发展是规划的灵魂。树立科学的发展观念，是指导城市规划工作，特别是城市规划决策者的基本指导思想，没有发展就没有城市规划。研究和处理城市规划中的各种矛盾都与发展有关。具体来说，都有一个怎样正确把握城市的发展机遇和用好发展条件的问题。在城市规划的实施工作中，往往因为不能正确把握发展问题，对近期利益和长远利益的关系处理不当，有的甚至把眼前利益看作是实的，长远发展的利益看作是虚的，只顾眼前利益，不顾长远发展而造成失误。城市政府的首长必须站得高，看得远，作规划决策时，决不能迁就现状，妨碍未来的发展。城市政府首长的工作任期是有法定限制的，而城市规划的决策一般往往要影响城市发展的很长时间，如10年、20年以至更长时间的发展。城市政府首长作规划决策时，必须尊重城市建设的发展规律，从城市的整体的、长远的利益着眼，即使是决策内容是本届政府暂不能实现的，也应作为城市长远发展的客观需要，认真加以考虑，为下届政府坚持城市的可持续发展创造条件。世界上有些成功的城市规划，经历了城市的几十年、上百年的发展，原先确定的城市规划仍然能发挥指导性作用。我们社会主义国家的城市政府首长，应有更远大的眼光，要为长远发展作出富有远见的决策。

(2) 必须确立全局观念。“没有全局观点是不会投下一颗好棋子的”，城市规划也是这个道理。城市规划中的各项内容也充满着全局与局部的矛盾。城市规划最犯忌的就是只顾局部忽视全局，把局部利益置于全局和系统利益之上，以局部利益影响和牺牲全局利益。在以往的城市规划的制定和实施中这类事例是不少的。城市政府首长，在进行城市规划的决策时，必须牢固树立系统综合的全局观念，统筹兼顾，综合协调，从城市的整体利益需要作出最佳的选择。

(3) 必须确立群众观念。城市规划事关千百万群众的切身利益，城市规划必须为群众的利益着想。我们党的宗旨是全心全意为人民服务，城市规划及其决策也要把群众是否赞成，是否高兴，是否满意，作为衡量我们城市规划决策成功与否的标准。群众的需要既有近期的，也有远期的；既有物质的，也有精神的。具体包括群众基本的生理需要，如衣、食、住、行、医；安全需要，如人身安全、劳动安全、交通安全、保障安全等；社交需要，如文化、信仰；还有自我完善和享受的需要等等。所有这些群众的需要都与城市规划的各种内容有着密切的关系，城市规划所确定和实施的各种具体目标，都是为群众的这些需要创造条件的。

（四）城市规划决策的优化

决策的优化是不断地从传统决策向现代化决策转变的过程。传统决策方式是人格化的，取决于决策者的才智和经验，个人感情的好恶以及谋臣们的进谏。传统决策存在着很大的局限性，往往造成一言可以兴邦，一言也可以废邦。而且，传统决策缺乏连续性，存在着人存政举、人亡政息的情况。随着近代社会、经济的发展，法制和现代组织体制的确立，使传统决策发生了根本的改观。决策的优化，就是要求决策要科学化、民主化和法制化。决策的科学化是核心；决策的民主化是前提；决策的法制化是保障。

1. 城市规划决策的科学化。科学决策是现代管理的精髓。决策科学化的实质是实事求是。要做到实事求是，首先是，决策者要努力掌握城市发展的客观规律，以法定的城市规划为依据。其次是，要尊重专家意见。城市规划是一项综合性工作，实施城市规划涉及到经济、政治、社会和科学技术等众多因素，即使城市政府首长本人是某一方面的专家，在其决策过程中，也必须倾听有关方面专家的意见。第三是，要健全决策的支持系统。如组织专题研究，为科学决策提供必要的技术储备，提供多方案比较，供规划决策论证等等。

2. 城市规划决策的民主化。民主集中制是各级政府的基本工作制度。城市规划决策的民主化，一是不断推进公众参与制度，例如对某些重要政策建议和重大建设方案等，通过新闻媒体等手段向公众展示，听取市民意见，或者提请同级人大组织审议等。二是坚持分层次决策，对于属于下级决策的事项，应充分发挥政府职能部门的作用，交由下级决策，政府首长不宜包办代替。三是对重大问题决策，应提交政府办公会议讨论决定，不能个人独断。

对省会城市、自治区首府城市，应当强调有关省级部门和领导对所在城市规划的尊重。比如省会城市中，省委、省人大、省政府以及省级有关部门（包含军事部门），在用地和建设方面，凡与城市规划有关的事项，均应尊重和服从所在城市的城市规划，维护城市规划的权威。

关于首都北京，早在 1983 年 7 月 14 日，中共中央、国务院关于对《北京城市建设总体规划方案》的批复中就明确指出："中央党、政、军、群驻京各单位，都必须模范地执行北京城市建设总体规划和有关法规。"贯彻中央和国务院的这一要求，在实施中取得了积极成效，今后应当长期坚决贯彻执行。

3. 城市规划决策的法制化。城市规划决策的法制化就是要求依法决策，将行政决策纳入法制规范的轨道，这是对城市政府依法行政的基本要求。依法决策，一是加强城市规划法制建设，完善规划决策依据，明确决策的必要程序。二是健全决策制度，如决策咨询制度，决策会审制度等。三是加强人大、上级政府和社会公众对决策的监督。四是建立责任制，要建立城市规划行政过错追究制度。领导和行政部门必须依法行政，对城市规划不能随意决策。对随意决策所造成的过失，应依法追究并由负责人承担责任。

第三节　城市规划实施管理

一、城市规划实施管理的概念

城市规划实施管理是城市规划行政主管部门依据经法定程序批准的城市规划和相关法律规范，通过行政的、法制的、经济的和社会的管理手段，对城市土地和空间资源的使用以及各项建设活动进行控制、引导、管理和监督，使之纳入城市规划的轨道，促进经济、社会和环境在城市空间上协调、有序、可持续的发展。

二、城市规划实施管理的基本特征

（一）就管理的职能而言，城市规划实施管理具有服务和制约的双重属性

这是由于国家行政机关职能所确定的，也是城市合理发展和建设的要求所决定的。

社会主义国家行政机关的职能是建设和完善社会主义制度；是促进经济、社会和环境的协调发展，不断改善和满足人民物质生活和文化生活日益增长的需要；是

为人民服务。城市规划管理作为一项城市政府行政职能，其管理目标也是为社会主义现代化建设服务，为人民服务。城市规划的最终目的，也是为促进经济、社会和环境的协调、可持续发展。所以城市规划实施管理就其根本目标是服务，在管理活动中为城市的公共利益需要而采取的控制措施，也是一种积极的制约，其目的是使城市的各项建设不影响人民根本的、长远的利益。

城市是经济发展的产物。只有生产发展了，经济繁荣了，文化和科学技术进步了，城市本身才得以不断发展。因此，城市规划实施管理必须适应经济和社会发展的需要。城市作为一个物质实体，它的发展总要受到土地、交通、能源、供水、环境、农副产品供应等诸多因素的制约。就是在城市规划区范围内安排建设项目，也会受到空间容量、生态环境要求、交通运输条件、城市基础设施供应、相关方面的权益和有关方面的管理要求等多方面因素的制约。同时各项建设的比例问题及速度问题也需要相互协调，这就要求城市规划管理既要为之服务又要加以制约。

认识城市规划实施管理具有服务和制约的双重属性的目的是，有关领导和城市规划管理人员必须树立服务的思想，把服务放在首位，制约也是为了更好的服务。强调服务当头，管在其中。

（二）就管理的对象而言，城市规划实施管理具有宏观管理和微观管理的双重属性

城市规划着眼于城市的合理发展。城市规划实施管理的对象，面向的是城市，面对的是具体的某一项建设工程，既有宏观的对象，又有微观的对象。对城市的发展要放到整个经济和社会发展的大范围内考察，城市的发展必然受到政治、经济因素和政府决策的影响。宏观管理的重点就是要遵循党和政府的路线、方针、政策和一系列的原则，城市规划实施管理的政策性强的道理也就在这里。城市的布局是具体建设工程的分布，城市规划实施管理所审核的每一项建设用地或建设工程都或多或少地对城市的布局产生一定的影响，因此必须把每项建设用地或建设工程放在城市的大范围内考察，不能就事论事地处理问题。

认识规划实施管理宏观管理和微观管理的双重性其目的是，有关领导和城市规划管理人员要增强政策观念和全局观念，正确处理局部与整体、需要与可能的辩证关系，要大处着眼，小处入手。

（三）就管理的内容而言，城市规划实施管理具有专业和综合的双重属性

城市管理包括规划管理、户籍管理、交通管理、市容卫生管理、环境保护管理、消防管理、文物保护管理、土地管理、房屋管理等等。城市规划实施管理是一项综合性的技术行政管理，有其特定的职能和管理内容。但它又和上述其他管理相互联系，相互交织在一起，大量的管理中的实际问题都是综合性问题。高度分工必然要高度综合。一项建设工程设计方案除了涉及城市规划的要求外，因其区位和性质还会涉及环境保护、环境卫生、卫生防疫、绿化、消防、气象、抗震、防汛、排水、河港、铁路、航空、交通、邮电、工程管线、地下工程、测量标志、文物保护、农田水利、人防、国防等管理的要求。这就要求规划管理部门作为一个综合部门来进行系统分析，综合平衡，协调有关问题。

认识城市规划实施管理具有专业和综合的双重属性的目的是，有关领导和城市规划管理人员正确认识规划管理在城市管理大系统中的地位和作用，运用科学的系统方法进行综合管理，重视整体功能效益，并在相互作用因素中探索有效的运行规律，更好地进行综合协调，提高管理工作效率。

（四）就管理的过程而言，城市规划实施管理具有管理阶段性和发展长期性的双重属性

城市的布局结构和形态是长期的历史发展所形成的。城市的各项建设和改造的速度要和经济、社会发展的速度相适应，与当时能够提供的财力、物力、人力相适应，因此城市规划实施管理具有一定的历史阶段性。同时经济和社会的发展是不断变化的，城市规划实施管理在一定历史条件下审批的建设用地或建设工程，随着时间的推移和数量的积累，必然对城市的未来发展产生影响。城市规划实施管理工作必须体现城市发展的可持续性和长期性要求。例如住宅建筑，由于科学技术的进步，住宅建筑的物质寿命得以延长，另一方面随着经济、社会发展，人们对住宅舒适水平要求日益提高，住宅建筑的“精神寿命”（主要指适应人们生活方式变化的周期）趋于缩短。这种不平衡的矛盾，在管理上应探索灵活应变的方法，留有余地，不要把文章做“死”，要具有应变的能力。

认识城市规划实施管理是具有管理阶段性和发展持续性的双重属性的目的是，有关领导和城市规划管理人员要重视古今中外城市建设的经验，即城市建设的正确决策产生的成就，可以成为城市发展的里程碑；而在这方面的决策失误，则会造成千古遗憾，难以挽回。要树立立足当前，放眼长远，远近结合，慎重决策的思想。

（五）就管理的方法而言，城市规划实施管理具有规律性和能动性的双重属性

城市规划实施管理在实际工作中要遵循城市规划理论和按法定程序批准的城市规划各项内容和要求，这是最基本的。同时又必须看到，经济、社会的发展中各种因素的变化又是错综复杂的，在城市规划实施管理活动中对具体问题的处理，需要根据上述原则、要求创造性地进行工作。

认识城市规划实施管理规律性和创造性的双重属性的目的是，有关领导和城市规划管理人员既要坚持原则，又要不断研究新情况、新问题，在坚持平等原则的前提下，实事求是地处理问题，使原则性和灵活性相结合，重视工作范例的积累，不断总结经验，探索工作规律，创造性地进行工作。

三、城市规划实施管理的基本任务

城市规划实施管理有以下四方面的基本任务：

（一）保障城市规划、建设法律规范和方针政策的施行

健全社会主义法制，依法治国是我国政治体制改革的主要内容之一。城市规划和建设的法律，是调整城市规划、建设和管理中各种社会关系的规范。城市政府为保证城市建设协调有序地进行，还适时颁布有关的方针、政策、命令。它们都体现了公众的根本利益，它们是规划、建设和管理城市的根本途径。城市规划实施管理是一项行政管理工作，不论制定城市规划及其法律规范文件，还是对建设用地和建设活动进行规划管理，都必须依据法律和方针政策执行。它既是管理的方法，又是管理的目的。

(二)保障城市综合功能的发挥,促进城市可持续发展

城市建设必须适应经济、社会的发展，为市民提供不断改善的生活、工作、学习和休闲环境。城市规划实施管理的任务，就是要不断完善和拓展城市功能，不断改善和优化人们的社会生活环境和自然生态环境，促进经济、社会和环境在城市空间上协调、可持续发展。

(三) 保障城市各项建设纳入城市规划的轨道，促进城市规划的实施

城市规划作为一个实践过程，它包括编制、审批和实施三个环节。城市规划的实施受到各种因素和条件的制约，这就需要通过城市规划管理协调处理好各种各样的问题。由于各种因素和条件的发展、变化，在城市规划实施过程中，还需要对城市规划适时加以完善、补充和优化。因此城市规划实施管理既是城市规划的具体化，也是城市规划的不断完善、深化的过程。城市规划制定与城市规划实施管理是相辅相成的。

(四) 保障公共利益，维护相关方面的合法权益

城市规划实施管理是城市政府的行政职能。城市各项建设必须保障城市发展的整体的、长远的利益，体现经济效益、社会效益和环境效益相统一的原则，讲求公正、效率、民主。对于侵犯公共利益的行为必须制止、对于相关方面权益必须协调和监督，保障公共利益和相关方面的权益，维护相关方面合法权益。

四、城市规划实施管理的基本制度

根据《城市规划法》，城市规划实施管理的基本制度是规划许可制度，即城市规划行政主管部门通过核发建设项目选址意见书、建设用地规划许可证和建设工程规划许可证（通称“一书两证”），根据依法审批的城市规划和有关法律规范，对各项建设用地和各类建设工程进行组织、控制、引导和协调，使其纳入城市规划的轨道。

（一）建设项目选址意见书

国家对建设项目，特别是大、中型项目的宏观管理，在可行性研究阶段、主要是通过计划管理和规划管理来实现的。将计划管理和规划管理有机结合起来，就能保证各项工程有计划并按照规划进行建设，以取得良好的经济效益、社会效益和环境效益。

国家计委、国家建委、财政部于1978年颁布的《关于基本建设程序的若干规定》明确规定：“建设项目必须慎重选择建设地点。”“要注意经济合理和节约用地。要认真调查原料、工程地质、水文地质、交通、电力、水源、水质等建设条件。要在综合研究和进行多方案比较的基础上，提出选点报告。选择建设地点的工作，按项目隶属关系，由主管部门组织勘察设计等单位和所在地的有关部门共同进行。凡在城市辖区内选点的，要取得城市规划部门的同意，并且要有协议文件。”1985年，国家计委和原城乡建设环境保护部《关于加强重点项目建设中城市规划和前期工作的通知》指出："凡与城镇有关的建设项目，应按照《城市规划条例》的有关规定，在当地城市规划部门的参与下共同选址。各级计委在审批建设项目的建议书和设计任务书时，应征求同级城市规划主管部门的意见。”以上规定，经过多年来的实践证明是正确的、行之有效的，必须进一步坚持下去。《城市规划法》第三十条规定："城市规划区内的建设工程的选址和布局必须符合城市规划。设计任务书报请批准时，必须附有城市规划行政主管部门的选址意见书。”正是把上述规定进一步具体化，用法律形式固定下来，使设计任务书编制得科学、合理，符合城市规划要求。

（二）建设用地规划许可证

《城市规划法》第三十一条规定："建设单位或者个人在取得建设用地规划许可证后，方可向县级以上地方人民政府土地管理部门申请用地。”第三十九条规定："在城市规划区内，未获得建设用地规划许可证而取得建设用地批准文件、占用土地的，批准文件无效。占用的土地由县级以上人民政府责令退回。”明确规定了建设用地规划许可证是建设单位在向土地管理部门申请征用、划拨土地前，经城市规划行政主管部门确认建设项目位置和范围符合城市规划的法定凭证。核发建设用地规划许可证的目的在于确保土地利用符合城市规划，维护建设单位按照规划使用土地的合法权益，为土地管理部门在城市规划区内行使权属管理职能提供必要的法律依据。土地管理部门在办理征用、划拨建设用地过程中，若确需改变建设用地规划许可证核定的用地位置和界限，必须与城市规划行政主管部门商议并取得一致意见，保证修改后的用地位置和范围符合城市规划要求。

1984年国务院颁发的《城市规划条例》规定了由城市规划行政主管部门核发建设用地许可证。经过多年实践，证明这个规定对于保证城市规划顺利实施，防止违法占地是行之有效的，已经得到社会的普遍承认。事实上，一些城市早已如此实行，例如，北京市规划局自1955年2月成立以来，一直负责确定城市建设用地的位置、范围，核发建设用地许可证的工作。1987年10月起根据《城市规划条例》制定施行的《北京市城市建设工程规划管理审批程序暂行规定》再次确定城市规划部门负责“确定建设地址”和“核发建设用地许可证”工作。其他各城市也都以地方法规或规章的形式建立建设用地规划许可证制度，只是名称不完全一致，如湖北等省和广州市叫“征用土地许可证”，北京、合肥、鞍山等市叫“建设用地许可证”，陕西、河北、湖南等省和上海、重庆等市叫“建设用地规划许可证”。《城市规划法》第三十一条统称之为“建设用地规划许可证”，使全国证件名称统一起来，也更确切地表达了从城市规划的角度对建设用地予以许可的含义。

（三）建设工程规划许可证

建设工程规划许可证是有关建设工程符合城市规划要求的法律凭证。建设工程规划许可证的作用，一是确认有关建设活动的合法地位，保证有关建设单位和个人的合法权益。二是作为建设活动进行过程中接受监督时的法定依据，城市规划管理工作人员要根据建设工程规划许可证规定的建设内容和要求进行监督检查，并将其作为处罚违法建设活动的法律依据。三是作为城市规划行政主管部门有关城市建设活动的重要历史资料和城市建设档案的重要内容。

多年来，各地城市规划行政主管部门一直实行核发建设工程规划许可证制度。实践证明，这对促使各项建设按照城市规划要求进行，防止违法建设活动的发生，是必不可少和行之有效的。只是各地发放证件的名称不尽相同，如有的地方叫建设许可证或建筑许可证，有的地方叫施工许可证或施工执照等。为了使城市建设工程规划管理规范化，《城市规划法》将其统一为建设工程规划许可证，更确切地表达从城市规划的角度对建设工程予以认可。

五、城市规划实施管理的主要内容

城市规划实施管理的内容分两个层面：一是管理哪些方面的工作？二是这些方面的工作具体管些什么内容？城市规划实施管理的主要内容取决于城市规划实施管理的任务，它反映了城市规划实施要求和行政管理职能的要求。就城市规划实施要求来看，主要管好城市规划区内土地的使用；其次是管好各项建设工程的安排；第三是加强城市规划实施的监督检查。城市规划实施管理的工作内容和具体管理内容如下：

(一) 建设项目选址规划管理内容

建设项目选址，顾名思义，它是选择和确定建设项目建设地址。它是各项建设使用土地的前提，是城市规划实施管理对建设工程进行引导、控制的第一道工序，是保障城市规划合理布局的关键。该项工作审核的内容有：

1. 建设项目的基本情况。主要是根据经批准的建设项目建议书，了解建设项目的名称、性质、规模，对市政基础设施的供水、能源的需求量，采取的运输方式和运输量，“三废”的排放方式和排放量等，以便掌握建设项目选址的要求。

2. 建设项目与城市规划布局的协调。建设项目的选址必须按照批准的城市规划进行。建设项目的性质大多数是比较单一的，但是，随着经济、社会的发展和科学技术的进步，出现了土地使用的多元化，也深化了土地使用的综合性和相容性。按照土地使用相符和相容的原则安排建设项目的选址有利于城市布局的合理。

3. 建设项目与城市交通、通信、能源、市政、防灾规划和用地现状条件的衔接与协调。建设项目一般都有一定的交通运输要求、能源供应要求和市政公用设施配套要求等。在选址时，要充分考虑拟使用土地是否具备这些条件，以及能否按规划配合建设，这是保证建设项目发挥效益的前提。若没有这些条件的，不应当安排选址。同时，建设项目的选址还要注意对城市市政交通和市政基础设施规划用地的保护。

4. 建设项目配套的生活设施与城市居住区及公共服务设施规划的衔接与协调。一般建设项目特别是大中型建设项目都有生活设施配套的要求。同时，征用农村土地、拆迁宅基地的建设项目还有安排被动迁的农民、居民的生活设施的安置问题。这些生活设施，不论是依托旧区还是另行安排，都有交通配合和公共生活设施的衔接与协调问题。建设项目选址时必须考虑周到，使之有利生产，方便生活。

5. 建设项目对于城市环境可能造成的污染或破坏，以及与城市环境保护规划和风景名胜、文物古迹保护规划、城市历史风貌区保护规划等相协调。建设项目的选址不能造成对城市环境的污染和破坏，而要与城市环境保护规划相协调。生产或存储易燃、易爆、剧毒物的工厂、仓库等建设项目，以及严重影响环境卫生的建设项目，应当避开居民密集的城市市区，以免影响城市安全和损害居民健康。产生有毒、有害物质的建设项目应当避开城市的水源保护地和城市主导风向的上风以及文物古迹和风景名胜保护区。建设产生放射性危害的设施必须远离城市市区和其他居民密集区，并必须设置防护工程，妥善考虑事故处理措施和废弃物处理设施。

6. 交通和市政设施选址的特殊要求。港口设施的建设必须综合考虑城市岸线的合理分配和利用，保证留有足够的城市生活岸线。城市铁路货运干线、编组站、过境公路、机场、供电高压走廊及重要的军事设施应当避开居民密集的城市市区，以免割裂城市，妨碍城市的发展，造成城市有关功能的相互干扰。

7. 珍惜土地资源、节约使用城市土地。建设项目尽量不占、少占耕地，要挖掘现有城市用地的潜力，合理调整使用土地。

8. 综合有关管理部门对建设项目用地的意见和要求。根据建设项目的性质和规模以及所处区位，对涉及到的环境保护、卫生防疫、消防、交通、绿化、河港、铁路、航空、气象、防汛、军事、国家安全、文物保护、建筑保护、农田水利等方面的管理要求必须符合有关规定，并征求有关管理部门的意见，作为建设项目选址的依据。

（二）建设用地规划管理的主要内容

建设用地规划管理是城市规划实施管理的核心。建设用地规划管理负有实施城市规划的责任，它是按照城市规划确定建设工程使用土地的性质和开发强度，根据建设用地要求确定建设用地范围，协调有关矛盾，综合提出土地使用规划要求，保证城市各项建设用地按照城市规划实施。建设用地规划管理的主要内容如下：

1. 核定土地使用性质。土地使用性质的控制是保证城市规划布局合理的重要手段。为保证各类建设工程都能遵循土地使用性质相容性的原则进行安排，做到互不干扰，各得其所，应按照批准的详细规划严格控制土地使用性质，选择建设项目的建设地址。核定土地使用性质应符合标准化、规范化的要求。必须严格执行国家

《城市用地分类与规划建设用地标准》的有关规定。凡因情况变化确实需要改变规划用地性质且对城市总体规划实施和周围环境无碍的，应先作出调整规划，按规定程序报经批准后执行。

2. 核定土地开发强度。核定土地开发强度主要是通过核定建筑容积率和建筑密度两个指标来实现的。

建筑容积率是指一定地块内，总建筑面积与建筑用地面积的比值。建筑容积率是控制城市土地使用强度的最重要的指标。它是保证城市土地合理利用的综合指标。容积率过低，会造成城市土地资源的浪费和经济效益的下降；容积率过高，又会带来市政公用基础设施负荷过重，交通负荷过高，环境质量下降等负面影响，反过来影响建设项目效能的正常发挥，同时，城市的综合功能和集聚效应也会受到影响。

建筑密度是一定地块内所有建筑物的基地总面积占用地面积的比例（用百分比表示）。在建设项目选址规划管理中，核定建设项目的建筑密度，是为了保证建设项目建成后城市的空间环境质量，并保证建设项目能满足绿化，地面停车场地，消防车作业场地，人流集散空间，变电站、煤气调压站等配套设施用地的面积。建筑密度指标和建筑物的性质有密切的关系。如居住建筑，为保证舒适的居住空间和良好的日照、通风、绿化等方面的要求，建筑密度一般较低；而办公、商业建筑等底层使用频率较高，为充分发挥土地的效益，争取较好的经济效益，建筑密度则相对较高。建筑密度的核定，必须满足消防、卫生、绿化和配套设施等各方面的综合技术要求。

3. 确定建设用地范围。主要是通过审核建设工程设计总平面图，确定建设用地范围。需要说明的是：对于土地使用权有偿出让的建设用地范围，应根据经城市规划行政主管部门确认，并附有土地使用规划要求的土地使用权出让合同所确定的用地范围来确定。

4. 调整城市用地布局。我国经济产业结构调整已经全面展开，并将成为今后一个时期的任务。城市产业结构也相应调整。一些城市在市区内实行“退二进三”，即将一些没有发展前景和严重污染的工业（第二产业）项目迁出，将原厂址改为第三产业项目。这种产业结构调整反映在用地上正是城市用地结构的调整。城市规划应当主动与产业部门和综合经济部门密切配合，以城市用地布局调整和促进城市产业结构调整，达到既发展经济又改善环境的目的。我国的不少城市的旧城区都存在着人口密度高，布局混乱，市政公用设施容量不足，道路狭窄，通行能力差等问题。所以调整旧城区用地布局是艰巨任务。规划管理行政主管部门要充分发挥控制、组织和协调作用，实事求是，兼顾城市公共利益和相关单位的合法利益，积极开展城市旧区用地调整。对于范围较大的旧区改建则需要编制地区详细规划并按法定程序批准后，方可组织实施。

5. 核定土地使用其他规划管理要求。城市规划对土地使用的要求是多方面的。其他如建设用地内是否涉及规划道路，是否需要设置绿化隔离带等。另外，还需综合其他专业管理部门的要求一并提出。

（三）建设工程规划管理主要内容

建设工程规划管理早于现代城市规划制度的建立。在现代城市规划概念产生以前，作为建设工程规划管理的雏形，在某些城市已有不同程度的规则、法令约束，通过审核发证，以保证公共卫生、公共安全、公共交通和市容景观等公共权益方面的要求。随着现代城市规划制度的建立和城市规划工作的发展，建设工程规划管理已成为城市规划管理的一个非常重要的管理环节。

建设工程类型繁多，性质各异，归纳起来可以分为建筑工程、市政管线工程和市政交通工程三大类。尽管这三类建设工程形态不一，特点不同，均应按照城市详细规划进行管理，有的还应同时按照专业规划进行管理。

1. 建筑工程规划管理主要内容

（1）建筑物使用性质的控制。建筑物使用性质与土地使用性质是密切相关的。在管理工作中，要对建筑物使用性质进行审核，保证建筑物使用性质符合土地使用性质相容的原则，保证城市规划布局的合理。

（2）建筑容积率和建筑密度的控制。主要根据建设用地规划管理核定的建筑容积率和建筑密度进行控制。

（3）建筑高度的控制。建筑高度应严格按照批准的详细规划进行控制。对于尚未编制详细规划地段，应综合考虑四周建筑现状的制约、道路景观视觉因素、文物保护或历史建筑保护单位环境控制要求、机场和电讯技术要求对建筑高度的制约要求以及其他有关要求，对建筑物高度进行控制。

(4) 建筑间距的控制。建筑间距是两栋建筑物或构筑物外墙之间的水平距离。建筑物之间因消防、卫生防疫、日照、交通、空间关系以及工程管线布置和施工安全等要求，必须控制一定的间距，确保城市的公共安全、公共卫生、公共交通、住宅的日照以及相关方面的合法权益。

(5) 建筑退让的控制。建筑退让是指建筑物、构筑物与比邻规划控制线之间的距离要求。如拟建建筑物后退道路红线、河道岸线、铁路线、高压线走廊及建设基地界线的距离。建筑退让不仅是为保证有关设施的正常运营，而且也是维护公共安全、公共卫生、公共交通以及有关单位、个人的合法权益的重要方面。

(6) 建设基地相关要素的控制。建设基地内相关要素涉及城市规划实施管理的有绿地率、基地出入口、停车泊位、交通组织和建设基地标高等。审核这些内容的目的是，维护城市生态环境、避免妨碍城市交通和相邻单位的排水等。

(7) 建筑环境的管理。建筑工程规划管理，除对建筑物本身是否符合城市规划及有关法规进行审核外，还必须考虑与周围环境的关系。城市设计是帮助规划管理对建筑环境和形象进行审核的途径，特别是对于重要地区的建设，应按城市设计的要求，对建筑物高度、体量、造型、立面、色彩进行审核。在没有城市设计的地区，对于较大规模或较重要建筑的造型、立面、色彩亦应组织专家进行评审。同时，基地内部空间环境亦应根据基地所处的区位，合理地设置广场、绿地并同步实施。对于较大的建设工程或者居住区，还应审核其环境设计。

(8) 各类公共建筑用地指标和无障碍设施的控制。在地区开发建设的规划管理工作中，要根据批准的详细规划和有关规定，对中小学、幼托及商业服务设施的用地指标进行审核。并考虑居住区内的人口增长，留有公建和社区服务设施发展备用地，使其符合城市规划和有关规定，保证开发建设地区的公共服务设施使用和发展的要求，不允许房地产开发挤占居住区配套公建用地。

对于办公、商业、交通、文化娱乐等公共建筑的相关部位，应按规定设施无障碍设施并进行审核。对于地区开发建设基地，还应对地区内的人行道是否设置残疾人轮椅坡道和盲人通道等设施进行审核，保障残疾人的权益。

(9) 综合有关专业管理部门的意见。在建筑工程管理阶段比较多的是需征求消防、环保、卫生防疫、交通、园林绿化等部门的意见。有的建筑工程，应根据工程性质、规模、内容以及其所在地区环境，确定是否还需征求其他相关专业管理部门的意见。

以上各项审核内容，需根据建筑工程规模和基地区位，明确规划管理审核的侧重点。

2. 市政管线工程规划管理主要内容

市政管线是指城市各类工程管线，如上水管、雨水管、污水管、煤气管、电力和电信管线、电车馈线和各类特殊管线（如化工物料管、输油管、热力管等）。根据城市规划实施和综合协调相关矛盾的要求，主要是根据批准的城市规划和有关法律规范以及现场具体情况，协调、控制其走向、水平和竖向间距，并处理好与相关道路施工、沿街建筑、行道树等方面的关系，保证其合理布置。

3. 市政交通工程管理的主要内容

(1) 地面道路（公路）工程的规划控制。主要是根据城市道路交通规划，在管理中控制其走向、路幅宽度、横断面布置、道路标高、交叉口形式、路面结构以及广场、停车场、公交车站、收费口等相关设施的安排。

(2) 高架市政交通工程的规划控制。无论是城市高架道路工程，还是城市高架轨道交通工程，都必须严格按照它们的系统规划和单项工程进行规划控制。其线路走向、控制点坐标等控制，应与其地面道路部分相一致。它们的结构立柱的布置，要与地面道路及横向道路的交通组织相协调，并要满足地下市政管线工程的敷设要求。高架道路的上、下匝道的设置，要考虑与地面道路及横向道路的交通组织相协调。高架轨道交通工程的车站设置，要留出足够的停车场面积，方便乘客换乘，高架市政交通工程在城市中“横空出世”，还必须考虑城市景观的要求。高架市政交通工程还应设置有效的防治噪声、废气的设施，以满足环境保护的要求。

(3) 地下轨道交通工程的规划控制。地下轨道交通工程，必须严格按照城市轨道交通系统规划及其单项工程规划进行规划控制。其线路走向除需满足轨道交通工程的相关技术规范要求外，尚应考虑保证其上部和两侧现有建筑物的结构安全。当地下轨道交通工程在城市道路下穿越时，应与相关城市道路工程相协调，并须满足市政管线工程敷设地下空间的需要。地铁车站工程的规划控制，必须严格按照车站地区的详细规划进行规划控制。先期建设的地铁车站工程，必须考虑系统中后期建设的换乘车站的建设要求，车站与相邻公共建筑的地下通道、出入口必须同步实施，或预留衔接构造口。地铁车站的建设应与详细规划中确定的地下人防设施、地区地下空间的综合开发工程同步实施。地铁车站附近的地面公交换乘站点、公共停车场等交通设施应与车站同步实施。城市轨道交通系统规划确定的线路及其两侧的一定控制范围（包括车站控制范围），必须严格地进行规划控制，以保证今后工程的顺利实施。

(4) 城市桥梁、隧道、立交桥等交通工程的规划控制。城市桥梁（跨越河道的桥梁、道路或铁路立交桥梁、人行天桥等）、隧道（含穿越河道、铁路、其他道路的隧道、人行地道等）的平面位置及型式是根据城市道路交通系统规划确定的，其断面的宽度及形式应与其衔接的城市道路相一致。桥梁下的净空应满足地区交通或通航等要求。隧道纵向标高的确定既要保证其上部河道、铁路、其他道路等设施的安全，又要考虑与其衔接的城市道路的标高。需要同时敷设市政管线的城市桥梁、隧道工程，尚应考虑市政管线敷设的特殊要求。在城市立交桥和跨河、跨线桥梁的坡道两端，以及隧道进出口 30 米的范围内，不宜设置平面交叉口。城市各类桥梁结构选型及外观设计应充分注意城市景观的要求。

(5) 其他。有些市政交通工程项目的施工期间，往往会影响一定范围的城市交通的正常通行，因此在其工程规划管理中还需要考虑工程建设期间的临时交通设施建设和交通管理设施的安排，以保证城市交通的正常运行。

(四) 历史文化遗产保护的主要内容

城市建设的发展与历史文化遗产的保护是城市规划管理中经常碰到的一对矛盾。随着我国城市化和城市现代化进程的加快，这一矛盾愈显得突出。历史文化遗产保护是贯穿在建设项目选址、建设用地和建设工程规划管理之中的，并不是一项独立的规划管理工作。由于保护工作的特殊性和紧迫性，故专门介绍。

在城市规划实施管理中，涉及到历史文化遗产保护工作主要涉及以下两个方面的内容：

1. 历史文化名城的保护

(1) 整个城市历史文化风貌的保护。首先是自然地理环境，它是构成历史风貌地区独特景观的重要组成部分，它是孕育这一地区特有的风土人情和人文精神的环境要素。重点是保护好整个城市的历史文化格局和风貌，包括城市布局、建筑风格等等。

(2) 具有传统风貌和历史街区和地段。这是历史文化名城保护的重点。比如街道空间和建筑格局是构成城市的基本要素，是城市肌理和质地的具体体现，它们包括历史风貌地区的布局形态（包括历史演变的形态）、道路交通、公共活动空间、历史建筑构成的天际轮廓线等，应切实加以保护，切不可随意大拆大建。

(3) 历史建筑实体。主要是携带历史信息的文物古迹、历史建筑物和构筑物，以及反映一定历史时代城市建设科技水平的公共设施等。

2. 法定历史建筑保护。历史建筑范围较广。位于历史风貌地区的一般历史建筑在上面已述及，这里着重阐述经过一定程序由国家和各级地方政府批准列入保护名录的各级法定保护建筑。法定历史建筑保护单位的保护必须遵循历史的原真性和建筑的完整性原则。法定历史保护建筑的保护内容主要是建筑物实体和建筑环境两个方面：

(1) 保护建筑实体。包括国家级、省市级、县区级文物建筑，各级政府批准公布的优秀近现代建筑物、构筑物。这些建筑物、构筑物必须是历史的真实存在，不是后来的仿建物；有的即使历史上有所增建、改建，但所占的比例极少，建筑的原有立面、空间格局、主要装修仍基本保持历史原貌。具体保护内容需根据专家鉴定，将历史建筑划分不同等级，确定保护重点。

(2) 保护建筑环境。这里指保护建筑所处的一定地段范围，需保护历史的原有面貌或者基本保持原有面貌。建筑与其所处环境有着密不可分、有机联系的关系，就像植物与土地的关系。当前法定历史建筑保护中最大的问题是其环境的保护。不少历史保护建筑在旧城成片改造中，孤岛般蛰伏在林立的高楼下面的情景实在让人扼腕，应引起重视并逐步解决。

在此需要强调的是，由于我国城市建设发展较快，对于历史建筑的保护工作相对滞后。在城市建设中，对于一些富有特色、有魅力的历史建筑，即使暂时尚未确定为法定保护的建筑，也应认真加以保护。

（五）城市规划实施监督检查的主要内容

根据城市规划实施的要求，监督检查的任务，主要有以下几方面：

1. 对城市土地使用情况的监督检查。城市土地使用情况的监督检查包括两方面内容：一是对建设工程使用土地情况的监督检查。建设单位和个人领取建设用地规划许可证后，应当按规定办妥土地征用、划拨或者受让手续，领取土地使用权属证件后方可使用土地。城市规划行政主管部门应当对建设单位和个人使用土地的性质、位置、范围、面积等进行监督检查。发现用地情况与建设用地规划许可证的规定不相符的，应当责令其改正，并依法作出处理。二是对规划建成的地区和规划保留、控制的地区规划控制情况的监督检查。城市建设按照城市规划建成了很多居住区、工业区以及具有不同功能的综合开发地区。城市规划行政主管部门应当对上述地区规划控制情况进行监督检查。

2. 对建设活动全过程的行政检查。城市规划行政主管部门核发的建设工程规划许可证，是确认有关建设工程符合城市规划和城市规划法律规范要求的法律凭证。它确认了有关建设活动的合法性，确定了建设单位和个人的权利和义务。对其建设活动情况的行政检查，是监督检查的重要任务之一。具体任务，一是建设工程开工前的订立红线界桩和复验灰线；二是建设工程竣工后的规划验收。在施工过程中，也要进行必要的检查，及时发现和解决问题。

3. 查处违法用地和违法建设。一是查处违法用地。建设单位或个人未取得城市规划行政主管部门批准的建设用地规划许可证，或者未按照建设用地规划许可证核准的用地范围和使用要求使用土地的，均属违法用地。城市规划行政主管部门应当依法进行监督检查，并依法进行处理。对于建设单位或个人未取得城市规划行政主管部门批准的建设用地规划许可证，而向土地管理部门申请用地且已获批准的，按照《城市规划法》规定，属于违法审批。应当向县级以上人民政府报告，由县级以上人民政府责令其收回土地。二是查处违法建设。建设单位或者个人根据其需要，时常会发生未向城市规划行政主管部门申请建设工程规划许可证就擅自进行建设，即无证建设；或者是虽然领取了建设工程规划许可证，但未按照建设工程规划许可证的要求进行建设，即越证建设。按照城市规划法律、法规的规定，无证建设和越证建设均属违法建设。城市规划行政主管部门应通过监督检查，及时制止并依法作出处理。

4. 对建设用地规划许可证和建设工程规划许可证的合法性进行监督检查。建设单位或者个人采取不正当的手段获得建设用地规划许可证和建设工程规划许可证的；或者私自转让建设用地规划许可证和建设工程规划许可证的，均属不合法，应当予以纠正或者撤消。城市规划行政主管部门自身若违反城市规划及其法律、法规的规定，核发的建设用地规划许可证和建设工程规划许可证，或者作出其他错误决定的，应当由同级人民政府或者上级城市规划行政主管部门责令其纠正，或者予以撤销。被撤销的建设用地规划许可证和建设工程规划许可证批准的建设用地和建设工程，按照违法用地和违法建设依法处理。

5. 对建筑物、构筑物使用性质的监督检查。在市场经济体制和经济结构调整的条件下，建筑物随意改变规划使用性质的情况日益增多，有些建筑物在建成后使用性质发生改变，对环境、交通、消防、安全等方面产生不良后果，也影响到城市规划的实施。对这方面情况也应该进行监督检查。

附　录

《雅典宪章》

（1933年8月）

一、定义和引言

城市与乡村彼此融会为一体而各为构成所谓区域单位的要素。

城市都构成一个地理的、经济的、社会的、文化的和政治的区域单位的一部分，城市即依赖这些单位而发展。

因此我们不能将城市离开它们所在的区域作单独的研究，因为区域构成了城市的天然界限和环境。

这些区域单位的发展有赖于下列各种因素：

1. 地理的和地形的特点——气候，土地和水源；区域内及区域与区域间之天然交通。

2. 经济的潜力——自然资源（包括土壤，下层土，矿藏原料，动力来源，动植物）；人为资源（包括农工业产品)；经济制度和财富的分布。

3. 政治的和社会的情况——人口的社会组织，政体及行政制度。

所有这些主要因素集合起来，便构成了对任何一个区域作科学的计划之惟一真实的基础，这些因素是：

(1) 互相联系的，彼此影响的。

(2) 因为科学技术的进步，社会政治经济的改革而不断的变化的。

自有历史以来，城市的特征，均因特殊的需要而定：如军事性的防御，科学的发明，行政制度，生产和交通方法的不断发展。

由此可知，影响城市发展的基本因素是经常在演变的。

现代城市的混乱是机械时代无计划和无秩序的发展所造成的。

二、城市的四大活动

居住、工作、游息与交通四大活动是研究及分析现代城市设计时最基本的分类。下面叙述现代城市的真实情况，并提出改良四大活动缺点的意见。

三、居住是城市的第一个活动

现在城市的居住情况：

城市中心区的人口密度太大，甚至有些地区每公顷的居民超过 1000 人。

过度拥挤在现代城市中，不仅是中心区如此，因为

19世纪工业的发展，即在广大的住宅区中亦发生同样的情形。

在过度拥挤的地区中，生活环境是非常不卫生的。这是因为在这种地区中，地皮过度地使用，缺乏空旷地，而建筑物本身也正在一种不卫生和败坏的情况中。这种情况，因为这些地区中的居民收入太少，故更加严重。

因为市区不断的扩展，围绕住宅区的空旷地带亦被破坏了，这样就剥削了许多居民享受邻近乡野的幸福。

集体住宅和单幢住宅常常建造在最恶劣的地区，无论就住宅的功能讲，或是就住宅所必需的环境卫生讲，这些地区都是不适宜于居住的。比较人烟稠密的地区，往往是最不适宜于居住的地点，如朝北的山坡上，低洼、潮湿、多雾、易遭水灾的地方，或过于邻近工业区易被煤烟、声响振动所侵扰的地方。

人口稀疏的地区，却常常在最优越的地区发展起来，特享各种优点：气候好，地势好，交通便利而且不受工厂的侵扰。

这种不合理的住宅配置，至今仍然为城市建筑法规所许可，它不考虑到种种危害卫生与健康的因素。现在仍然缺乏分区计划和实施这种计划的分区法规。现行的法规对于因为过度拥挤，空地缺乏，许多房屋的败坏情形及缺乏集体生活所需的设施等等，所造成的后果并未注意。它们亦忽视了现代的市镇计划和技术之应用，在改造城市的工作上可以创造无限的可能性。

在交通频繁的街道上及路口附近的房屋，因为容易遭受灰尘、噪音和臭味的侵扰，已不宜作为居住房屋之用。

在住宅区的街道上对于那些面对面沿街的房屋，我们通常都未考虑到它们获得阳光的种种不同情形，通常如果街道的一面在最适当的钟点内可以获得所需要的阳光，则另外一面获得阳光的情形就大不相同，而且往往是不好的。

现代的市郊因为漫无管制的迅速发展，结果与大城市中心的联系（利用铁路、公路或其他交通工具）遭受到种种体形上无法避免的障碍。

根据上面所说的种种缺点，我们拟定了下面几点改进的建议：

住宅区应该占用最好的地区，我们不但要仔细考虑这些地区的气候和地形的条件，而且必须考虑这些住宅区应该接近一些空旷地，以便将来可以作为文娱及健身运动之用。在邻近地带如有将来可能成为工业和商业区的地点，亦应预先加以考虑。

在每一个住宅区中，须根据影响每个地区生活情况的因素，制定各种不同的人口密度。

在人口密度较高的地区，我们应利用现代建筑技术建造距离较远的高层集体住宅，这样才能留出必需的空地，作公共设施、娱乐运动及停车场所之用，而且使得住宅可以得到阳光、空气和景色。

为了居民的健康，应严禁沿着交通要道建造居住房屋，因为这种房屋容易遭受车辆经过时所产生的灰尘、噪音和汽车放出的臭气、煤烟的损害。

住宅区应该计划成安全、舒适、方便、宁静的邻里单位。

四、工作

1. 叙述有关工商业地区的种种问题

工作地点（如工厂、商业中心和政府机关等）未能按照各别的功能在城市中作适当的配置。

工作地点与居住地点，因事先缺乏有计划的配合，产生两者之间距离过远的旅程。

在上下班时间中，车辆过分拥挤，即起因于交通路线缺乏有秩序的组织。

由于地价高昂、赋税增加、交通拥挤及城市无管制而迅速的发展，工业常被迫迁往市外，加上现代技术的进步，使得这种疏散更为便利。

商业区也只能在巨款购置和拆毁周围的建筑物的情形下，方能扩展。

2. 可能解决这些问题的途径

工业必须依其性能与需要分类，并应分布于全国各特殊地带里，这种特殊地带包含着受它影响的城市与区域。在确定工业地带时，须考虑到各种不同工业彼此间的关系，以及它们与其他功能不同的各地区的关系。

工作地点与居住地点之间的距离，应该在最少时间内可以到达。

工业区与居住区（同样和别的地区）应以绿色地带或缓冲地带来隔离。

与日常生活有密切关系而且不引起扰乱危险和不便的小型工业，应留在市区中为住宅区服务。

重要的工业地带应接近铁路线、港口、通航的河道和主要的运输线。

商业区应有便利的交通与住宅区及工业区联系。

五、游息

1. 游息问题概述

在今日城市中普遍地缺乏空地面积。

空地面积位置不适中，以致多数居民因距离远，难得利用。

因为大多数的空地都在偏僻的市外围或近郊地区，所以无益于住在不合卫生的市中心区的居民。

通常那些少数的游戏场和运动场所占的地址，多是将来注定了要建造房屋的。这说明了这些公共空地时常变动的原因。随着地价的高涨，这些空地又因为建满了房屋而消失，游戏场等不得不重迁新址，每迁一次，距离市中心便更远了。

2. 改进的方法

新建住宅区，应该预先留出空地作为建筑公园运动场及儿童游戏场之用。

在人口稠密的地区，将败坏的建筑物加以清除，改进一般的环境卫生，并将这些清除后的地区改作游息用地，广植树木花草。

在儿童公园或儿童游戏场附近的空地上设立托儿所、幼儿园或初级小学。公园适当的地点应留作公共设施之用，设立音乐台、小图书馆、小博物馆及公共会堂等，以提倡正当的集体文娱活动。

现代城市盲目混乱的发展，不顾一切地毁坏了市郊许多可用作周末的游息地点。因此在城市附近的河流、海滩、森林、湖泊等自然风景优美之区，我们应尽量利用它们作为广大群众假日游息之用。

六、交通

1. 关于交通与街道问题的概述

今日城市中和郊外的街道系统多为旧时代的遗产，都是为徒步与行驶马车而设计的；现在虽然不断的加以修改，但仍不能适合现代交通工具（如汽车、电车等）和交通量的需要。

城市中街道宽度不够，引起交通拥挤。

现在的街道之狭窄，交叉路口过多，使得今日新的交通工具（汽车电车等）不能发挥它们的效能。

交通拥挤为造成千万次车祸的主要原因，对于每个市民的危险性与日俱增。

今日的各条街道多未能按着不同的功能加以区分，故不能有效地解决现代的交通问题。这个问题不能就现有的街道加以修改（如加宽街道、限制交通或其他办法）来解决，惟有实施新的城市计划才能解决。

有一种学院派的城市计划由“姿态伟大”的概念出发，对于房屋、大道、广场的配置，主要的目的只在获得庞大纪念性排场的效果，时常使得交通情况更为复杂。

铁路线往往成为城市发展的阻碍，它们围绕某些地区，使得这些地区与城市别的部分隔开了，虽然它们之间本来是应该有便捷与直接的交通联系的。

2. 解决种种最重要的交通问题需要下面几种改革

摩托化运输的普遍应用，产生了我们从未经验过的速度，它激动了整个城市的结构，并且大大地影响了在城市中的一切生活状态，因此我们实在需要一个新的街道系统，以应现代交通工具的需要。

同时，为准备这新的街道系统，需要一种正确的调查与统计资料，以定街道合理的宽度。

各种街道应根据不同的功能分成交通要道、住宅区街道、商业区街道、工业区街道等等。

街道上的行车速率，须根据其街道的特殊功用，以及该街道上行驶车辆的种类而决定。所以这些行车速率亦为道路分类的因素，以决定为快行车辆行驶之用或为慢行车辆之用，同时并将这种交通大道与支路加以区别。

各种建筑物，尤其是住宅建筑应以绿色地带与行车干路隔离。

将这种种困难解决之后，新的街道网将产生别的简化作用。因为借有效的交通组织将城市中各种功能不同的地区作适当的配合以后，交通即可大大减少，并集中在几条主要的干路上。

七、有历史价值的建筑和地区

有历史价值的古建筑均应妥为保存，不可加以破坏。

1. 真能代表某一时期的建筑物，可引起普遍兴趣，可以教育人民者。

2. 保留其不妨害居民健康者。

3. 在所有可能条件下，将所有干路避免穿行古建筑区，并使交通不增加拥挤，亦不使妨碍城市有机的新发展。

在古建筑附近的贫民窟，如作有计划的清除后，即可改善附近住宅区的生活环境，并保护该地区居民的健康。

八、总结

1. 以上各章的总结与说明

我们可以将前面各章关于城市四大活动之各种分析总结起来说：现在大多数城市中的生活情况，未能适合其中广大居民在生理上及心理上最基本的需要。

自机器时代开始以来，这种生活情况是各种私人利益不断滋长的一个表现。

城市的滋长扩大，是使用机器逐渐增多所促成——一个从工匠的手工业改成大规模的机器工业的变化。

虽然城市是经常地在变化，但我们可以说普遍的事实是：这些变化是没有事先加以预料的，因为缺乏管制和未能实用现代城市计划所认可的原则，所以城市的发展遭受到很大的损害。

一方面是必须担任的大规模重建城市的迫切工作，一方面却是市地的过度的分割。这两者代表了两种矛盾的事实。

2. 这个尖锐的矛盾，在我们这个时代造成了一个最为严重的问题

这个问题是使我们急切需要建立一个土地改革制度，他的基本目的不但要满足个人的需要，而且要满足广大人民的需要。

如两者有冲突的时候，广大人民的利益应先于私人的利益。

城市应该根据它所在区域的整个经济条件来研究，所以必须以一个经济单位的区域计划，来代替现在单独的孤立的城市计划。

作为研究这些区域计划的基础，我们必须依照由城市之经济势力范围所划成的区域范围来决定城市计划的范围。

3. 城市计划工作者的主要工作是

(1) 将各种预计作为居住、工作、游息的不同地区，在位置和面积方面，作一个平衡的布置，同时建立一个联系三者的交通网。

(2) 订立各种计划，使各区依照它们的需要和有机律而发展。

(3) 建立居住、工作和游息各地区间的关系，务使在这些地区间的日常活动可以最经济的时间完成，这是地球绕其轴心运行的不变因素。

在建立城市中不同活动间的关系时，城市计划工作者切不可忘记居住是城市的一个为首的要素。

城市单位中所有的各部分都应该能够作有机性的发展。而且在发展的每一个阶段中，都应该保证各种活动间平衡的状态。

所以城市在精神和物质两方面都应该保证个人的自由和集体的利益。

对于从事于城市计划的工作者，人的需要和以人为出发点的价值衡量是一切建设工作成功的关键。

一切城市计划应该以一幢住宅所代表的细胞作出发点，将这些同类的细胞集合起来以形成一个大小适宜的邻里单位。以这个细胞作出发点，各种住宅、工作地点和游息地方应该在一个最合适的关系下分布到整个的城市里。

要解决这个重大艰巨的问题，我们必须利用一切可以供我们使用的现代技术，并获得各种专家的合作。

一切城市计划所采取的方法与途径，基本上都必须要受那时代的政治社会和经济的影响，而不是受了那些最后所要采用的现代建筑原理的影响。

有机的城市之各构成部分的大小范围，应该依照人的尺度和需要来估量。

城市计划是一种基于长宽高三度空间而不是长宽两度的科学，必须承认了高的要素，我们方能作有效的及足量的设备，以应交通的需要和作为游息及其他用途的空地的需要。

最急切的需要，是每个城市都应该有一个城市计划方案与区域计划、国家计划整个的配合起来，这种全国性、区域性和城市性的计划之实施，必须制定必要的法律以保证其实现。

每个城市计划，必须以专家所作的准确的研究为根据，它必须预见到城市发展在时间和空间上不同的阶段。在每一个城市计划中必须将各种情况下所存在的每种自然的、社会的、经济的和文化的因素配合起来。

（现代建筑国际会议拟订于希腊雅典，清华大学营建系1951年10月译，载《建筑师》总第4期）

《马丘比丘宪章》

（1977年）

1933年现代建筑国际会议（简称CIAM）通过了一个文件，即后来著名的《雅典宪章》。此后，这一文件多少年来一直是欧美高等建筑教育的指针。1977年12月，一些城市规划设计师聚集于利马（Lima），以《雅典宪章》为出发点进行了为时一周的讨论，四种语言并用，提出了包含有若干要求和宣言的《马丘比丘宪章》（CHARTER OF MACHUPICCHU）。

12月12日与会人员在秘鲁大学建筑与规划系学生以及其他见证人陪同下来到了马丘比丘山的古文化遗址签署了新宪章，以表示他们对在专业培训及实践方面所提倡与探索的规划设计原理的坚定信念。

文件签署人明确表示《马丘比丘宪章》对于各设计专业，不应当是灵丹妙药，它不过是为了促使对专业的目标和职能进行多学科的综合评述。本宪章也旨在促进公开辩论，并过问各国政府所能够做到也应当采纳的有关改进世界上人类居住点的质量的政策与措施。

国际建协（IUA）将授予国立利马大学以众所渴慕的琼·楚米奖金，以表彰该大学召开国际著名设计人士座谈会起草本宪章的首创精神。此奖金将于1978年10月在墨西哥城召开的第十三届国际建协大会上正式颁发给宪章签署人代表团。

马丘比丘诗人，帕勃罗·聂鲁达（Pablo Neruda）曾以他的卓越的隐喻笔法把这座被人遗忘的城市描写成为“最高大的熔炉，它长期熔炼着我们的沉默”。我们这些聚集在一起的建筑师、教育家和规划师，承担了冲破当前的沉默这项严肃任务，本文件就是我们第一次集体努力的结果。

自从现代建筑国际会议（CIAM）发表了关于城市规划的理论与方法的文件以来，几乎已有45年，那文件就是《雅典宪章》。最近几十年来出现了许多新的情况要求对宪章进行一次修订。我们的成果应当成为国际性的各学科间的分析与辩论的课题，所有国家的知识界和专业人员、研究院和大学都应当参加。

过去曾有多次努力，想把《雅典宪章》更新一下。本文件只是作为我们所承担的工作的开始。1933年的“雅典宪章”仍然是本时代的一项基本文件；它可以提高、改进，但不是要放弃它。《雅典宪章》提出的许多原理到今天还是同当年一样地有效，它是建筑与规划的现代运动的生命力和连续性的证明。

1933年的雅典，1977年的马丘比丘，这两次会议的地点是具有重要意义的。雅典是西方文明的摇篮，马丘比丘是另一个世界的一个独立的文化体系的象征。雅典代表的是亚里士多德和柏拉图学说中的理性主义，而马丘比丘代表的却都是世界上启蒙主义思想所没有包括的，单凭逻辑所不能分类的一切。

《雅典宪章》所包含的各项概念，按照世界大多数国家在城市化问题的讨论中所占的重要程度，依次提出如下。

一、城市与区域

《雅典宪章》承认城市及其周围区域之间存在着基本的统一性。由于社会认识不到城市增长和社会经济变化所带来的后果，所以迫切需要毫不含糊地具体地对这项原则予以重新肯定。

今天由于城市化过程正在席卷世界各地，已经刻不容缓地要求我们更有效地使用现有人力和自然资源。城市规划既然为需求、问题和机会提供了重要的系统的分析方法，一切与人类居住点有关的政府部门的基本责任，就是要在现有资源限制之内对城市的增长与开发制定指导方针。

规划必须在不断发展的城市化过程中反映出城市与其周围区域之间的基本动态的统一性，并且要明确邻里与邻里之间、地区与地区之间以及其他城市结构单元之间的功能关系。

规划的专业训练和技术必须应用于各级人类居住点上——邻里、乡镇、城市、都市地区、区域、州和国家——以便指导建设的定点、进程和性质。

一般地讲，规划过程包括经济计划、城市规划、城市设计和建筑设计，它必须对人类的各种需求作出解释和反应。它应该按照可能的经济条件和文化上的重要性提供与人民要求相适应的城市服务设施和城市形态。为达到这些目的，城市规划必须建立在各专业设计人、城市居民以及公众和政治领导人之间的系统的不断的互相协作配合的基础上。

宏观经济计划与实际的城市发展规划之间的普遍脱节，已经浪费掉为数不多的资源，并降低了两者的效用。以笼统的、相对抽象的经济政策为基础而作出的各种决定，往往在城市用地范围上反映出它的副作用。国家和区域一级的经济决策很少直接考虑到城市建设的优先地位和城市问题的解决，以及一般经济政策和城市发展规划之间的功能联系。结果系统的规划与建筑设计的潜在效益往往不能有利于大多数人民。

二、城市增长

自从《雅典宪章》问世以来，世界人口已经翻了一番，正在三个重要方面造成严重的危机，即生态学、能源和食物供应。由于城市增长率大大超过了世界人口的自然增加，城市衰退已经变得特别严重，住房缺乏、公共服务设施和运输以及生活质量的普遍恶化已成了不可否认的后果。

《雅典宪章》对城市规划的探讨，并没有反映最近出现的农村人口大量外流而加速城市增长的现象。

可以看到城市的混乱发展有两种基本形式：

第一种是工业化社会的特色，就是私人汽车的增长，较为富裕的居民都向郊区迁移。而迁到市中心区的新来户以及留在那里的老户缺乏支持城市结构和公共服务设施的能力。

第二种形式是发展中国家的特色，在那里大批农村住户向城市迁移，大家都挤在城市边缘，既无公共服务设施又无市政工程设施。要处理这种情况远远超出了现行城市规划程序所可能做到的范畴。目前所做的不过是对这些自发的居住点凑合着提供一些最起码的公共服务。为提供小小的公共服务、卫生设施和住房所做的努力往往是自相矛盾的反而加剧了问题的严重性，更加鼓励了向城市迁移的势头。

因此，不论是哪一种形式，不可避免的结论是：人口增加，生活质量就下降。

三、分区概念

《雅典宪章》设想，城市规划的目的是综合四项基本的社会功能——居住、工作、游息和交通，而规划就是为了解决它们之间的相互关系和发展。这就引出了把城市划分为各种分区或几个组成部分的做法，于是为了追求分区清楚却牺牲了城市的有机构成。这一错误的后果在许多新城市中都可看到，这些新城市没有考虑到城市居民人与人之间的关系，结果是城市生活患了贫血症，在那些城市里建筑物成了孤立的单元，否认了人类的活动要求流动的、连续的空间这一事实。

规划、建筑和设计，在今天不应当把城市当作一系列的组成部分拼在一起来考虑，而必须努力去创造一个综合的、多功能的环境。

四、住房问题

与《雅典宪章》相反，我们深信人的相互作用与交往是城市存在的基本根据。城市规划与住房设计必须反映这一现实。同样重要的目标，是要争取获得生活的基本质量以及与自然环境的协调。

住房不能再当作一种实用商品来看待了，必须要把它看成为促进社会发展的一种强有力的工具。住房设计必须具有灵活性，以便易于适应社会要求的变化，并鼓励建筑使用者创造性地参与设计和施工。还需要研制低廉的建筑构件，以供需要建房的人们使用。

在人的交往中，宽容和谅解的精神是城市生活的首要因素，这一点应作为不同社会阶层选择居住区位置和设计的指针，而不要强行区分，这是同人类的尊严不相容的。

五、城市运输

公共交通是城市发展规划和城市增长的基本要素。城市必须规划并维护好公共运输系统，以同城市化的要求与能源的衰竭相平衡。交通运输系统的更换必须估算它的社会费用，并在城市的未来发展规划中适当地予以考虑。

《雅典宪章》很显然把交通看成为城市的基本功能之一，而且含蓄地认为交通首先决定于作为个人运输工具的汽车。44 年来的经验证明，道路分类、增加车行道和设计各种交叉口方案等方面，根本不存在最理想的解决方法。所以将来城区交通的政策，显然应当是使私人汽车从属于公共运输系统的发展。

城市规划师与政策制定人，必须把城市看作为在连续发展与变化的过程中的一个结构体系，它的最后形式是很难事先看到或确定下来的。运输系统是联系市内外空间的一系列的相互连接的网络。其设计应当允许随着城市的增长、变化及形式作经常的试验。

六、城市土地使用

《雅典宪章》坚持建立一个立法纲领，以便在满足社会用地要求时，可以有秩序地并有效地使用城市土地，并设想私人利益应当服从公共利益。

自从1933年以来，尽管多方面的努力，城市土地有限仍然是实现规划好的城市建设的根本阻碍。所以，对这一问题今天仍迫切要求拟订有效的公平的立法，以便在不久的将来能够找到确有很大改进的解决城市土地的办法。

七、自然资源与环境污染

当前最严重的问题之一是我们的环境污染迅速加剧，现在已经到了空前的具有潜在的灾难性的程度。这是无计划的爆炸性的城市化和地球自然资源滥加开发的直接后果。

世界上城市化地区内的居民被迫生活在日趋恶化的环境条件下，与人类卫生和福利的传统概念和标准远远不相适应，这些不可容忍的条件，包括在城市居民所用的空气、水和食品中含有大量的有毒物质以及有损身心健康的噪音。

控制城市发展的当局必须采取紧急措施，防止环境继续恶化，并按照公认的公共卫生与福利标准恢复环境的固有的完整性。

在经济城市规划方面，在建筑设计、工程标准和规范以及在规划与开发政策方面，也必须采取类似的措施。

八、文物和历史遗产的保存和保护

城市的个性和特性取决于城市的体型结构和社会特征。因此不仅要保存和维护好城市的历史遗址和古迹，而且还要继承一般的文化传统。一切有价值的说明社会和民族特性的文物必须保护起来。

保护、恢复和重新使用现有历史遗址和古建筑必须同城市建设过程结合起来，以保证这些文物具有经济意义，并继续具有生命力。

在考虑再生和更新历史地区的过程中，应把设计质量优秀的当代建筑物包括在内。

九、工业技术

《雅典宪章》在讨论工业活动对城市所产生的影响时，略微提到了工业技术的作用。

在过去44年内，世界经历了空前的工业技术发展，技术惊人地影响着我们的城市以及城市规划和建筑的实践。

在世界的某些地区，工业技术的发展是爆炸性的，技术的扩散与有效应用是我们时代的重大问题之一。

今天科学与技术的进步，以及各国人民之间交往的改进，应当可以使人类社会克服地区的局限性和提供充分的资源去解决建筑和规划问题。然而对这些资源不加批判地使用，往往为了追求新颖或者由于文化依靠性的恶果，而造成材料、技术和形式的应用不当。

由此，由于技术发展的冲击，结果是出现了依赖人工气候与人工照明的建筑环境。这样做法对于某些特殊问题是可以的，但建筑设计应当是创造在自然条件下能适合功能要求的空间与环境的过程。

应当清楚地了解，技术是手段并不是目的。技术的应用应当是在政府适当支持下进行认真的研究和试验的实事求是的结果。

在有些地区，需要高度工业化的生产过程或施工设备是难以获得和推广的。这不应当因此而在技术上要求不严或者在解决当前的问题上就可以不讲究建筑设计，要在可能的范围内找出解决问题的方案，这对建筑与规划来说仍然是一种挑战。

施工技术应当努力采用经济合理的方法，做到设备能重复使用，利用资源丰富的材料生产结构构件。

十、设计与实施

建筑师、规划师与有关当局要努力宣传使群众与政府都了解，区域与城市规划是个动态过程，不仅要包括规划的制定，而且也要包括规划的实施。这一过程应当能适应城市这个有机体的物质和文化的不断变化。

此外，为了要与自然环境、现有经济条件和形式特征相适应，每一特定城市与区域应当制定合适的标准和开发方针。这样做可以防止照搬照抄来自不同条件和不同文化的解决方案。

十一、城市与建筑设计

《雅典宪章》本身没有涉及建筑设计。宪章制定人并不认为有此必要，因为他们认为“建筑是在光照下的体量的巧妙组合和壮丽表演”。

勒·柯布西耶的“太阳城”就是由这样的“体量”组成的。他的建筑语言是与立体派艺术相联系的，也是与把城市按功能分隔成不同的元素那种思想完全一致的。

在我们的时代，现代建筑的主要问题已不再是纯体积的视觉表演，而是创造人们能在其中生活的空间。要强调的已不再是外壳而是内容，不再是孤立的建筑（不管它有多美、多讲究），而是城市组织结构的连续性。

在1933年，主导思想是把城市和城市的建筑分成若干组成部分。在1977年，目标应当是把那些失掉了它们的相互依赖性和相互联系性，并已经失去其活力和涵义的组成部分重新统一起来。

建筑与规划的这个再统一不应当理解为古典主义的“先验地统一”（注：或者简单地说复古），应当明确指出，最近有人想恢复巴黎美术学院传统，这是荒唐地违反历史潮流，是不值得一谈的。因为用建筑语言来说，这种倾向是衰亡的症状，我们必须警惕倒退到19世纪玩世不恭的折衷主义道路上去，相反我们要走向现代运动新的成熟时期。

30年代，在制定《雅典宪章》时，有一些发现和成就今天仍然有效，那就是：

a. 建筑内容与功能的分析。

b. 不协调的原则。

c. 反透视的时空观。

d. 传统盒子式建筑的解体。

e. 结构工程与建筑的再统一。

建筑语言中的这些常数或“不变数”还需加上：

f. 空间的连续性。

g. 建筑、城市与园林绿化的再统一。

空间连续性是弗兰克·劳埃德·赖特的重大贡献，相当于动态立体派的时空概念，尽管他把它应用于社会准则如同应用于空间方面一样。

建筑—城市—园林绿化的再统一是城乡统一的结果。现在是坚持建筑师要认识现代运动历史的时候了，要停止搞那些由纪念碑式盒子组成的过了时的城市建筑设计，不管是垂直的、水平的、不透明的、透明的或反光的建筑。

新的城市化概念追求的是建成环境的连续性，意思是说每一座建筑物不再是孤立的，而是一个连续统一体中的一个单元，它需要同其他单元进行对话，从而使其自身的形象完整。

这种形象待续的原则（就是说，本身形象的完整性有待与其他建筑联系起来相辅而完成）并不是新的。意大利文艺复兴派大师发现了这一原则，由米开朗琪罗发扬光大。不过在我们时代，这不仅仅是一条视觉原则，而且更根本的是一条社会原则。近几十年来，音乐和造型艺术领域内的经验证明，艺术家现在不再创造一个完整的作品。他们在创作过程中往往只进行到创作的四分之三的地方就中止了，这样使观众不再是艺术品的消极的旁观者，而是多价信息（Polyvalent message）中的积极参与者。

在建筑领域中，用户的参与更为重要，更为具体。人们必须参与设计的全过程，要使用户成为建筑师工作整体中的一个部分。

强调“不完整”或“待续”并不降低建筑师或规划师的威信。相对论和测不准论并未削弱科学家的威信。相反恰好提高了威信，因为一位不信奉教条的科学家比那些过时的“万能之神”更受人尊敬。如果群众能被组织到设计过程中来，建筑师的联系面会增加，建筑上的创造发明才能也将会丰富和加强。一旦建筑师从学院戒律和绝对概念中解放出来，他们的想像力会受到人民建筑的巨大遗产的影响而激发出来——所谓人民建筑是没有建筑师的建筑，近几十年来人们曾对此作了大量研究。

可是，我们必须谨慎从事。应当认识到虽然地方色彩的建筑物对建筑设计想像是有很大贡献的，但不应当模仿。模仿在今天虽然很时髦，却像复制帕提农神庙一样的无聊。问题是同模仿截然不同的。很清楚，只有当一个建筑设计能与人民的习惯、风格自然地融合在一起的时候，这个建筑设计才能对文化产生最大的影响。要做到这样的融合必须摆脱一切老框框，诸如维特鲁威柱式或巴黎美术学院传统以及勒·柯布西耶的5条设计原理。

十二、结束语

古代秘鲁的农业梯田受到全世界的赞赏，是由于它的尺度和宏伟，也由于它明显地表现出对自然环境的尊重。它那外表的和精神的表现形式是一座对生活的不可磨灭的纪念碑。本宪章就是在这种相同的思想鼓舞下谨慎地提出的。

（陈占祥译，载《建筑师》总第4期）

中华人民共和国国家标准

城市规划基本术语标准

Standard for Basic Terminology
of Urban Planning

GB/T 50280—98

主编部门：中华人民共和国建设部
批准部门：中华人民共和国建设部
施行日期：1 9 9 9 年 2 月 1 日

1 总 则

1.0.1 为了科学地统一和规范城市规划术语，制定本标准。

1.0.2 本标准适用于城市规划的设计、管理、教学、科研及其他相关领域。

1.0.3 城市规划使用的术语，除应符合本标准的规定外，尚应符合国家有关强制性标准、规范的规定。

2 城市和城市化

2.0.1 居民点 settlement

人类按照生产和生活需要而形成的集聚定居地点。按性质和人口规模，居民点分为城市和乡村两大类。

2.0.2 城市（城镇） city

以非农产业和非农业人口聚集为主要特征的居民点。包括按国家行政建制设立的市和镇。

2.0.3 市 municipality; city

经国家批准设市建制的行政地域。

2.0.4 镇 town

经国家批准设镇建制的行政地域。

2.0.5 市域 administrative region of a city

城市行政管辖的全部地域。

2.0.6 城市化 urbanization

人类生产和生活方式由乡村型向城市型转化的历史过程，表现为乡村人口向城市人口转化以及城市不断发展和完善的过程。又称城镇化、都市化。

2.0.7 城市化水平 urbanization level

衡量城市化发展程度的数量指标，一般用一定地域内城市人口占总人口的比例来表示。

2.0.8 城市群 agglomeration

一定地域内城市分布较为密集的地区。

2.0.9 城镇体系 urban system

一定区域内在经济、社会和空间发展上具有有机联系的城市群体。

2.0.10 卫星城（卫星城镇） satellite town

在大城市市区外围兴建的、与市区既有一定距离又相互间密切联系的城市。

3 城市规划概述

3.0.1 城镇体系规划 urban system planning

一定地域范围内，以区域生产力合理布局和城镇职能分工为依据，确定不同人口规模等级和职能分工的城镇的分布和发展规划。

3.0.2 城市规划 urban planning

对一定时期内城市的经济和社会发展、土地利用、空间布局以及各项建设的综合部署、具体安排和实施管理。

3.0.3 城市设计 urban design

对城市体型和空间环境所作的整体构思和安排，贯穿于城市规划的全过程。

3.0.4 城市总体规划纲要 master planning outline

确定城市总体规划的重大原则的纲领性文件，是编制城市总体规划的依据。

3.0.5 城市规划区 urban planning area

城市市区、近郊区以及城市行政区域内其他因城市建设和发展需要实行规划控制的区域。

3.0.6 城市建成区 urban built-up area

城市行政区内实际已成片开发建设、市政公用设施和公共设施基本具备的地区。

3.0.7 开发区 development area

由国务院和省级人民政府确定设立的实行国家特定优惠政策的各类开发建设地区的统称。

3.0.8 旧城改建 urban redevelopment

对城市旧区进行的调整城市结构、优化城市用地布局、改善和更新基础设施、整治城市环境、保护城市历史风貌等的建设活动。

3.0.9 城市基础设施 urban infrastructure

城市生存和发展所必须具备的工程性基础设施和社会性基础设施的总称。

3.0.10 城市总体规划 master plan, comprehensive planning

对一定时期内城市性质、发展目标、发展规模、土地利用、空间布局以及各项建设的综合部署和实施措施。

3.0.11 分区规划 district planning

在城市总体规划的基础上，对局部地区的土地利用、人口分布、公共设施、城市基础设施的配置等方面所作的进一步安排。

3.0.12 近期建设规划 immediate plan

在城市总体规划中，对短期内建设目标、发展布局和主要建设项目的实施所作的安排。

3.0.13 城市详细规划 detailed plan

以城市总体规划或分区规划为依据，对一定时期内城市局部地区的土地利用、空间环境和各项建设用地所作的具体安排。

3.0.14 控制性详细规划 regulatory plan

以城市总体规划或分区规划为依据，确定建设地区的土地使用性质和使用强度的控制指标、道路和工程管线控制性位置以及空间环境控制的规划要求。

3.0.15 修建性详细规划 site plan

以城市总体规划、分区规划或控制性详细规划为依据，制订用以指导各项建筑和工程设施的设计和施工的规划设计。

3.0.16 城市规划管理 urban planning administration

城市规划编制、审批和实施等管理工作的统称。

4 城市规划编制

4.1 发 展 战 略

4.1.1 城市发展战略 strategy for urban development

对城市经济、社会、环境的发展所作的全局性、长远性和纲领性的谋划。

4.1.2 城市职能 urban function

城市在一定地域内的经济、社会发展中所发挥的作用和承担的分工。

4.1.3 城市性质 designated function of city

城市在一定地区、国家以至更大范围内的政治、经济与社会发展中所处的地位和所担负的主要职能。

4.1.4 城市规模 city size

以城市人口和城市用地总量所表示的城市的大小。

4.1.5 城市发展方向 direction for urban development

城市各项建设规模扩大所引起的城市空间地域扩展的主要方向。

4.1.6 城市发展目标 goal for urban development

在城市发展战略和城市规划中所拟定的一定时期内城市经济、社会、环境的发展所应达到的目的和指标。

4.2 城 市 人 口

4.2.1 城市人口结构 urban population structure

一定时期内城市人口按照性别、年龄、家庭、职业、文化、民族等因素的构成状况。

4.2.2 城市人口年龄构成 age composition

一定时间城市人口按年龄的自然顺序排列的数列所反映的年龄状况，以年龄的基本特征划分的各年龄组人数占总人口的比例表示。

4.2.3 城市人口增长 urban population growth

在一定时期内由出生、死亡和迁入、迁出等因素的消长，导致城市人口数量增加或减少的变动现象。

4.2.4 城市人口增长率 urban population growth rate

一年内城市人口增长的绝对数量与同期该城市年平均总人口数之比。

4.2.5 城市人口自然增长率 natural growth rate

一年内城市人口因出生和死亡因素的消长，导致人口增减的绝对数量与同期该城市年平均总人口数之比。

4.2.6 城市人口机械增长率 mechanical growth rate of population

一年内城市人口因迁入和迁出因素的消长，导致人口增减的绝对数量与同期该城市年平均总人口数之比。

4.2.7 城市人口预测 urban population forecast

对未来一定时期内城市人口数量和人口构成的发展趋势所进行的测算。

4.3 城 市 用 地

4.3.1 城市用地 urban land

按城市中土地使用的主要性质划分的居住用地、公共设施用地、工业用地、仓储用地、对外交通用地、道路广场用地、市政公用设施用地、绿地、特殊用地、水域和其他用地的统称。

4.3.2 居住用地 residential land

在城市中包括住宅及相当于居住小区及小区级以下的公共服务设施、道路和绿地等设施的建设用地。

4.3.3 公共设施用地 public facilities

城市中为社会服务的行政、经济、文化、教育、卫生、体育、科研及设计等机构或设施的建设用地。

4.3.4 工业用地 industrial land

城市中工矿企业的生产车间、库房、堆场、构筑物及其附属设施（包括其专用的铁路、码头和道路等）的建设用地。

4.3.5 仓储用地 warehouse land

城市中仓储企业的库房、堆场和包装加工车间及其附属设施的建设用地。

4.3.6 对外交通用地 intercity transportation land

城市对外联系的铁路、公路、管道运输设施、港口、机场及其附属设施的建设用地。

4.3.7 道路广场用地 roads and squares

城市中道路、广场和公共停车场等设施的建设用地。

4.3.8 市政公用设施用地 municipal utilities

城市中为生活及生产服务的各项基础设施的建设用地，包括：供应设施、交通设施、邮电设施、环境卫生设施、施工与维修设施、殡葬设施及其他市政公用设施的建设用地。

4.3.9 绿地 green space

城市中专门用以改善生态、保护环境、为居民提供游憩场地和美化景观的绿化用地。

4.3.10 特殊用地 specially – designated land

一般指军事用地、外事用地及保安用地等特殊性质的用地。

4.3.11 水域和其他用地 waters and miscellaneous

城市范围内包括耕地、园地、林地、牧草地、村镇建设用地、露天矿用地和弃置地，以及江、河、湖、海、水库、苇地、滩涂和渠道等常年有水或季节性有水的全部水域。

4.3.12 保留地 reserved land

城市中留待未来开发建设的或禁止开发的规划控制用地。

4.3.13 城市用地评价 urban landuse evaluation

根据城市发展的要求，对可能作为城市建设用地的自然条件和开发的区位条件所进行的工程评估及技术经济评价。

4.3.14 城市用地平衡 urban landuse balance

根据城市建设用地标准和实际需要，对各类城市用地的数量和比例所作的调整和综合平衡。

4.4 城市总体布局

4.4.1 城市结构 urban structure

构成城市经济、社会、环境发展的主要要素，在一定时间形成的相互关联、相互影响与相互制约的关系。

4.4.2 城市布局 urban layout

城市土地利用结构的空间组织及其形式和状态。

4.4.3 城市形态 urban morphology

城市整体和内部各组成部分在空间地域的分布状态。

4.4.4 城市功能分区 functional districts

将城市中各种物质要素，如住宅、工厂、公共设施、道路、绿地等按不同功能进行分区布置组成一个相互联系的有机整体。

4.4.5 工业区 industrial district

城市中工业企业比较集中的地区。

4.4.6 居住区 residential district

城市中由城市主要道路或自然分界线所围合，设有与其居住人口规模相应的、较完善的、能满足该区居民物质与文化生活所需的公共服务设施的相对独立的居住生活聚居地区。

4.4.7 商业区 commercial district

城市中市级或区级商业设施比较集中的地区。

4.4.8 文教区 institutes and colleges district

城市中大专院校及科研机构比较集中的地区。

4.4.9 中心商务区 central business district（CBD）

大城市中金融、贸易、信息和商务办公活动高度集中，并附有购物、文娱、服务等配套设施的城市中综合经济活动的核心地区。

4.4.10 仓储区 warehouse district

城市中为储藏城市生活或生产资料而比较集中布置仓库、储料棚或储存场地的独立地区或地段。

4.4.11 综合区 mixed-use district

城市中根据规划可以兼容多种不同使用功能的地区。

4.4.12 风景区 scenic zone

城市范围内自然景物、人文景物比较集中，以自然景物为主体，环境优美，具有一定规模，可供人们游览、休息的地区。

4.4.13 市中心 civic center

城市中重要市级公共设施比较集中、人群流动频繁的公共活动地段。

4.4.14 副中心 sub-civic center

城市中为分散市中心活动强度的、辅助性的次于市中心的市级公共活动中心。

4.5 居住区规划

4.5.1 居住区规划 residential district planning

对城市居住区的住宅、公共设施、公共绿地、室外环境、道路交通和市政公用设施所进行的综合性具体安排。

4.5.2 居住小区 residential quarter

城市中由居住区级道路或自然分界线所围合，以居民基本生活活动不穿越城市主要交通线为原则，并设有与其居住人口规模相应的、满足该区居民基本的物质与文化生活所需的公共服务设施的居住生活聚居地区。

4.5.3 居住组团 housing cluster

城市中一般被小区道路分隔，设有与其居住人口规模相应的、居民所需的基层公共服务设施的居住生活聚居地。

4.6 城市道路交通

4.6.1 城市交通 urban transportation

城市范围内采用各种运输方式运送人和货物的运输活动，以及行人的流动。

4.6.2 城市对外交通 intercity transportation

城市与城市范围以外地区之间采用各种运输方式运送旅客和货物的运输活动。

4.6.3 城市交通预测 urban transportation forecast

根据规划期末城市的人口和用地规模、土地使用状况和社会、经济发展水平等因素，对客、货运输的发展趋势、交通方式的构成、道路的交通量等进行定性和定量的分析估算。

4.6.4 城市道路系统 urban road system

城市范围内由不同功能、等级、区位的道路，以及不同形式的交叉口和停车场设施，以一定方式组成的有机整体。

4.6.5 城市道路网 urban road network

城市范围内由不同功能、等级、区位的道路，以一定的密度和适当的形式组成的网络结构。

4.6.6 快速路 express way

城市道路中设有中央分隔带，具有四条以上机动车道，全部或部分采用立体交叉与控制出入，供汽车以较高速度行驶的道路。又称汽车专用道。

4.6.7 城市道路网密度 density of urban road network

城市建成区或城市某一地区内平均每平方公里城市用地上拥有的道路长度。

4.6.8 大运量快速交通 mass repid transit

城市地区采用地面、地下或高架交通设施，以机动车辆大量、快速、便捷运送旅客的公共交通运输系统。

4.6.9 步行街 pedestrian street

专供步行者使用，禁止通行车辆或只准通行特种车辆的道路。

4.7 城市给水工程

4.7.1 城市给水 water supply

由城市给水系统对城市生产、生活、消防和市政管理等所需用水进行供给的给水方式。

4.7.2 城市用水 water consumption

城市生产、生活、消防和市政管理等活动所需用水的统称。

4.7.3 城市给水工程 water supply engineering

为城市提供生产、生活等用水而兴建的，包括原水的取集、处理以及成品水输配等各项工程设施。

4.7.4 给水水源 water sources

给水工程取用的原水水体。

4.7.5 水源选择 water sources selection

根据城市用水需求和给水工程设计规范，对给水水源的位置、水量、水质及给水工程设施建设的技术经济条件等进行综合评价，并对不同水源方案进行比较，作出方案选择。

4.7.6 水源保护 protection of water sources

保护城市给水水源不受污染的各种措施。

4.7.7 城市给水系统 water supply system

城市给水的取水、水质处理、输水和配水等工程设施以一定方式组成的总体。

4.8 城市排水工程

4.8.1 城市排水 sewerage

由城市排水系统收集、输送、处理和排放城市污水和雨水的排水方式。

4.8.2 城市污水 sewage

排入城市排水系统中的生活污水、生产废水、生产污水和径流污水的统称。

4.8.3 生活污水 domestic sewage

居民在工作和生活中排出的受一定污染的水。

4.8.4 生产废水 industrial wastewater

生产过程中排出的未受污染或受轻微污染以及水温稍有升高的水。

4.8.5 生产污水 polluted industrial wastewater

生产过程中排出的被污染的水，以及排放后造成热污染的水。

4.8.6 城市排水系统 sewerage system

城市污水和雨水的收集、输送、处理和排放等工程设施以一定方式组成的总体。

4.8.7 分流制 separate system

用不同管渠分别收集和输送城市污水和雨水的排水

方式。

4.8.8 合流制 combined system

用同一管渠收集和输送城市污水和雨水的排水方式。

4.8.9 城市排水工程 sewerage engineering

为收集、输送、处理和排放城市污水和雨水而兴建的各种工程设施。

4.8.10 污水处理 sewage treatment，wastewater treatment

为使污水达到排入某一水体或再次使用的水质要求而进行净化的过程。

4.9 城市电力工程

4.9.1 城市供电电源 power source

为城市各种用户提供电能的城市发电厂，或从区域性电力系统接受电能的电源变电站（所）。

4.9.2 城市用电负荷 electrical load

城市市域或局部地区内，所在用户在某一时刻实际耗用的有功功率。

4.9.3 高压线走廊 high tension corridor

高压架空输电线路行经的专用通道。

4.9.4 城市供电系统 power supply system

由城市供电电源，输配电网和电能用户组成的总体。

4.10 城市通信工程

4.10.1 城市通信 communication

城市范围内、城市与城市之间、城乡之间各种信息的传输和交换。

4.10.2 城市通信系统 communication system

城市范围内、城市与城市之间、城乡之间信息的各个传输交换系统的工程设施组成的总体。

4.11 城市供热工程

4.11.1 城市集中供热 district heating

利用集中热源，通过供热管网等设施向热能用户供应生产或生活用热能的供热方式。又称区域供热。

4.11.2 城市供热系统 district heating system

由集中热源、供热管网等设施和热能用户使用设施组成的总体。

4.12 城市燃气工程

4.12.1 城市燃气 gas

供城市生产和生活作燃料使用的天然气、人工煤气和液化石油气等气体能源的统称。

4.12.2 城市燃气供应系统 gas supply system

由城市燃气供应源、燃气输配设施和用户使用设施组成的总体。

4.13 城市绿地系统

4.13.1 城市绿化 urban afforestation

城市中栽种植物和利用自然条件以改善城市生态、保护环境，为居民提供游憩场地，和美化城市景观的活动。

4.13.2 城市绿地系统 urban green space system

城市中各种类型和规模的绿化用地组成的整体。

4.13.3 公共绿地 public green space

城市中向公众开放的绿化用地，包括其范围内的水域。

4.13.4 公园 park

城市中具有一定的用地范围和良好的绿化及一定服务设施，供群众游憩的公共绿地。

4.13.5 绿带 green belt

在城市组团之间、城市周围或相邻城市之间设置的用以控制城市扩展的绿色开敞空间。

4.13.6 专用绿地 specified green space

城市中行政、经济、文化、教育、卫生、体育、科研、设计等机构或设施，以及工厂和部队驻地范围内的绿化用地。

4.13.7 防护绿地 green buffer

城市中用于具有卫生、隔离和安全防护功能的林带及绿化用地。

4.14 城市环境保护

4.14.1 城市生态系统 city ecosystem

在城市范围内，由生物群落及其生存环境共同组成的动态系统。

4.14.2 城市生态平衡 balance of city ecosystem

在城市范围内生态系统发展到一定阶段，其构成要素之间的相互关系所保持的一种相对稳定的状态。

4.14.3 城市环境污染 city environmental pollution

在城市范围内，由于人类活动造成的水污染、大气污染、固体废弃物污染、噪声污染、热污染和放射污染等的总称。

4.14.4 城市环境质量 city environmental quality

在城市范围内，环境的总体或环境的某些要素（如大气、水体等），对人群的生存和繁衍以及经济、社会发展的适宜程度。

4.14.5 城市环境质量评价 city environmental quality assessment

根据国家为保护人群健康和生存环境，对污染物（或有害因素）容许含量（或要求）所作的规定，按一定的方法对城市的环境质量所进行的评定、说明和预测。

4.14.6 城市环境保护 city environmental protection

在城市范围内，采取行政的、法律的、经济的、科学技术的措施，以求合理利用自然资源，防治环境污染，以保持城市生态平衡，保障城市居民的生存和繁衍以及经济、社会发展具有适宜的环境。

4.15 城市历史文化地区保护

4.15.1 历史文化名城 historic city

经国务院或省级人民政府核定公布的，保存文物特别丰富、具有重大历史价值和革命意义的城市。

4.15.2 历史地段 historic site

城市中文物古迹比较集中连片，或能完整地体现一定历史时期的传统风貌和民族地方特色的街区或地段。

4.15.3 历史文化保护区 conservation districts of historic sites

经县级以上人民政府核定公布的，应予以重点保护的历史地段。

4.15.4 历史地段保护 conservation of historic sites

对城市中历史地段及其环境的鉴定、保存、维护、整治以及必要的修复和复原的活动。

4.15.5 历史文化名城保护规划 conservation plan of historic cities

以确定历史文化名城保护的原则、内容和重点，划定保护范围，提出保护措施为主要内容的规划。

4.16 城 市 防 灾

4.16.1 城市防灾 urban disaster prevention

为抵御和减轻各种自然灾害和人为灾害及由此而引起的次生灾害，对城市居民生命财产和各项工程设施造成危害和损失所采取的各种预防措施。

4.16.2 城市防洪 urban flood control

为抵御和减轻洪水对城市造成灾害而采取的各种工程和非工程预防措施。

4.16.3 城市防洪标准 flood control standard

根据城市的重要程度、所在地域的洪灾类型，以及历史性洪水灾害等因素，而制定的城市防洪的设防标准。

4.16.4 城市防洪工程 flood control works

为抵御和减轻洪水对城市造成灾害性损失而兴建的各种工程设施。

4.16.5 城市防震 earthquake hazard protection

为抵御和减轻地震灾害及由此而引起的次生灾害，

而采取的各种预防措施。

4.16.6 城市消防 urban fire control

为预防和减轻因火灾对城市造成损失而采取的各种预防和减灾措施。

4.16.7 城市防空 urban air defense

为防御和减轻城市因遭受常规武器、核武器、化学武器和细菌武器等空袭而造成危害和损失所采取的各种防御和减灾措施。

4.17 竖向规划和工程管线综合

4.17.1 竖向规划 vertical planning

城市开发建设地区（或地段）为满足道路交通、地面排水、建筑布置和城市景观等方面的综合要求，对自然地形进行利用、改造，确定坡度、控制高程和平衡土方等而进行的规划设计。

4.17.2 城市工程管线综合 integrated design for utilities pipelines

统筹安排城市建设地区各类工程管线的空间位置，综合协调工程管线之间以及与城市其他各项工程之间的矛盾所进行的规划设计。

5 城市规划管理

5.0.1 城市规划法规 legislation on urban planning

按照国家立法程序所制定的关于城市规划编制、审批和实施管理的法律、行政法规、部门规章、地方法规和地方规章的总称。

5.0.2 规划审批程序 procedure for approval of urban plan

对已编制完成的城市规划，依据城市规划法规所实行的分级审批过程和要求。

5.0.3 城市规划用地管理 urban planning land use administration

根据城市规划法规和批准的城市规划，对城市规划区内建设项目用地的选址、定点和范围的划定，总平面审查，核发建设用地规划许可证等各项管理工作的总称。

5.0.4 选址意见书 permission notes for location

城市规划行政主管部门依法核发的有关建设项目的选址和布局的法律凭证。

5.0.5 建设用地规划许可证 land use permit

经城市规划行政主管部门依法确认其建设项目位置和用地范围的法律凭证。

5.0.6 城市规划建设管理 urban planning and development control

根据城市规划法规和批准的城市规划，对城市规划区内的各项建设活动所实行的审查、监督检查以及违法建设行为的查处等各项管理工作的统称。

5.0.7 建设工程规划许可证 building permit

城市规划行政主管部门依法核发的有关建设工程的法律凭证。

5.0.8 建筑面积密度 total floor space per hectare plot

每公顷建筑用地上容纳的建筑物的总建筑面积。

5.0.9 容积率 plot ratio, floor area ratio

一定地块内，总建筑面积与建筑用地面积的比值。

5.0.10 建筑密度 building density, building coverage

一定地块内所有建筑物的基底总面积占用地面积的比例。

5.0.11 道路红线 boundary lines of roads

规划的城市道路路幅的边界线。

5.0.12 建筑红线 building line

城市道路两侧控制沿街建筑物或构筑物（如外墙、台阶等）靠临街面的界线。又称建筑控制线。

5.0.13 人口毛密度 residential density

单位居住用地上居住的人口数量。

5.0.14 人口净密度 net residential density

单位住宅用地上居住的人口数量。

5.0.15 建筑间距 building interval

两栋建筑物或构筑物外墙之间的水平距离。

5.0.16 日照标准 insolation standard

根据各地区的气候条件和居住卫生要求确定的，居住建筑正面向阳房间在规定的日照标准日获得的日照量，是编制居住区规划确定居住建筑间距的主要依据。

5.0.17 城市道路面积率 urban road area ratio

城市一定地区内，城市道路用地总面积占该地区总面积的比例。

5.0.18 绿地率 greening rate

城市一定地区内各类绿化用地总面积占该地区总面积的比例。

后　记

本书是根据建设部领导同志的提议，为加强我国城市规划、建设、管理和全国市长培训工作的需要，由中国城市规划学会和全国市长培训中心组织编写的。在章节作者按照拟定大纲所撰写的书稿基础上，先由陈为邦、邹德慈、赵士修、任致远、李兵弟、耿毓修、夏宗玕、石楠同志负责分章统稿，再由陈为邦和石楠同志全书统稿，俞正声、赵宝江、郑一军、陈晓丽、王静霞、唐凯等同志对书稿提出了宝贵意见。

本书是对全国市长进行职业培训和对城市领导干部进行城市规划知识普及的教材。全书从起草到送审历时一年，其间除编委会、撰稿人和统稿人参与了编撰工作外，储传亨、杨秀珠、杨军、冯志成、李惠东、柯焕章、张保科、雷翔、尹稚、单锦炎、宋言平等同志参与了编写大纲的研究工作，曲长虹同志参加了部分文字修改和统筹工作，寇永霞同志参加了部分文字工作，朱冀宇、郭亮同志参加了部分图纸的加工工作。

中国城市规划学会、全国市长培训中心对于本书的撰稿人、统稿人和其他所有为本书编写工作提供帮助的同志表示衷心的感谢！

中国城市规划学会全国市长培训中心